全国水利行业"十三五"规划教材
"十四五"时期水利类专业重点建设教材

水利工程地基与基础

主　编　蒋中明
副主编　喻和平　王江营
主　审　冯树荣

·北京·

内 容 提 要

本书是水利水电工程专业及港口航道与海岸工程专业本科生的"水利工程地基与基础"课程教材,全书共分8章,包括:绪论、地基承载力、浅基础、桩基础、沉井基础、软基处理、水工建筑物地基处理与设计和地基基础抗震设计。

本书可作为水利水电工程建筑专业及港口航道与海岸工程专业本科生的教材外,还可作为其他相关专业师生的教学参考书和有关工程技术人员的参考用书。

图书在版编目(CIP)数据

水利工程地基与基础 / 蒋中明主编. -- 北京 : 中国水利水电出版社, 2025.1
全国水利行业"十三五"规划教材 "十四五"时期水利类专业重点建设教材
ISBN 978-7-5226-2273-6

Ⅰ. ①水… Ⅱ. ①蒋… Ⅲ. ①水利工程-地基处理-高等学校-教材 Ⅳ. ①TV223

中国国家版本馆CIP数据核字(2024)第022503号

书　名	全国水利行业"十三五"规划教材 "十四五"时期水利类专业重点建设教材 **水利工程地基与基础** SHUILI GONGCHENG DIJI YU JICHU
作　者	主　编　蒋中明 副主编　喻和平　王江营 主　审　冯树荣
出版发行	中国水利水电出版社 (北京市海淀区玉渊潭南路1号D座　100038) 网址:www.waterpub.com.cn E-mail:sales@mwr.gov.cn 电话:(010)68545888(营销中心)
经　售	北京科水图书销售有限公司 电话:(010)68545874、63202643 全国各地新华书店和相关出版物销售网点
排　版	中国水利水电出版社微机排版中心
印　刷	天津嘉恒印务有限公司
规　格	184mm×260mm　16开本　13.5印张　329千字
版　次	2025年1月第1版　2025年1月第1次印刷
印　数	0001—2000册
定　价	**42.00元**

凡购买我社图书,如有缺页、倒页、脱页的,本社营销中心负责调换

版权所有·侵权必究

前言

本书旨在更好地适应新时期"水利工程地基与基础工程"课程教学的需要，使水利类学生全面掌握水工建筑物及构筑物地基与基础的设计计算及施工方法，各类水工建筑物及港口建筑物浅基础、深基础设计计算、各类水工建筑物建基面确定原则和方法，挡水建筑物地基处理的原则和方法及常见的工程措施。编者根据教学需要和多年教学实践，尝试编写适用于水利类专业的地基处理与基础设计教材，目的是强化水利类专业学生有关地基及基础方面专业知识。

目前国内地基与基础工程类教材基本上都是针对土木工程及相关专业所编写，尚无专门针对水利类专业编写的系统化地基处理及基础设计方面的教材。水利工程与土木工程之间虽然存在较多相似或相通的地方，但是在实际工程中，水工建筑物的地基条件与地质环境却更加复杂，和土木工程对于地基和基础建设方面的要求存在很大差异。现有土木工程类地基与基础方面的教材不能很好地满足水利工程建筑物地基处理与设计的需要，相关知识难以直接应用于具体工程实践。本书结合水利工程中常见的工程要求、地质环境、工作条件等内容，介绍水利工程领域地基处理与基础设计相关的专业知识。通过本书的学习，力求使学生能达到学以致用的目的。

本书全面介绍了水利工程地基与基础的基本概念和分类，水工建筑物地基承载确定原则及方法，天然地基上浅基础、桩基础、沉井基础的类型、构造以及施工方法和设计计算，水利工程地基处理与设计的原则和方法，软基及缺陷地层的加固处理以及地震区基础工程设计。

全书共分8章，第1~3章由蒋中明编写，第4~5章由王江营编写，第6章由蒋中明编写，第7章由喻和平、胡炜编写，第8章由刘智光编写。全书由蒋中明统稿，冯树荣审定。

由于编者知识水平有限，书中难免有不足之处，恳请读者批评指正。

编者

2024年8月

目录

前言

第1章 绪论 1
    1.1 概述 1
    1.2 水工基础工程设计原则及要求 1
    1.3 水工建筑物基础工程设计内容 3
    1.4 水工基础工程学习内容 4

第2章 地基承载力 6
    2.1 理论计算法 6
    2.2 原位试验法 11
    2.3 规范法 14
    练习题 17

第3章 浅基础 18
    3.1 概述 18
    3.2 浅基础设计内容与要求 20
    3.3 基础埋置深度的选择 22
    3.4 基础底面尺寸确定 26
    3.5 基础剖面设计 29
    3.6 弹性地基梁（板）方法 38
    练习题 47

第4章 桩基础 49
    4.1 概述 49
    4.2 桩的分类及选用 50
    4.3 竖向荷载下单桩受力特性 55
    4.4 单桩竖向承载力确定 60
    4.5 单桩水平承载力确定 69
    4.6 群桩基础计算 75
    4.7 桩基础设计 84
    练习题 88

第5章 沉井基础 ·· 90
5.1 概述 ·· 90
5.2 沉井的类型与构造 ·· 91
5.3 沉井的施工 ·· 95
5.4 沉井的设计与计算 ·· 101
练习题 ·· 104

第6章 软基处理 ·· 105
6.1 换填垫层设计 ·· 105
6.2 砂桩 ·· 108
6.3 排水固结法 ·· 114
6.4 强夯法 ·· 127
练习题 ·· 134

第7章 水工建筑物地基处理与设计 ·· 135
7.1 概述 ·· 135
7.2 重力坝地基处理与设计 ·· 135
7.3 土石坝地基处理与设计 ·· 157
7.4 拱坝坝基处理与设计 ·· 174
7.5 水闸地基处理 ·· 185
7.6 重力式码头基础设计 ·· 188
练习题 ·· 191

第8章 地基基础抗震设计 ·· 192
8.1 工程场地条件与震害 ·· 192
8.2 地基抗震设计 ·· 196
8.3 桩和桩基的抗震设计 ·· 198
练习题 ·· 207

参考文献 ·· 208

第1章 绪　　论

1.1 概　　述

水利工程地基与基础工程（以下称水工基础工程）是指为了满足水工建筑物基础稳定及强度要求而采取的地基处理及水工建筑物下部结构设计与施工等措施的统称。基础稳定（包括抗滑、抗倾覆、变形及渗透稳定）是水工建筑物正常运行的根本保证。地基与基础工程处理不当往往是导致水工建筑物失事的主要原因之一。根据1974年国际大坝委员会发布的有关大坝事故调查材料，在混凝土坝与土石坝中，由于基础工程问题而造成的大小事故共95次，在所有工程事故总次数中的占比约36%，其中重大事故29次（包括垮坝在内），占重大事故总次数33.3%。如法国坝高60m的马尔帕塞双曲拱坝于1959年12月2日在渗水压力作用下发生坝肩滑动，最后垮坝，造成数百人死亡及大量物质损失。美国1975年建成的蒂顿土坝，因基岩渗水，底部齿槽回填被管涌冲刷破坏，于1976年6月5日溃决，造成重大损失。此外还有一些水库由于基础问题而影响蓄水。总的说来，水工建筑物失事的基础原因多于其他原因。基础工程的质量直接关系到整个水工建筑物的安危与经济效益的发挥。基础工程不单设计时要正确对待，施工时更应高度重视。

水利工程的地质情况复杂，岩基所在的地壳岩层在构造应力作用下，产生变形，形成褶皱构造与断裂构造，致使岩体构造复杂化。岩石存在软硬互层时，随着褶皱作用而出现层间错动、层间塑性变形及层间破裂面等褶皱构造。断裂构造主要表现为节理与断层。这些地质缺陷使岩层丧失连续性，强度降低，变形增大，并出现岩溶渗漏、断层破碎带及裂隙的渗漏、基坑涌水、坝基承压水及扬压力升高等不利现象。对于水利堤防工程、港口航道、近海海岸工程来讲，当地基土颗粒较细、级配不良或抗剪强度较低时易发生管涌、液化及滑动。土的压缩性大时，易产生不均匀沉降或过度沉降。这些现象，都将恶化水工建筑物基础的稳定性和承载力，并带来其他不利影响，故需要慎重对待水工基础工程。

1.2 水工基础工程设计原则及要求

水工基础工程设计的目的是通过设计一个安全、经济和可行的地基与基础，以保证水工建筑物的安全和正常使用。水工基础工程设计的基本原则如下：

(1) 建筑物基底压力小于地基的允许承载力。
(2) 地基变形值小于水工建筑物正常运行要求的沉降变形。
(3) 地基与基础应满足稳定性要求。

(4) 基础结构本身的强度满足材料强度要求。

基础方案的确定主要取决于建筑物所在位置的工程地质及水文地质条件、荷载特性、水工建筑物类型及使用要求，以及材料供应和施工技术等因素的影响。基础方案的选择原则是：力求使用安全可靠，施工技术简便可行，经济合理。

1.2.1 水工建筑物地基与基础设计要求

水工建筑物基础的稳定性主要取决于地基岩土体的抗压和抗剪强度、压缩变形特性及抗渗透变形的能力。水工建筑物结构形式不同，对地基与基础的要求亦各有侧重，对一般地基的设计要求如下：

(1) 满足强度要求。地基岩土体需要具有足够强度，以满足承受各类水工建筑物传递来的压力和抗滑稳定性要求。

(2) 满足变形要求。地基岩土体需要具有足够的整体性和均匀性，以满足各类水工建筑物绝对变形和不均匀变形控制要求。

(3) 满足渗透稳定要求。土体地基或岩石地基中的断层破碎带与软弱夹层需要具有足够的抗渗透变形能力，地基不能产生机械管涌或化学管涌等渗透通道。

(4) 满足耐久性要求。地基岩土体在水的长期作用下性质不能发生恶化，避免地基岩土体强度降低。

对于水利水电工程中的拱坝地基，除需要满足上述要求外，还要求岩体有更高的承载力，岩体变形模量应均匀，且岩体与混凝土的弹性模量应接近。对两岸坝肩要研究其稳定与变形特性，对两岸发育的断层、节理、裂隙要深入研究其在力系与绕坝渗流同时作用下的稳定性。

土石坝（堤防工程等）对地基的要求比混凝土坝低，但从地基渗水、承载能力、压缩性、抗剪强度以及振动液化等方面考虑，也需要对地基采取必要的处理措施，地基设计要做到既安全又经济合理。

1.2.2 缺陷地基设计要求

一般情况下，水利水电工程的建设规模都较大，地基范围内不可能只分布单一、均质的岩土体。在岩石地基中，软弱夹层或断层等不良地质结构是常见的地质现象。对于含软弱夹层的岩基，其抗剪强度取决于夹层的特性。各类水工建筑物的抗滑稳定除需要研究建筑物与地基接触面之间的稳定性外，还要研究沿地基中软弱结构面产生的深层或浅层滑动问题，包括可能的滑动形式，抗滑稳定的计算方法，计算参数的选择，安全系数的确定等。另外，荷载超过地基的承载能力时，将引起地基压缩而发生超过允许沉降或不均匀沉降以及局部岩体由于应力集中而引起的破裂现象。这些现象对各类建筑物来说都是危险的，故研究地基变形时，应考虑建筑物与地基联合作用下地基变形对建筑物结构应力的影响。不均匀沉降将引起结构应力集中，而过大的水平位移也有可能导致防渗帷幕开裂等。软弱夹层、强风化层和断层破碎带是导致地基产生变形的主要因素，因此也是地基缺陷处理设计的主要研究对象。

灰岩在我国分布广泛，在灰岩地区建设水利工程需要防范地基中因岩溶现象而存在的风险。在岩溶地区修建水库与大坝，应分析水库渗漏的范围、主要渗水通道、渗漏量等，并提出治理方案。对岩溶地区工程选址，要注意岩溶发育深度，岩溶通道的具体分布、填充情况及其对工程的影响等。

1.3 水工建筑物基础工程设计内容

水工建筑物基础工程设计内容包括建筑物基础设计和地基处理及防渗设计两部分。水工建筑物基础设计包括持力层（建基面）选择、地基承载力的确定、基础型式选择、基础内力计算与分析、配筋计算等。地基处理设计包括地基强度加固措施设计和防渗措施设计等。

1.3.1 建筑物基础设计

基础结构措施设计的目的是利用建筑物的下部结构（即建筑物与地基之间的过渡性结构，即基础）改善水工建筑物结构及地基应力状态。

水工建筑物基础结构型式主要有以下几种。

1. 浅基础

浅基础是水利工程中常用的基础型式之一，例如水闸闸室的基础底板部分。水闸闸室底板承受闸室上部结构的全部重量、铅直及水平水压力及其他荷载，并传递给地基。闸室底板多采用混凝土或钢筋混凝土，小型闸室工程的底板可用浆砌石修筑。

对于水利水电工程中的挡水建筑等，其基础与坝体结构大多形成一个整体。虽然有时难以将基础结构部分与上部建筑结构部分截然分开，发挥基础作用的结构部分一定是存在的。例如以下几种情况。

（1）设置混凝土底座。日本大川坝地质条件非常复杂，采用先铺筑厚 20m、长 245m 的混凝土平板式基础底座，再在底座上修建高 58m 的混凝土重力坝，以适应坝址区复杂的地质条件。另外，中国贵州猫跳河（四级）窄巷口水电站的拦河坝，是在厚 20~30m 的河床覆盖层上先修建跨度 40m 以上的混凝土拱形基础底座（又称基础拱桥），然后在其上修建高 54.8m 的双曲拱坝，避免了河床大量开挖并简化了地基受力条件。

（2）设置拱坝周边垫座。在地形很不规则的河谷或局部有深槽或地质上有软弱带的情况下修建拱坝时，可在岩基上先修建混凝土周边垫座（人工基础）形成周边缝，然后在周边垫座上修建坝体。周边缝形式可按需要选定，使垫座以上的坝体能保持一定的对称性，改善拱坝的支承条件。意大利于 1939 年建成的奥西尔埃塔双曲拱坝，以及 1961 年建成的坝高 262m 的瓦依昂拱坝，都采用了人工周边垫座。由于周边缝的存在，坝体即使开裂，延伸到缝边就会停止发展；若垫座有开裂，也不致影响到坝体；如垫座厚度适当加大，还可使拱端推力更均匀地分布到较大面积的基岩上，改善地基的受力条件。

（3）设置重力墩。当河谷岸边基岩面高程低于坝顶高程时，为减少宽高比，避免岸坡大量开挖，可设置重力墩，以使拱坝坝体基本上保持对称。

（4）设立传力墙。拱坝对两岸坝肩整体性要求很高。中国贵州高 165m 的乌江渡水电站重力拱坝在右坝肩处设置了一个尺寸为 12m×20m×45m 的大型混凝土传力墙。传力墙按顺坝肩推力方向，穿透裂隙密集带布置，使应力传递扩散到深部的坚硬灰岩，从而解决了拱端与地基力系平衡稳定的问题。

2. 深基础

深基础是埋深较大,以下部坚实土层或岩层作为持力层的基础,其作用是把所承受的荷载传递到地基的深层,而不像浅基础通过基础底面把所承受的荷载扩散分布于地基浅层。常用的深基础形式有桩基础、沉井基础。

(1) 桩基础。桩基础是一种改善地基受力条件的结构措施。松软地基不能承受上部传来的荷载,并且松软地基比较厚,无法采用换填处理,而且其他的处理方式不经济时,可以选择桩基础。深基础利用承台、群桩将上部荷载传递到地基深部的土层或底部基岩上,以避免土体强度不足引起的地基破坏,进而实现控制地基的压缩沉降变形和不均匀变形的目的。软土堤基上的闸坝工程、涵管等穿堤建筑物等大多采用桩基等深基础型式。

(2) 沉井基础。沉井是一种上下开口竖向的筒形结构物,通常用混凝土或钢筋混凝土材料制成。当浅基础和桩基础都受水文地质条件限制时,可采用沉井基础。沉井可用作桥梁墩台、地下泵房、水池、油库、矿用竖井、大型设备、高层和超高层等建筑物的基础。

1.3.2 地基处理及防渗设计

水利工程地基与基础设计的另一项重要内容就是地基处理及防渗设计。水利工程的地基类型包含土基和岩基两大类。

大部分软土地基都具有含水量高,压缩性大,透水性小,抗压、抗剪强度低等特点,工程建设时可采用砂垫层排水、真空预压、砂井预压等措施加速地基土层的排水固结,以提高地基的强度和承载力。岩基的断层带等缺陷部位则可采用固结灌浆或置换等形式提高其强度。

大部分的土基和岩基都存在着防渗问题。例如,对于砂砾地基,设计时应采取必要措施控制地基中的渗透流速和渗流量,以保证坝基渗透稳定;地基渗流控制的主要措施包括垂直防渗与水平防渗两类。垂直防渗可采用黏土截水墙、混凝土防渗墙及帷幕灌浆等。水平防渗多采用黏土铺盖,有时在坝下游还可采用排水减压等手段。

1.4 水工基础工程学习内容

本书根据水利工程专业的教学要求,内容包括绪论、地基承载力、浅基础、桩基础、沉井基础、软基处理、水工建筑物地基处理与设计、地基基础抗震设计等8章内容。

第1章 绪论,主要介绍水工基础工程设计的基本原则及内容要求。

第2章 地基承载力,主要介绍土质地基承载力确定的理论计算方法、原位实验法和相关规范推荐的经验法。

第3章 浅基础,主要介绍浅基础埋置深度的选择、地基基础设计原则、基础底面尺寸的确定方法、基础剖面设计和弹性地基梁计算等内容。

第4章 桩基础,主要介绍桩基础类型、单桩承载力特性及承载力确定方法、群桩工作性能和承载力确定方法以及桩基础设计等内容。

第5章 沉井基础，主要介绍沉井的类型与构造、沉井施工、沉井设计与计算。

第6章 软基处理，重点介绍常用的换填垫层处理设计、砂桩设计、排水固结法和强夯法等软基处理方法。

第7章 水工建筑物地基处理与设计，主要介绍重力坝、土石坝、拱坝、水闸以及重力式码头地基处理及基础设计方法。

第8章 地基基础抗震设计，主要介绍工程场地条件与震害、天然地基土层动力响应与计算、地基抗震设计、桩和桩基的抗震设计。

第 2 章 地基承载力

教学提示：本章主要介绍土体地基承载力的确定方法。首先，根据塑性区发展深度理论和极限平衡理论，介绍地基承载力的理论计算方法；其次，介绍平板荷载试验法、静力触探试验法、标准贯入试验法和旁压仪试验法等原位试验法；最后，介绍《建筑地基基础设计规范》（GB 50007—2011）和《港口工程地基规范》（JTS 147—1—2010）中建议的地基承载力确定方法。

教学要求：本章要求学生掌握地基承载力理论计算方法的基本原理和规范法建议的地基承载力确定方法，了解地基承载力确定的原位试验法类型和适用条件。

地基是建筑物（构筑物）基础下面承受全部荷载的土体或岩体。地基不属于建筑的组成部分，但它对保证建筑物的坚固耐久具有非常重要的作用，它是地球的一部分。地基有天然地基和人工地基（复合地基）两类。天然地基是不需要人工加固的天然土层。若天然地基很软弱，须先进行人工加固，再修建基础，这种地基称为人工地基。

地基承载力的确定方法主要有三种：理论计算法、原位试验法和规范法。

2.1 理 论 计 算 法

确定地基承载力的理论计算法，可以分为弹塑性分析法（计算结果为容许承载力）和极限平衡分析法（计算结果为极限承载力）。

2.1.1 弹塑性分析法

1. 临塑荷载公式

设条形基础宽度为 B，埋置深度为 D，地基土的重度为 γ，黏聚力为 c，内摩擦角为 φ。地基边缘刚出现塑性剪切区时的荷载（临塑荷载 P_{cr}）的计算公式为

$$P_{cr} = \frac{\pi(\gamma D + c\cot\varphi)}{\cot\varphi - \frac{\pi}{2} + \varphi} + \gamma D \tag{2-1}$$

2. 容许塑性区发展至一定深度的公式

若基础与地基的情况与式（2-1）中的相同，容许地基内塑性区发展的最大深度为基础底宽 B 的 1/3 或 1/4，相应的容许荷载 $p_{1/3}$ 与 $p_{1/4}$ 计算公式分别为

$$p_{1/3} = \frac{\pi\left(\gamma D + \frac{1}{3}\gamma B + c\cot\varphi\right)}{\cot\varphi - \frac{\pi}{2} + \varphi} + \gamma D \tag{2-2}$$

2.1 理论计算法

$$p_{1/4} = \frac{\pi\left(\gamma D + \frac{1}{4}\gamma B + c\cot\varphi\right)}{\cot\varphi - \frac{\pi}{2} + \varphi} \quad (2-3)$$

上述公式中的 γ 为基础底面以下土的重度；地基处于地下水位以下采用浮重度 γ'；如果最高地下水位在基底以下深度大于 B，采用天然重度 γ；如果最高地下水位在基底以下的深度为 z，且 $z<B$，采用等效重度 $\gamma' + z(\gamma - \gamma')/B$。

2.1.2 极限平衡分析法

1. 太沙基极限承载力公式

当地基土比较密实时，受荷载作用地基产生整体剪切破坏，并形成连续的滑动面。相应的地基极限承载力计算公式为

$$q_d = cN_c + qN_q + \frac{1}{2}\gamma B N_\gamma \quad (2-4)$$

式中：q_d 为基础底单位面积上的极限荷载；c 为土的黏聚力；B 为条形基础宽度；q 为埋置深度内的土层压力，$q = \gamma D$；γ 为基础底面以下土的重度，取值同式（2-3）；N_c、N_q、N_γ 为承载力因数，与土的内摩擦角 φ 及基底光滑程度等有关，对于基底完全光滑的情况，地基承载力因数分别为 $N_c = (N_q - 1)\cos\varphi$，$N_q = \tan^2(45° + \varphi/2)e^{\pi\tan\varphi}$，$N_\gamma = 1.8(N_q - 1)\tan\varphi$。

2. 迈耶霍夫极限承载力公式

迈耶霍夫认为，普朗特尔和太沙基等人将滑动曲面的终点限制在与基底同一水平面上，并且不考虑基础两侧土的抗剪强度的影响是不符合实际的。考虑到地基土的塑性平衡区随基础埋置深度的不同而扩展到最大可能的程度，并且考虑基础两侧土的抗剪强度对承载力的影响，导出了条形基础受中心荷载作用时均质地基的极限承载力公式，即

$$q_u = cN_c + qN_q + \frac{1}{2}\gamma B N_\gamma \quad (2-5)$$

承载力因数 N_c、N_q 由式（2-6）计算：

$$\left.\begin{array}{l} N_c = (N_q - 1)\cot\varphi \\ N_q = \dfrac{(1+\sin\varphi)e^{2\pi\tan\varphi}}{1-\sin\varphi\sin(2\eta+\varphi)} \end{array}\right\} \quad (2-6)$$

N_γ 无解析解，迈耶霍夫给出了图 2-1 供查阅。

运用迈耶霍夫地基极限承载力公式计算步骤如下：

（1）假定 β，由式（2-7）计算 σ_0、τ_0。β 为公式推导时所作"等代自由面"与水平面的夹角，以作用于该面上的法向应力 σ_0、剪应力 τ_0 代替基础两侧土的抗剪强度的影响，即

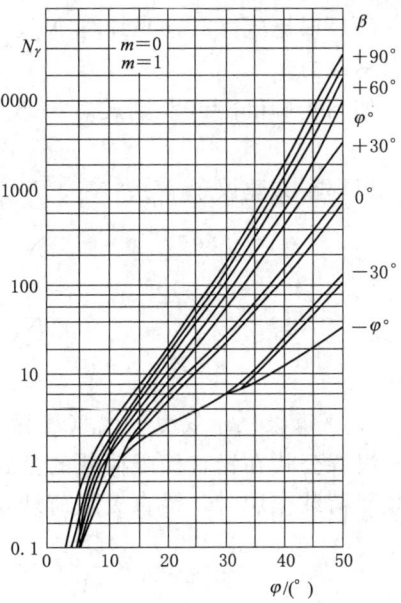

图 2-1 承载力因数 N_γ 与 φ、β 及 m 的关系

$$\left.\begin{aligned}\sigma_0 &= \frac{1}{2}\gamma D\left(K_0\sin^2\beta + \frac{1}{2}\tan\delta\sin2\beta + \cos^2\beta\right)\\ \tau_0 &= \frac{1}{2}\gamma D\left[\frac{1}{2}(1-K_0)\sin2\beta + K_0\sin^2\beta\tan\delta\right]\end{aligned}\right\} \quad (2-7)$$

式中：K_0 为土的静止土压力系数；γ 为基础底面以上土的重度；D 为埋深，φ 为土的内摩擦角；δ 为荷载与铅直方向夹角。

(2) 根据 σ_0、τ_0 值作极限应力圆（见图 2-2），并量得 η 和计算 $\theta = 3\pi/4 + \beta - \gamma - \varphi/2$，由式（2-8）重新计算 β，得

$$\sin\beta = \frac{2D\sin\left(\frac{\pi}{4} - \frac{\varphi}{2}\right)\cos(\eta + \varphi)}{B\cos\varphi e^{\theta\tan\varphi}} \quad (2-8)$$

(3) 如 β 的计算值与假定值不符，再假定 β 为计算值，重复 (1)、(2) 步，直到 β 的计算值与假定值相符为止。

(4) m 计算公式为

$$m = \frac{(c + \sigma_b\tan\varphi)\cos(2\eta + \varphi)}{(c + \sigma_b\tan\varphi)\cos\varphi} \quad (2-9)$$

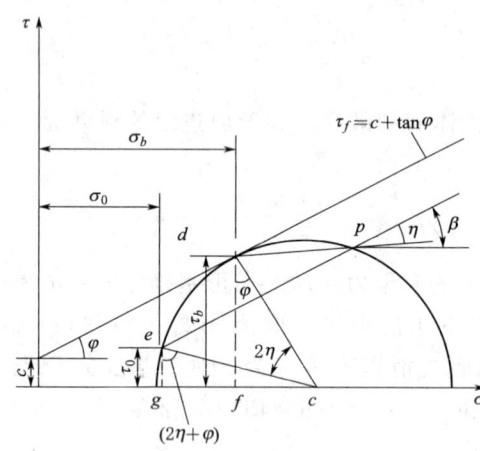

图 2-2 迈耶霍夫承载力公式 η、θ 的确定

其中

$$\sigma_b = \frac{\sigma_0 + \dfrac{c}{\cos\varphi}[\sin(2\eta + \varphi) - \sin\varphi]}{1 - \dfrac{\sin\varphi}{\cos^2\varphi}[\sin(2\eta + \varphi) - \sin\varphi]}$$

(5) 根据式（2-6）计算 N_c、N_q，由计算的 m、β 值查 N_γ，由式（2-5）计算出极限承载力。

如 $m = 0$ 和 $\beta = 0$，则式（2-5）简化为

$$q_u = cN_c + qN_q + 0.5\gamma bN_\gamma \quad (2-10)$$

迈耶霍夫建议了 N_c、N_q、N_γ 的半经验公式为

$$\left.\begin{aligned}N_c &= (N_q - 1)\frac{1}{\tan\varphi}\\ N_q &= e^{\pi\tan\varphi}\tan^2\left(\frac{\pi}{4} + \frac{\varphi}{2}\right)\\ N_\gamma &= 1.8(N_q - 1)\tan\varphi\end{aligned}\right\} \quad (2-11)$$

3. 汉森极限承载力公式（简称"汉森公式"）

汉森公式在铅直极限荷载的公式中补充考虑了基础形状、荷载倾斜对承载力的影响。有倾斜荷载作用时，铅直极限荷载 q_{dv} 的计算公式为

$$\left.\begin{aligned}\varphi > 0,\ q_{dv} &= \frac{Q_{dv}}{A_e} = cN_cs_cd_ci_c + qN_qs_qd_qi_q + \frac{1}{2}\gamma B_eN_\gamma s_\gamma i_\gamma\\ \varphi = 0,\ q_{dv} &= \frac{Q_{dv}}{A_e} = 5.14cs_cd_ci_c + q\end{aligned}\right\} \quad (2-12)$$

2.1 理论计算法

式中：Q_{dv} 为总极限荷载的垂直分量；A_e、B_e 为基础的有效面积、有效宽度；γ 为基础底面以下土的重度（水下用浮重度）；c 为地基土的黏聚力；q 为基础地面以上的有效垂直向荷载，一般为基础埋置深度内的土层压力；N_c、N_q、N_γ 为承载力因数，见表 2-1；s_c、s_q、s_γ 为与基础形状有关的形状系数。

表 2-1　　　　　　　　　　　　　汉森公式承载力因数

$\varphi/(°)$	N_c	N_q	N_γ	$\varphi/(°)$	N_c	N_q	N_γ
0	5.14	1.00	0	24	19.33	9.61	6.90
2	5.69	1.20	0.01	26	22.25	11.85	9.53
4	6.17	1.43	0.05	28	25.80	14.71	13.13
6	6.82	1.72	0.14	30	30.15	18.40	18.09
8	7.52	2.06	0.27	32	35.50	23.18	24.95
10	8.35	2.47	0.47	34	42.18	29.45	34.54
12	9.29	2.97	0.76	36	50.61	37.77	48.08
14	10.37	3.58	1.16	38	61.36	48.92	67.43
16	11.62	4.33	1.72	40	75.36	64.23	95.51
18	13.09	5.25	2.49	42	93.69	85.36	136.72
20	14.83	6.40	3.54	44	118.41	115.35	198.77
22	16.89	7.82	4.96	45	133.86	134.86	240.95

与基础形状有关的形状系数 s_c、s_q、s_γ 的计算公式分别为

$$s_c = s_q = 1 + 0.2 B_e / L_e \tag{2-13}$$

$$s_\gamma = 1 - 0.4 B_e / L_e \tag{2-14}$$

式中：L_e 为基础有效长度。

对于条形基础，$s_c = s_q = s_\gamma = 1$。

深度系数 d_c 和 d_q 与埋置深度有关，其计算公式为

$$d_c = d_q = 1 + 0.35 D / B_e \tag{2-15}$$

与作用荷载倾斜率 $\tan\delta$ 有关的倾斜系数 i_c、i_q、i_γ，按土的内摩擦角 φ 与 $\tan\delta$ 查表 2-2。若 $\tan\delta = 0$，则

$$i_c = i_q = i_\gamma = 1$$

表 2-2　　　　　　　　　　　　　倾斜系数 i_c、i_q、i_γ

$\tan\delta$	0.1			0.2			0.3			0.4		
$\varphi/(°)$ \ i	i_c	i_q	i_γ	i_c	i_q	i_γ	i_c	i_q	i_γ	i_c	i_q	i_γ
6	0.53	0.80	0.64									
7	0.64	0.83	0.69									
8	0.69	0.84	0.71									
9	0.73	0.85	0.72									
10	0.75	0.85	0.72									

续表

$\varphi/(°)$	i_c	i_q	i_γ	i_c	i_q	i_γ	i_c	i_q	i_γ	i_c	i_q	i_γ
11	0.77	0.85	0.73									
12	0.78	0.85	0.73	0.44	0.63	0.40						
13	0.79	0.85	0.73	0.50	0.65	0.43						
14	0.80	0.86	0.73	0.54	0.67	0.44						
15	0.81	0.86	0.73	0.57	0.68	0.46						
16	0.81	0.85	0.73	0.58	0.68	0.46						
17	0.81	0.85	0.73	0.60	0.68	0.47	0.30	0.45	0.20			
18	0.82	0.85	0.73	0.61	0.69	0.47	0.36	0.48	0.23			
19	0.82	0.85	0.72	0.62	0.69	0.47	0.40	0.50	0.25			
20	0.82	0.85	0.72	0.63	0.69	0.47	0.42	0.51	0.26			
21	0.82	0.85	0.72	0.64	0.69	0.47	0.44	0.52	0.27			
22	0.82	0.85	0.72	0.64	0.69	0.47	0.45	0.52	0.27	0.22	0.32	0.10
23	0.82	0.84	0.71	0.64	0.68	0.47	0.46	0.52	0.28	0.27	0.35	0.12
24	0.82	0.84	0.71	0.65	0.68	0.47	0.47	0.53	0.28	0.29	0.37	0.13
25	0.82	0.84	0.71	0.65	0.68	0.46	0.48	0.53	0.28	0.31	0.37	0.14
26	0.82	0.84	0.70	0.65	0.68	0.46	0.48	0.53	0.28	0.32	0.38	0.15
27	0.82	0.84	0.70	0.65	0.68	0.46	0.49	0.52	0.28	0.33	0.38	0.15
28	0.82	0.83	0.69	0.65	0.67	0.45	0.49	0.52	0.27	0.34	0.39	0.15
29	0.82	0.83	0.69	0.65	0.67	0.45	0.49	0.52	0.27	0.35	0.39	0.15
30	0.82	0.83	0.69	0.65	0.67	0.44	0.49	0.52	0.27	0.35	0.39	0.15
31	0.82	0.83	0.68	0.65	0.66	0.44	0.49	0.52	0.27	0.36	0.39	0.15
32	0.81	0.82	0.68	0.64	0.66	0.43	0.49	0.51	0.26	0.36	0.39	0.15
33	0.81	0.82	0.67	0.64	0.65	0.43	0.49	0.51	0.26	0.36	0.38	0.15
34	0.81	0.82	0.67	0.64	0.65	0.42	0.49	0.50	0.25	0.36	0.38	0.14
35	0.81	0.81	0.66	0.64	0.65	0.42	0.49	0.50	0.25	0.36	0.38	0.14
36	0.81	0.81	0.66	0.63	0.64	0.41	0.48	0.50	0.25	0.36	0.37	0.14
37	0.80	0.81	0.65	0.63	0.64	0.40	0.48	0.49	0.24	0.36	0.37	0.14
38	0.80	0.80	0.65	0.62	0.63	0.40	0.47	0.49	0.24	0.35	0.37	0.13
39	0.80	0.80	0.64	0.62	0.63	0.39	0.47	0.48	0.23	0.35	0.34	0.13
40	0.79	0.80	0.64	0.62	0.62	0.39	0.47	0.48	0.23	0.35	0.36	0.13
41	0.79	0.79	0.63	0.61	0.61	0.38	0.46	0.47	0.22	0.34	0.35	0.13
42	0.79	0.79	0.62	0.61	0.61	0.37	0.46	0.46	0.21	0.34	0.35	0.12
43	0.78	0.79	0.62	0.60	0.60	0.37	0.45	0.46	0.21	0.33	0.34	0.12
44	0.78	0.78	0.61	0.59	0.60	0.36	0.44	0.45	0.20	0.33	0.33	0.11
45	0.78	0.78	0.60	0.59	0.59	0.35	0.44	0.44	0.20	0.32	0.33	0.11

利用汉森公式计算极限承载力，对于设计荷载组合，可采用固结快剪强度指标；饱和软黏土，可采用受力层深度以内的加权平均强度指标。受力层最大深度 Z_{max} 的计算公式为

$$Z_{max} = \lambda B_e \quad (2-16)$$

式中：λ 为系数，与假定的平均内摩擦角 φ_{av} 及 $\tan\delta$ 有关，见表 2-3。

地基承载力安全系数 K 的计算公式为

$$K = q_{av}/\bar{p} \quad (2-17)$$

式中：$\bar{p}$ 为作用在基础底面上的平均铅直压力。

表 2-3 系数 λ

$\tan\delta$ \ φ_{av}	≤20°	21°～35°	36°～45°
≤0.20	0.6	1.2	2
0.21～0.30	0.4	0.9	1.6
0.31～0.40	0.2	0.6	1.2

安全系数应满足以下要求：

（1）计算中采用固结快剪强度指标时，安全系数 K 应不小于 2～3。对Ⅰ级、Ⅱ级建筑物时取高值，对Ⅲ级建筑物取低值。以黏性土为主的地基取高值，以砂土为主的地基取低值。

（2）采用快剪强度指标时，安全系数 K 可酌情降低。

2.2 原 位 试 验 法

确定地基承载力常用的原位试验法包括平板荷载试验法、静力触探试验法、标准贯入试验法、旁压仪试验法等。

2.2.1 平板载荷试验法

平板载荷试验法是确定地基承载力的经典方法，由于已经积累了丰富的使用经验，不少地基设计规范都将平板载荷试验结果作为确定和校核地基承载力的依据，特别是在重要建筑物的设计中，经常通过现场载荷试验来确定地基承载力。地基平板载荷试验分为浅层平板载荷试验和深层平板载荷试验两种。

平板载荷试验法是在基础原址处先开挖试坑，然后在坑底放一块刚性载荷板，逐级加荷，每次加荷使沉降达到稳定后，再施加下一级荷载，重复这样的过程直至所施加的荷载接近或达到极限荷载，即地基的极限承载力。

平板载荷试验的主要成果包括每级荷载下的时间对数与沉降量关系曲线（$\lg t - S$ 关系）和荷载与每级荷载沉降量关系曲线关系（$P - S$ 关系）如图 2-3 所示。

典型的 $P - S$ 关系曲线分可为三个阶段，即起始为直线段，随后为一曲线段，最后为一急剧下降的直线段。确定允许承载力方法有三种：①取起始直线与曲线的交界点处的荷载为地基的允许承载力，由此方法获得的允许承载力值一般偏于保守；②取第二拐点处所

对应的前一级荷载；③取两直线段延长线的交点处所对应的荷载，如图 2-3（b）所示。

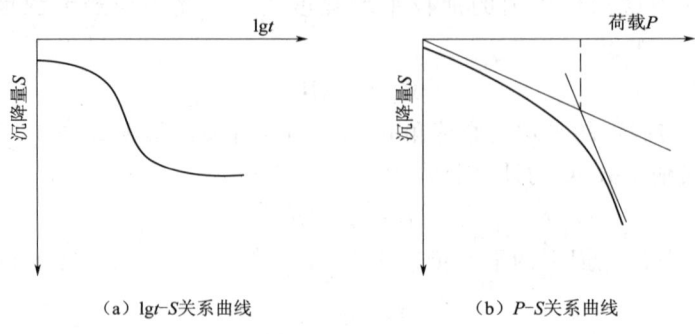

(a) lg$t$-S关系曲线　　　　　(b) P-S关系曲线

图 2-3　荷载板实验结果

若 P-S 曲线没有明显的拐点或为直线，则可采用下列方法确定地基承载力：

(1) 规定某一相对沉降量（一般为沉降量 S 与基础宽度 B 之比）所对应的荷载为地基允许承载力。例如一般规范规定，黏性土可取 $S/B>0.02$ 处的荷载，砂土可取处 $S/B=0.01\sim0.015$ 的荷载。

(2) 作通过原点、平行于荷载回弹曲线的直线，取直线与 P-S 关系曲线交点处的荷载作为比例界限承载力。

(3) 作 $\lg P$-$\lg S$ 关系曲线，$\lg P$-$\lg S$ 图中近似直线的转折点就是应变速率变化的点。$\lg P$-$\lg S$ 一般有两个明显的转折点，第一个转折点处对应的荷载为允许承载力，第二个转折点处对应的荷载为极限承载力。

(4) 根据 $\lg t$-S 关系曲线斜率变化的特征来确定地基承载力，一般取 $\lg t$-S 关系曲线尾部出现明显折线处的前一级荷载为极限承载力。

影响地基平板荷载试验结果的因素很多，例如加荷平板的形状和面积、试坑的埋深、持力层厚度、加荷方式等，因此，试验结果往往需要修正。

2.2.2　静力触探试验法

静力触探试验法就是用准静力（相对动力触探而言，没有或只有很小冲击荷载）将一个内部装有传感器的触探头以匀速压入土中，通过量测系统测量土的贯入阻力来确定地基土容许承载力的方法。由于地层中各种土的软硬不同，探头所受的阻力自然也不一样，传感器将这种大小不同的贯入阻力通过电信号输入到记录仪表中记录下来，再通过贯入阻力与土的工程地质特征之间的定性关系和统计相关关系，来实现取得土层剖面、提供浅基承载力、选择桩端持力层和预估单桩承载力等工程地质勘察的目的。

$$p_s = P/A \quad (2-18)$$

式中：P 为总贯入阻力，kN；A 为探头锥底面积，m^2。

单桥探头所测得的阻力是锥尖阻力与侧壁摩擦力之和，为了区分这两种阻力，可以采用双桥探头。双桥探头在锥头之上接有一段可独立上下移动的摩擦筒，这样就可以测得探锥受到的阻力 q_c，即

$$q_c = Q_c/A \quad (2-19)$$

式中：Q_c 为探锥受到的贯入阻力，kN；A 为锥底面积，m^2。

侧壁摩阻力 f_s（单位：kPa）为

$$f_s = P_f / F \quad (2-20)$$

式中：P_f 为作用于套筒侧壁的总摩擦力，kN；F 为摩擦筒的表面积，m^2。

就静力触探机理而言，地基容许承载力理论公式尚难以与静力触探之间建立起严格的关系，当前各国在实际应用研究中趋向于在实践的基础上建立近似的经验公式。

2.2.3 标准贯入试验法

标准贯入试验是将质量为 63.5kg 的重锤，从落距为 76cm 的高度通过钻杆把标准贯入器打入土中，贯入器每打入土中 30cm 时需要的击数称为标准贯入击数，用 $N_{63.5}$ 表示。

利用标准贯入试验评定地基容许承载力，各国都做了大量的工作，提出了不少经验公式。作为示例，图 2-4 给出了一些研究者提出的砂土地基的 $N_{63.5}$ 与容许承载力 $[R]$ 之间的经验关系曲线。

2.2.4 旁压仪试验法

旁压仪测试是工程地质勘测中一种原位测试技术，实质上它是一种利用钻孔进行的原位横向载荷试验。图 2-5 为旁压仪试验原理示意图。旁压仪试验法的原理是通过旁压器在竖直的孔内加压，使旁压膜膨胀，并由旁压膜（或护套）将压力传给周围土体，使土体产生变形直至破坏，并通过量测装置测出施加的压

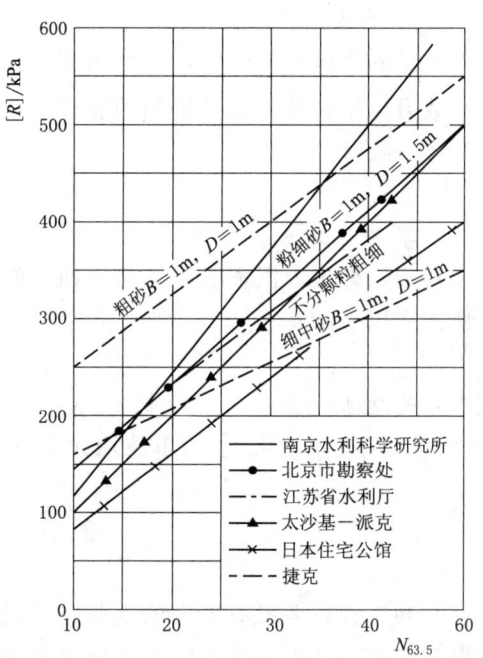

图 2-4 砂土地基的 $N_{63.5}$-$[R]$ 经验关系曲线

力与土体变形之间的关系，然后绘制应力-应变（或钻孔体积增量、或径向位移）关系曲线，根据这种关系对所测土体（或软岩）的承载力、变形性质等进行评价。

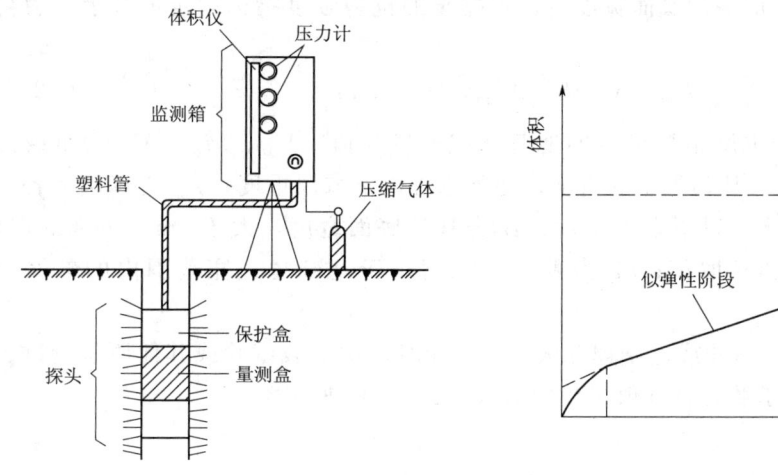

图 2-5 旁压仪试验原理示意图

旁压试验可在不同深度上进行测试,所得地基承载力值与平板载荷测试结果有良好的相关关系。旁压测试与载荷测试在加压方式、变形观测、曲线形状及成果整理等方面都有类似之处,甚至有相同之处,其用途也基本相同。但旁压测试设备轻,测试时间短,并可在地基土的不同深度上(特别是地下水位以下的土层)进行测试,因而其适应性比载荷板测试更广。采用旁压试验结果确定地基容许承载力的方法主要有以下两种。

1. 临塑压力法

大量的测试资料表明,用旁压测试的临塑压力 p_f 减去土层的静止侧压力 p_0,所确定的承载力与平板载荷试验得到的容许承载力基本一致。国内在应用旁压测试确定地基承载力时,一般计算公式为

$$f_k = p_f - p_0 \tag{2-21}$$

2. 极限压力法

对于红黏土、淤泥等,其旁压曲线经过临塑压力后急剧拐弯,破坏时的极限压力与临塑压力之比 $p_L/p_f < 1.7$。为安全起见,一般采用极限压力法,即

$$f_k = (p_L - p_0)/K \tag{2-22}$$

式中:K 为安全系数,一般取 2~3。

p_0、p_L、p_f 及 f_k 的单位均为 kPa。

2.3 规 范 法

水利工程行业没有专门的地基与基础设计规范,本书介绍《建筑地基基础设计规范》(GB 50007—2011)、《港口工程地基规范》(JTS 147—1—2010)中确定地基承载力的有关规定。

2.3.1 建筑地基基础设计规范

GB 50007—2011 规定,地基承载力特征值可由载荷试验或其他原位测试公式计算,并结合工程实践经验等方法综合确定。

当偏心距 $e \leqslant 0.033$ 倍基础底面宽度时,根据土的抗剪强度指标确定地基承载力特征值,其计算公式为

$$f_{ak} = M_b \gamma B + M_d \gamma_m D + M_c c_k \tag{2-23}$$

式中:f_{ak} 为由土的抗剪强度指标确定的地基承载力特征值;M_b、M_d、M_c 为承载力系数,按表 2-4 确定;γ 为基础下土的重度,地下水位以下取浮重度;γ_m 为基础下各土层的加权平均重度,地下水位以下取浮重度;B 为基础底面宽度,大于 6m 时按 6m 取值;对于砂土小于 3m 时按 3m 取值;c_k 为基底下深度等于基础短边宽范围内的黏聚力标准值。

当基础有效宽度大于 3m 或基础埋深大于 0.5m 时,用荷载试验或其他原位测试、经验值等方法确定的地基承载力特征值,尚应对式(2-23)进行修正:

$$f_a = f_{ak} + \eta_b \gamma (B-3) + \eta_D \gamma_m (D-0.5) \tag{2-24}$$

式中:f_a 为修正后的地基承载力特征值;f_{ak} 为按各种方法确定的地基承载力特征值;

2.3 规 范 法

η_b、η_d 为基础宽度、埋深的地基承载力修正系数,按基底下土的类别查表 2-5 取值;γ 为基础底面下土的重度,地下水位以下取浮重度。B 为基础底面宽度,当基础宽度小于 3m 时按 3m 取值,大于 6m 按 6m 取值;γ_m 为基础底面以上土的加权平均重度,地下水位以下取浮重度;D 为基础埋置深度,当埋深小于 0.5m 时取 0.5m。

表 2-4 承载力系数 M_b、M_d、M_c

$\varphi_k/(°)$	M_b	M_d	M_c	$\varphi_k/(°)$	M_b	M_d	M_c
0	0	1.00	3.14	22	0.61	3.44	6.04
2	0.03	1.12	3.32	24	0.80	3.87	6.45
4	0.06	1.25	3.51	26	1.10	4.37	6.90
6	0.10	1.39	3.71	28	1.40	4.93	7.40
8	0.14	1.55	3.93	30	1.90	5.59	7.95
10	0.18	1.73	4.17	32	2.60	6.35	8.55
12	0.23	1.94	4.42	34	3.40	7.21	9.22
14	0.29	2.17	4.69	36	4.20	8.25	9.97
16	0.36	2.43	5.00	38	5.00	9.44	10.80
18	0.43	2.72	5.31	40	5.80	10.84	11.73
20	0.51	3.06	5.66				

注 φ_k 为地基下基础短边宽深度内土的内摩擦角标准值。

表 2-5 地基承载力修正系数 η_b、η_d

土 类		η_b	η_d
淤泥和淤泥质土		0	1.0
人工填土;e 或 $I_L \geq 0.85$ 的黏性土		0	1.0
红黏土	含水比>0.8	0	1.2
	含水比≤0.8	0.15	1.4
大面积压实填土	压实系数大于 0.95,黏粒含量≥10% 的粉土	0	1.5
	最大干密度大于 2.1t/m³ 的级配砂石	0	2.0
粉土	黏粒含量≥10% 的粉土	0.3	1.5
	黏粒含量<10% 的粉土	0.5	2.0
e 及 $I_L<0.85$ 的黏性土		0.3	1.6
密砂、细砂(不包括很湿及饱和时的稍密状态)		2.0	3.0
中砂、粗砂、砾砂和碎石土		3.0	4.4

注 强风化和全风化的岩石,可参照所风化成的相应土类取值,其他状态下的岩石不修正。

2.3.2 港口工程地基规范

按 JTS 147—1—2010 规定,地基承载力应由原位测试并结合工程实践经验等综合确定。对非黏性土地基的小型建筑物及安全等级为三级的建筑物可按以下规定确定地基承载力。

当基础有效宽度小于或等于 3m,基础埋深为 0.5~1.5m 时,地基承载力设计值根据岩石和土的野外特征密实度或标准贯入击数可分别按以下原则和表格确定,表中数值允许内插。岩石地基承载力特征值可按表 2-6 确定,碎石土地基承载力特征值可按表 2-7 确定,砂土地基承载力特征值可按表 2-8 确定。

表 2-6　　　　　　　　　　岩石承载力特征值 f_{ak}　　　　　　　　　　单位:kPa

岩石类别 \ 风化程度	微风化	中等风化	强风化	全风化
硬质岩石	2500~4000	1000~2500	500~1000	200~500
软质岩石	1000~1500	500~1000	200~500	—

注　1. 强风化岩石改变埋藏条件后如强度降低,宜按降低程度选用较低值,当受倾斜荷载时,其承载力特征值应进行专门研究。
　　2. 微风化硬质岩石的承载力特征值如选用大于 4000kPa 时应进行专门研究。
　　3. 全风化软质岩石的承载力特征值应按土考虑。

表 2-7　　　　　　　　　　碎石土承载力特征值 f_{ak}　　　　　　　　　　单位:kPa

土名称 \ 密实度	密实			中密			稍密		
tanδ	0	0.2	0.4	0	0.2	0.4	0	0.2	0.4
卵石	800~1000	640~840	288~360	500~800	400~640	180~288	300~500	240~400	108~180
碎石	700~900	560~720	252~324	400~700	320~560	144~252	250~400	200~320	90~144
圆砾	500~700	400~560	180~252	300~500	240~400	108~180	200~300	160~240	72~108
角砾	400~600	320~480	144~216	250~400	200~320	90~144	200~250	160~200	72~90

注　1. 表中数值适用于骨架颗粒空隙全部由中砂粗砂或液性指数 $I_L \leqslant 0.25$ 的黏性土所填充。
　　2. 当粗颗粒为中等风化或强风化时,可按风化程度适当降低承载力特征值;当颗粒间呈半胶结状态时可适当提高承载力特征值。
　　3. $\tan\delta = H/V$,H 为作用在基础底面以上的水平方向合力,V 为相应的垂直方向合力。

表 2-8　　　　　　　　　　砂土承载力特征值 f_{ak}　　　　　　　　　　单位:kPa

土类型 \ N	50~30			30~15			15~10		
tanδ	0	0.2	0.4	0	0.2	0.4	0	0.2	0.4
中粗砂	500~340	400~272	180~122	340~250	272~200	122~90	250~180	200~144	90~65
粉细砂	340~250	272~200	122~90	250~180	200~144	90~65	180~140	144~112	65~50

注　N 为标准贯入击数。

当基础有效宽度大于 3m 或基础埋深大于 1.5m 时,可按表 2-6 确定。

表 2-7~表 2-8 查得的承载力特征值,应进行修正,修正公式为

$$f_a = f_{ak} + m_B \gamma_1 (B'_e - 3) + m_D \gamma_2 (D - 1.5) \qquad (2-25)$$

式中:f_a 为修正后地基承载力特征值,kPa;f_{ak} 为按各表查得的地基承载力特征值,kPa;γ_1 为基础底面以下土的重度,水下用浮重度 kN/m³;γ_2 为基础底面以上土的加权平均重度,水下用浮重度,kN/m³;m_B、m_D 为基础宽度、基础埋深的承载力修正系数;B'_e 为基础有效宽度,m,当宽度小于 3m 时取 3m,大于 8m 时取 8m;D 为基础埋深,

m，当埋深小于 1.5m 时取 1.5m。

基础宽度、基础埋深的承载力修正系数，可查用表 2-9 中的数值。

表 2-9　　　　　　　　基础宽度、基础埋深的承载力修正系数

土类型	修正系数	$\tan\delta$ 0		0.2		0.4	
		m_B	m_D	m_B	m_D	m_B	m_D
砂土	细砂	2.0	3.0	1.6	2.5	0.6	1.2
	砾砂、粗砂、中砂	4.0	5.0	3.5	4.5	1.8	2.4
碎石土		5.0	6.0	4.0	5.0	1.8	2.4

注　微风化、中等风化岩石不修正；强风化岩石的修正系数按相近的土类采用。

练 习 题

2-1　某条形基础底宽 $b=3.5\text{m}$，埋深 $d=1.2\text{m}$，地基土为黏土，孔隙比 $e=0.7$，液性指数 $I_L=0.6$，内摩擦角标准值 $\varphi=20°$，黏聚力标准值 $c=12\text{kPa}$，地下水位与基底平齐，土的有效重度 9.4kN/m^3，基底以上土的重度 18.2kN/m^3。试根据 GB 50007—2011 确定修正后的地基承载力特征值 f_a。

2-2　某基础宽度为 3.0m，埋深为 2.0m，仅受铅直荷载作用。地基土为中粗砂，其重度为 18kN/m^3，标准贯入试验锤击数 $N=21$，不考虑地下水影响。试根据 JTS 147—1—2010 确定修正后的地基承载力特征值 f_a。

2-3　总结各种地基承载力理论计算方法的优缺点。

2-4　分析不同地基承载力原位试验法的适用条件。

2-5　简述典型的 P-S 关系曲线的特点。

2-6　简述允许承载力和极限承载力的异同。

2-7　阐述地基承载力的规范确定方法与理论计算法和原位试验法在影响承载力因素方面存在的异同。

2-8　地下水位升降对地基承载力有什么影响？

第3章 浅 基 础

教学提示：本章主要介绍浅基础设计方法。浅基础可分为刚性基础和柔性基础两大类。根据浅基础的特点，首先介绍浅基础的设计原则，然后分别介绍浅基础的埋置深度确定方法、基础底面尺寸和基础剖面设计方法，最后介绍弹性地基梁基础的内力计算方法。

教学要求：本章要求学生掌握浅基础设计原则、埋置深度确定方法、基础底面尺寸和基础剖面设计方法，了解弹性地基梁基础的内力计算方法。

3.1 概 述

基础指工程结构物地面以下的部分结构构件，用来将上部结构荷载传给地基，是房屋、桥梁、码头及其他构筑物的重要组成部分。天然地基上的基础，按其埋置深度可分为浅基础与深基础。一般认为，埋置深度小于基础底面宽度且不超过5m者称为浅基础。实际上浅基础与深基础没有一个明确的分界线。对于大多数埋深较浅、可用比较简便的施工方法修建（例如用明挖法施工）的基础，都可归属于浅基础。浅基础一般不考虑基础的侧摩阻力对承载力的贡献。埋置深的基础，例如桩基、沉井、沉箱、地下连续墙等类型基础均称作深基础。

根据分类标准的不同，浅基础可以分为多种类型。

从结构型式上，浅基础可分为扩展基础（条形基础和独立基础）、联合基础、筏型基础、箱形基础、壳体基础等几种。

从材料构成上，浅基础又分为刚性基础和柔性基础。刚性基础是指用砖石、混凝土、毛石混凝土等材料建造的基础，其特点是抗压性能好，抗拉抗剪强度都不高。柔性基础一般指采用钢筋混凝土材料建造的基础，其特点是基础抗拉抗剪强度高，延性也较好。

刚性基础设计时必须保证基础内的拉应力、剪应力不超过材料容许抗拉和抗剪强度。这一保证条件可以通过构造措施来实现，即基础每个台阶的宽度与高度之比不超过某一数值。刚性基础的用料规格及台阶宽高比允许值见表3-1。

表 3-1　　　　　刚性基础的用料规格及台阶宽高比允许值

基础材料	用 料 规 格	台阶宽高比的允许值		
		$p_k \leqslant 100$	$100 < p_k \leqslant 200$	$200 < p_k \leqslant 300$
混凝土基础	C15 混凝土	1:1.00	1:1.00	1:1.25
毛石基础	毛石强度 7.5、砂浆不低于 M5	1:1.50	1:1.50	1:1.50
砖基础	砖不低于 MU10、砂浆不低于 M5	1:1.25	1:1.50	—

注　1. p_k 为作用标准组合时的基础底面处的平均压力值，kPa。
　　2. 阶梯形毛石基础的每阶伸出宽度不宜大于 200mm。
　　3. 当基础由不同材料叠合组成时，应对接触部分作抗压验算。
　　4. 混凝土基础单侧扩展范围内基础底面处的平均压力值超过 300kPa 时，应进行抗剪验算；对基底反力集中于立柱附近的岩石地基，应进行局部受压承载力验算。

3.1 概 述

扩展基础是基础中最常见的型式。依据建造材料不同，扩展基础一般又分为刚性条形基础、刚性独立基础、柔性（钢筋混凝土）条形基础和柔性独立基础。

刚性条形基础通常用砖或毛石砌筑，如图3-1（a）、（b）所示。为了保证基础的耐久性，砖的强度等级不宜低于MU10；毛石需用未风化的硬质岩石。砌筑时，在地下水位以上可用混合砂浆；地下水位以下则要用水泥砂浆，强度等级一般不低于M5。荷载较大或需要减小基础的构造高度时，可采用强度等级C10或C15的混凝土基础，如图3-1（c）所示；也可用毛石混凝土，以节约水泥。

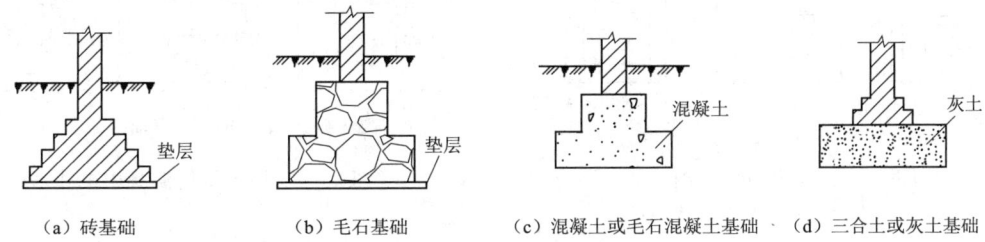

（a）砖基础　　（b）毛石基础　　（c）混凝土或毛石混凝土基础　（d）三合土或灰土基础

图3-1　刚性条形基础

当基础上的荷载较大，或地基承载力较低时，就需要加大基础的宽度。采用刚性条形基础，可能导致基础高度过大、用料多、自重大和施工困难。在这种情况下，可以考虑采用如图3-2所示的钢筋混凝土条形基础。钢筋混凝土条形基础通过在基础内横向配置受力钢筋来承受因基底反力而产生的弯曲应力。钢筋混凝土基础宽度可达2m以上，而底板厚度一般只需30cm左右。在"宽基浅埋"的条件下，例如软土地基表层具有一定厚度的"硬壳层"，并拟利用该层作为持力层时，可考虑采用这种基础型式。如果地基不均匀，为了增强基础的整体性和抗弯能力，可以采用有肋的钢筋混凝土条形基础，如图3-2（b）所示。肋部要配置足够的纵向钢筋和箍筋，以承受不均匀沉降引起的弯曲应力。

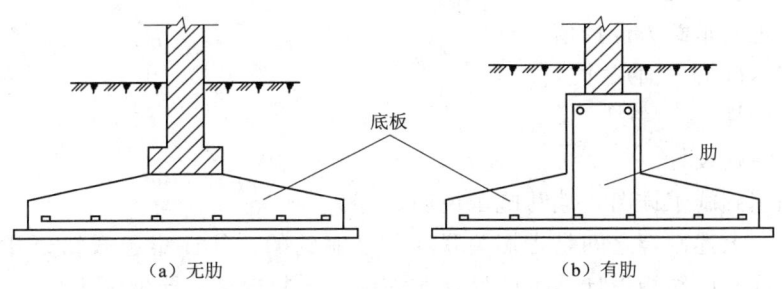

（a）无肋　　　　　　　　（b）有肋

图3-2　钢筋混凝土条形基础

独立基础是柱基中最常用和最经济的一种基础形式。柱下刚性独立基础所用的材料和墙下刚性条形基础相同，但其台阶宽高比要在两个方向上都需要满足表3-1规定的要求。

对于砖（石）柱或木柱，多数采用砖（石）基础如图3-3（a）所示；对于钢筋混凝土柱或钢柱，一般都采用混凝土基础如图3-3（b）所示；如用砖（石）基础，则要设置混凝土墩与柱子联结，如图3-3（c）所示。

柱下钢筋混凝土基础的构造如图3-4所示，图3-4（a）、（b）是现浇柱基础，图3-4

(c)是预制柱基础。轴心受压柱下基础的底面常为方形;偏心受压柱下基础常为矩形。基础底部按计算配置双向受力钢筋。

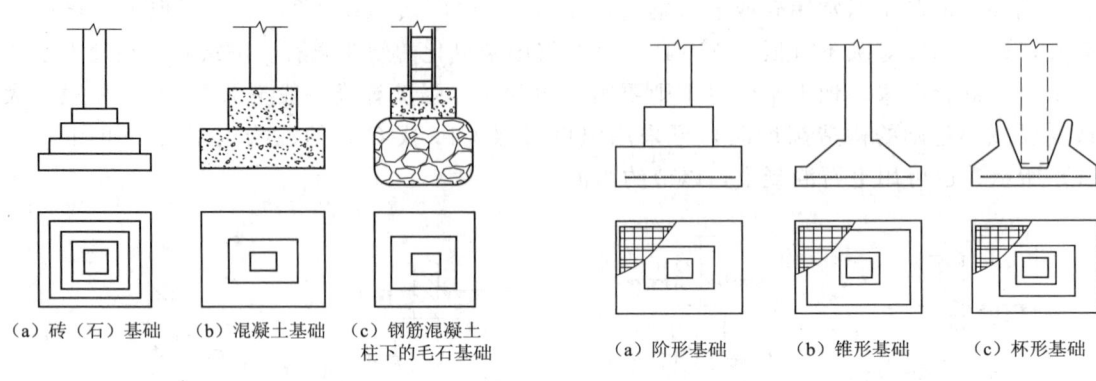

(a)砖(石)基础　(b)混凝土基础　(c)钢筋混凝土柱下的毛石基础

图3-3　柱下刚性基础

(a)阶形基础　(b)锥形基础　(c)杯形基础

图3-4　柱下钢筋混凝土单独基础

3.2　浅基础设计内容与要求

天然地基上浅基础设计的主要任务是保证建筑物的安全和正常使用。因此,浅基础设计需要从地基和基础两方面来考虑。就地基方面来说,要具有足够的稳定性和不发生过量的变形;对基础本身来说,要有足够的强度、刚度和耐久性。基础如果一旦发生结构破坏,势必危及整个建筑物的安全;而且基础是设置于地下的隐蔽工程,如果发生事故,将很难补救。所以,无论地基还是基础,设计中均要给予高度重视。

天然地基上浅基础设计包括以下内容:

(1)基础类型(包括所用材料)选择和平面布置方式设计。

(2)基础埋置深度选择。

(3)确定地基承载力设计值。

(4)确定基础的底面尺寸。

(5)地基验算。

(6)基础结构设计。

(7)绘制基础施工详图,编写施工说明。

必须注意,上述内容之间是密切关联和相互制约的,往往难于截然分开考虑。例如,通过地基验算或基础结构设计,可能发现原先确定的基础尺寸或埋深不妥,有时甚至会否定原来选定的基础类型,此时就需要重新进行设计,也可能要几次反复才能完成。

基础设计总原则是:保证建筑物安全使用的同时,要充分发挥地基的承载力。由于基础是上部结构与地基间的连接构件,其作用是将上部结构荷载安全可靠地传递到比上部结构强度低的地基中,故基础本身应有足够的强度、刚度和耐久性。

对地基来说,一般要满足以下两方面要求。

1. 地基应有足够的强度和稳定性

当基础传给地基的单位面积压力(基底压力)过大时,地基内会产生剪切破坏,丧失

3.2 浅基础设计内容与要求

地基承载力,从而使整个建筑物失去稳定,如加拿大康斯特朗谷仓事故就是一个典型例子。此外,对于建造在斜坡上的建筑物,也可能在基底压力下,因地基强度不够,而沿斜坡滑动(图3-5);对受有较大水平荷载的建筑物,当地基较软弱时,会出现建筑物连同地基土体一起滑动而失稳的现象(图3-6)。

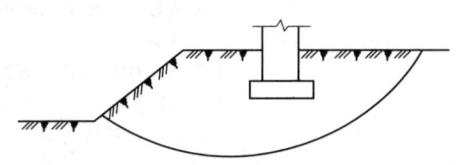

图3-5 地基强度不够沿斜坡滑动

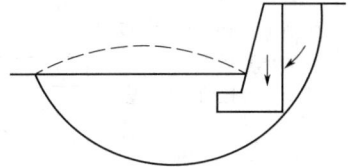

图3-6 建筑物连同地基土体一起滑动

为了确保地基不发生强度破坏而失去稳定性,设计时基底压力必须控制在满足安全条件的地基承载力范围之内。

2. 保证地基的变形值在容许范围之内

地基在荷载及其他因素影响下,会产生变形(均匀变形或不均匀变形)。变形过大会危害建筑结构的安全(裂缝、倒塌或其他不容许的变形),或者是影响建筑物的正常使用。例如桥式吊车的厂房,当相邻柱基沉降差过大时,就会引起吊车轨面的倾斜,影响吊车的正常运行。又如当墙下条基建造在不均匀地基上时,也容易引起基础的局部倾斜,而使墙体开裂。此外,当高压管道及易燃、有毒气体管道的工厂基础间出现差异沉降时,很容易引起各设备间刚性管道的变形破裂而造成安全事故等。

地基变形的类型,按其特征可分为沉降量、沉降差、倾斜和局部倾斜四种,如表3-2所列。

表3-2 地 基 变 形 类 型

变形类型	特征	图例	计算方法	验算适用条件
沉降量	基础中心的沉降量		分层总和法	①主要用于地基比较均匀时的单层排架结构柱基,在满足容许沉降量后可不再验算相邻柱基的沉降差;②在决定工艺上考虑沉降所预留建筑物有关部分之间净空、连接方法及施工顺序时也须用到沉降量,此时往往需要分别预估施工期间和使用期间的地基变形值
沉降差	相邻两个单独基础沉降量的差		$\Delta s = s_1 - s_2$	①控制地基不均匀沉降,荷载差异大时框架结构及单层排架结构的相邻柱基沉降差;②相邻结构物影响存在时;③在原有基础附近堆积重物时;④当必须考虑在使用过程中结构物本身与之有联系部分的标高变动时

续表

变形类型	特征	图 例	计算方法	验算适用条件
倾斜	单独基础在倾斜方向两端点的沉降差与其距离的比值		$\tan\theta = \dfrac{s_1 - s_2}{b}$	对有较大偏心荷载的基础和高耸构筑物基础,其地基不均匀或附近堆有地面荷载时,要验算倾斜。在地基比较均匀且无相邻荷载影响时,高耸构筑物的沉降量在满足容许沉降量后,可不验算倾斜值
局部倾斜	砖石承重结构沿纵墙6～10m内两点的沉降差与其距离的比值		$\tan\theta = \dfrac{s_1 - s_2}{l}$	一般承重墙房屋(如墙下条形基础)。距离 l 可根据具体建筑物情况,如横隔墙的间距而定。一般应将沉降计算点选择在地基不均匀、荷载相差很大或体型复杂的局部段落的纵横墙交点处

3.3 基础埋置深度的选择

基础底面埋在地面(一般指设计地面)下的深度,称为基础的埋置深度。为了保证基础安全,同时减小基础的尺寸,要尽量把基础放在良好的土层上。但基础埋置过深,不但施工不便,且会提高基础工程造价,因此应根据实际情况选择一个合理的埋置深度。基础埋深确定的原则是在保证安全可靠的前提下,尽量浅埋,但不应浅于 0.5m。因为靠近地表的土体,一般受气候变化的影响较大,性质不稳定,且又是生物活动、生长的场所,故一般不宜作为地基的持力层。基础顶面应低于设计地面 10cm 以上,避免基础外露,遭受外界的破坏。

影响基础埋置深度的因素很多,其中最主要的有以下三个方面。

1. 建筑物的用途、结构类型及其与相邻建筑物基础的关系

基础埋置深度首先取决于建筑物或构筑物的用途,如有无地下室、地下管沟和设备基础等。如果由于建筑物使用上的要求,基础需要有不同的埋深时(如地下室和非地下室交界处的基础),应将基础作成台阶形,逐步由浅过渡到深,台阶的高度和宽度之比为 1∶2(图 3-7)。有地下管道时,一般要求基础深度低于地下管道的深度,避免管道

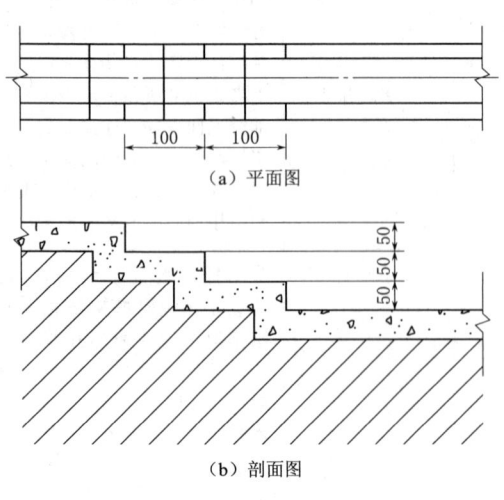

图 3-7 阶形基础(单位:cm)

在基础下穿过,影响管道的使用和维修。

如果新建基础与原有建筑物距离较近时,如图 3-8(a) 和 (b) 所示,从新基础的基底至原有基础边缘的连线与水平线的夹角应小于等于 45°,因此,图 3-8(a) 中距离 l 应大于新旧基础的高差 z,以使原有基础下土中附加应力不因新建基础而产生过大增量。

当新建基础比原有基础低时,如图 3-8(b) 所示,原有基础下地基土一侧因开挖临空,可能从开挖侧面挤出而使原有基础失去稳定。

图 3-8(c) 说明新旧基础基底虽在同一埋置深度,但相距太近,会使原有基础一侧失去超载 γd,引起地基承载力降低,也可能导致地基稳定性不能满足要求。

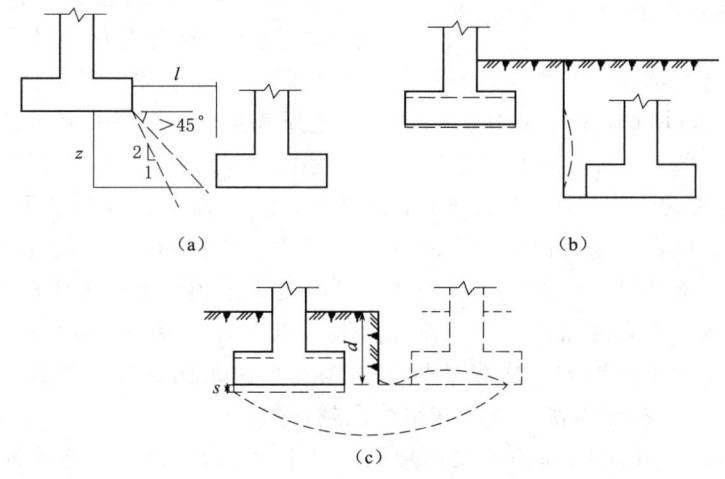

图 3-8 新旧基础相对位置关系

如因场地狭窄等原因,不能满足上述要求时,应采取施工措施(如分段施工、设置临时加固支撑、打板桩等)保证地基的稳定性。对于高层建筑,因其荷载大,且对不均匀沉降引起的倾斜有严格限制,为了保证建筑物有足够的整体稳定性,其埋深一般较大。

2. 工程地质及水文地质条件

直接支承基础的土层称为持力层,其下的各土层称为下卧层。为了保证建筑物的安全,必须根据荷载的大小和性质给基础选择可靠的持力层。当上层土的承载力大于下层土时,一般取上层土作持力层,以减小基础的埋深。当上层土的承载力低于下层土时,如取下层土为持力层,所需的基础底面积较小,但埋深较大;若取上层土为持力层,情况适相反。哪一种方案较好,需要从施工难易、材料用量等方面进行比较后才能确定。当基础存在软弱下卧层时,基础宜尽量浅埋,以便加大基底至软弱层的距离,减小由基底传至软弱下卧层的应力,使其承载力满足要求。

在选择埋深时,还要从减少地基不均匀沉降的角度来考虑,例如当土层分布明显不均匀或上部荷载轻重差别很大时,同一建筑物的基础可采用不同的埋深来调整不均匀沉降量。地下水位一般随季节而升降。正常的季节性水位变化对基础影响不大,但考虑到便于施工,基础的埋深不宜太多地低于基础施工期的地下水位。如不能避免时,施工时应考虑进行基坑排水、坑壁围护以及保护地基土不受扰动等措施。当地下水对基础材料有侵蚀性时，还应考虑采取防止侵蚀的措施。

如果持力层为黏土等隔水层，且其下存在承压地下水时，为了避免在开挖基坑时隔水层被承压水冲破，坑底隔水层的自重必须大于承压水的浮托力。图 3-9 中第一层是黏土层，下面是中砂；中砂层顶面土体的承压力 γh 要大于 $\gamma_w H_0$，H_0 为承压水高出砂层面的高度，γ 是黏土层的重度，γ_w 是水的重度。

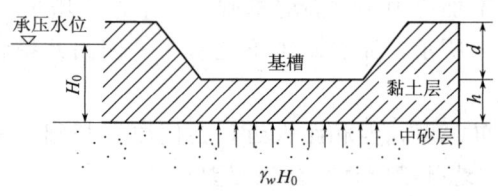

图 3-9 承压水对槽底土层的浮托作用

3. 地基土冻胀和融陷的影响

在寒冷地区，地面下一定深度范围内土层的温度随气候而变化。冬季时，上层土中的水分因温度降低而冻结。上面土体冻结时，还会促使下面土体中的水分上升并冻结。因此，土冻结后含水量增加，体积膨胀。因地基的地质和水文地质条件以及覆盖条件各处不同，因此冻结时会产生不均匀冻胀。解冻时，土的强度降低，又产生不均匀沉降。如果基础埋置在土的冻结深度之上，且地质条件不利，地基土受冻结和融化的影响会发生严重的沉降。

地基内土的冻结深度主要决定于当地的气候条件，气温越低，低温的持续时间越长，冻结深度就越大。冻结范围内的土是否膨胀，则决定于土的种类、土的含水量和地下水位的情况。颗粒粗的土没有冻胀性（颗粒粒径为细砂以上者），粉砂和黏性土则属于冻胀性的土。冻胀性的土含水量越大，冻胀性越大。地下水位距离冻结区域越近（1.5～2.0m 以内），冻结区的水分补充越快，土的冻结性也越强烈。

针对上述情况，《建筑地基基础设计规范》（GB 50007—2011）按影响土冻胀的因素将地基土的冻胀性划分为五类：不冻胀、弱冻胀、冻胀、强冻胀和特强冻胀（表 3-3）。

表 3-3 地基土的冻胀性分类

土的名称	冻前天然含水量 $w/\%$	冻结期间地下水位距冻结面的最小距离 h_w/m	平均冻胀率 $\eta/\%$	冻胀等级	冻胀类别
碎（卵）石、砾、粗、中砾（粒径小于 0.075mm 颗粒含量＞15%），细砂（粒径＜0.075mm 颗粒含量＞10%）	$w \leq 12$	＞1.0	$\eta \leq 1$	I	不冻胀
		≤1.0	$1 < \eta \leq 3.5$	II	弱冻胀
	$12 < w \leq 18$	＞1.0			
		≤1.0	$3.5 < \eta \leq 6$	III	冻胀
	$w > 18$	＞0.5			
		≤0.5	$6 < \eta \leq 12$	IV	强冻胀
粉砂	$w \leq 14$	＞1.0	$\eta \leq 1$	I	不冻胀
		≤1.0	$1 < \eta \leq 3.5$	II	弱冻胀
	$14 < w \leq 19$	＞1.0			
		≤1.0	$3.5 < \eta \leq 6$	III	冻胀
	$19 < w \leq 23$	＞1.0			
		≤1.0	$6 < \eta \leq 12$	IV	强冻胀
	$w > 23$	不考虑	$\eta > 12$	V	特强冻胀

3.3 基础埋置深度的选择

续表

土的名称	冻前天然含水量 $w/\%$	冻结期间地下水位距冻结面的最小距离 h_w/m	平均冻胀率 $\eta/\%$	冻胀等级	冻胀类别
粉土	$w \leqslant 19$	>1.5	$\eta \leqslant 1$	Ⅰ	不冻胀
		$\leqslant 1.5$	$1 < \eta \leqslant 3.5$	Ⅱ	弱冻胀
	$19 < w \leqslant 22$	>1.5	$1 < \eta \leqslant 3.5$	Ⅱ	弱冻胀
		$\leqslant 1.5$	$3.5 < \eta \leqslant 6$	Ⅲ	冻胀
	$22 < w \leqslant 26$	>1.5			
		$\leqslant 1.5$	$6 < \eta \leqslant 12$	Ⅳ	强冻胀
	$26 < w \leqslant 30$	>1.5			
		$\leqslant 1.5$	$\eta > 12$	Ⅴ	特强冻胀
	$w > 30$	不考虑			
黏性土	$w \leqslant w_p + 2$	>2.0	$\eta \leqslant 1$	Ⅰ	不冻胀
		$\leqslant 2.0$	$1 < \eta \leqslant 3.5$	Ⅱ	弱冻胀
	$w_p + 2 < w \leqslant w_p + 5$	>2.0			
		$\leqslant 2.0$	$3.5 < \eta \leqslant 6$	Ⅲ	冻胀
	$w_p + 5 < w \leqslant w_p + 9$	>2.0			
		$\leqslant 2.0$	$6 < \eta \leqslant 12$	Ⅳ	强冻胀
	$w_p + 9 < w \leqslant w_p + 15$	>2.0			
		$\leqslant 2.0$	$\eta > 12$	Ⅴ	特强冻胀
	$w > w_p + 15$	不考虑			

注 1. w_p 为塑限含水量,%;w 为在冻土层内冻前天然含水量的平均值,%。
 2. 盐渍化冻土不在表列。
 3. 塑性指数大于 22 时,冻胀等级降低一级。
 4. 粒径小于 0.005mm 的颗粒含量大于 60% 时,为不冻胀土。
 5. 碎石类土当充填物大于全部质量的 40% 时,其冻胀性按填充物土的类别判断。
 6. 碎石土、砾砂、粗砂、中砂(粒径小于 0.075mm 颗粒含量不大于 15%)、细砂(粒径小于 0.075mm 颗粒含量不大于 10%)均按不冻胀考虑。

弱冻胀、冻胀和强冻胀土的基础最小埋深,可按下式确定:

$$D_{\min} = z_0 \psi_t - d_{f\tau} \quad (3-1)$$

式中:$D_{\min}$ 为基础最小埋深;z_0 为标准冻深,即地表无积雪和草皮等覆盖条件下多年实测最大冻深的平均值,在无实测资料时,除山区外,可按中国季节冻土标准冻深线图确定;ψ_t 为采暖对冻深的影响系数,可按表 3-4 取值;$d_{f\tau}$ 为基底下容许残留冻土层厚度,按式(3-2)~式(3-4)确定。

弱冻胀土 $\qquad d_{f\tau} = 0.17 z_0 \psi_t + 0.26 \quad (3-2)$

冻胀土 $\qquad d_{f\tau} = 0.15 z_0 \psi_t \quad (3-3)$

强冻胀土 $\qquad d_{f\tau} = 0 \quad (3-4)$

当冻深范围内的地基由不同冻胀性质的土层组成时,基础最小埋深可按下层土确定,但不宜浅于下层土的顶面。

采暖对冻深的影响系数值可按表3-4确定。对在采暖期间室内月平均温度小于10℃的建筑物,该系数取为1.00;不采暖建筑物的系数可取1.10。

表3-4 采暖对冻深的影响系数 ψ_t 值

室内地面比室外地面高出/mm	外墙中段	外墙角段
≤300	0.70	0.85
≥750	1.00	1.00

注 1. 外墙角段系指从外墙阳角顶点起两边各4m范围内的外墙,其余部分为中段。
   2. 采暖建筑中的不采暖房间(门斗、过道和楼梯间等),其外墙基础处的采暖对冻深的影响系数值,取与外墙角段相同值。
   3. 室内地面比室外高出300~750mm时,可内插求得。

3.4 基础底面尺寸确定

浅基础设计时,在选择基础类型,并初步确定埋置深度后,需要通过计算确定基础底面积的大小。通过基础底面面积传至地基的压力(基底压力)应满足地基承载力要求。承载力要求包括持力层和软弱下卧层承载力要求,以及地基变形和整体稳定要求(对建在斜坡上的建筑和受较大水平力的建筑)。

3.4.1 按承载力确定基础底面尺寸

基础底面尺寸采用作用在基础上的最不利荷载组合[即考虑恒载、活载及特殊荷载(如地震荷载等)]进行确定。

3.4.1.1 中心荷载作用基础

中心荷载作用基础指基础底面形心与荷载合力作用线位于同一铅直线上的基础。荷载位于基础中心可以最大程度避免基础发生倾斜。

当按地基承载力计算地基时,基础底面平均压力应满足下式条件:

$$p \leq f_a \tag{3-5}$$

式中:p 为基础底面平均压力;f_a 为地基承载设计值,即修正后的地基持力层承载力。

1. 墙下条形基础

墙下条形基础计算简图如图3-10所示。墙下条形基础计算一般沿墙长取1m为计算单元,按式(3-5)有

$$p = (F+G)/b \leq f_a \tag{3-6}$$

式中:F 为基础每米长度上的外荷载;G 为基础每米长度的自重及基础上的土重;b 为条形基础的宽度;f_a 为修正后地基持力层承载力。

从实用角度出发,基础自重及基础底面上的土重可近似取其平均重度,取为20kN/m³,故 $G=20bD$,代入式(3-6),整理后得

$$b \geq \frac{F}{f_a - 20D} \tag{3-7}$$

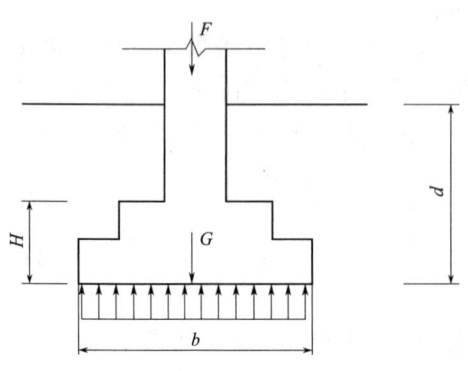

图3-10 墙下条形基础计算简图

式中：D 为基础埋深。

2. 柱下单独基础

柱下单独基础计算简图如图 3-11 所示。设基底面积为 A，基底平均压力为 $p=(F+G)/A$，且应满足 $p \leqslant f_a$ 的条件。

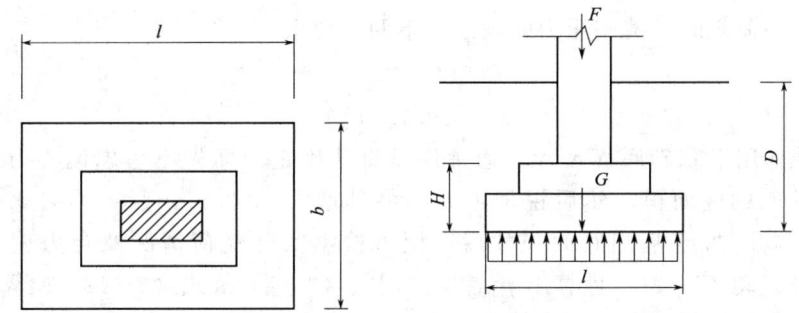

图 3-11 柱下单独基础计算简图

对于方形基础，由 $p=(F+20b^2D)/A \leqslant f_a$ 得

$$b \geqslant \sqrt{F/(f_a-20D)} \tag{3-8}$$

对于矩形基础，则有

$$A \geqslant \frac{F}{f_a-20D} \tag{3-9}$$

式中：A 为基底面积，$A=lb$，l 为基础底面长度，b 为基础底面宽度；F 为基础顶面传来的荷载；G 为基础自重及基础上的土重；D 为基础埋深。

【例题 3-1】 某独立基础承受的轴心荷载 $F_k=1.05\text{MN}$，拟定基础埋深为 1m，地基土为中砂，$\gamma=18\text{kN/m}^3$，$f_{ak}=280\text{kPa}$。如该基础为方形基础，试确定该基础的底面边长。

【解】 因为基础埋深 $d=1.0\text{m}>0.5\text{m}$，故需先按照地基承载力公式（2-24）进行深度修正，持力层为中砂，查表 2-5 得 $\eta_d=4.4$，修正后的地基承载力为

$$f_a=f_{ak}+\eta_D\gamma_m(D-0.5)=280+4.4\times1.8\times(1-0.5)=319.6(\text{kPa})$$

对于方形柱下独立基础，由式（3-8）得基础底面边长：

$$b \geqslant \sqrt{F_k/(f_a-20D)}=\sqrt{1050/(319.6-20\times1.0)}=1.87(\text{m})$$

取基底边长为 1.9m。

3.4.1.2 偏心荷载作用基础

在偏心荷载作用下，基础底面的压力分布一般假定为直线分布，其边端压力为

$$\begin{matrix}p_{\max}\\p_{\min}\end{matrix}=\frac{F+G}{A}\pm\frac{M}{W} \tag{3-10}$$

式中：M 为作用于基础底面的力矩；W 为基础底面的抵抗矩。

当作用于基底形心处合力的偏心矩 $e>l/6$（l 为力矩作用方向基础底面边长）时，

$p_{\max}$ 值应按下式计算：

$$p_{\max}=\frac{2(F+G)}{3bK} \qquad (3-11)$$

式中：b 为垂直于力矩作用方向的基础底面边长；K 为合力作用点至基础底面最大压力边缘的距离，$K=l/2-e$。

基础受偏心荷载时，基底压力应满足以下两个要求：

$$\left.\begin{array}{l}p<f_a\\p_{\max}<1.2f_a\end{array}\right\} \qquad (3-12)$$

偏心荷载作用下基础底面尺寸，通常用试算法确定。即先不考虑偏心力矩，按中心荷载计算出所需的底面积，然后视偏心大小将其增大 10%~40%；并据此初步选定基础底面尺寸。初步拟定基础底面尺寸后，便可根据实际受荷情况及合力偏心矩的大小按式（3-10）、式（3-11）计算出 $p_{\max}$，并用式（3-5）及式（3-12）验算。如不满足要求，可增大底面积，然后再进行验算；如试算后发现基底太大，则要相应减小基底尺寸，如此反复一两次，便可定出比较合适的底面尺寸。

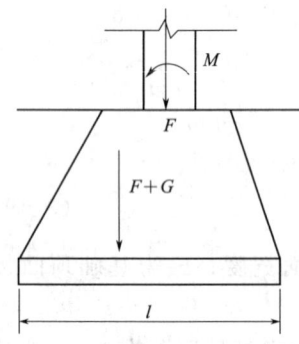

图 3-12 承受偏心荷载的不对称基础

在确定基底长度 l 时，应注意到荷载对基底的偏心不宜太大，以保证基础不致发生过分的倾斜。一般认为，在中、高压缩性土上的基础，或有吊车的厂房柱基础，偏心矩 e 不宜大于 $l/6$，即基底处处都为压力；但在个别情况下，例如对低压缩性的硬土或在特殊荷载（如地震荷载等）作用或在几组荷载组合作用中，只有个别的荷载组合出现此情况时，$e>l/6$ 也是允许的，但必须保证有 3/4 的底面与土接触，并要校核受压边缘的压力以及基础的倾覆稳定性。

为使 $p_{\max}$ 与 $p_{\min}$ 相差不至于过大，也可将基础设计成不对称型式，如图 3-12 所示。

【**例题 3-2**】 某水电站引水钢管镇墩底面尺寸为 4.2m×3.5m，作用在镇墩上的铅直荷载为 90.748kN，镇墩重量为 906.46kN，偏心距为 0.6m，作用在镇墩底面上的力矩为 617.58kN·m。地基岩石的允许承载力为 150kPa。验算该镇墩基底压力是否满足承载力要求。

【**解**】 因偏心距 $0.6<l/6=4.2/6=0.7$（m），故可用式（3-10）计算镇墩底面的最大和最小基底压力值。

$$\begin{array}{c}p_{\max}\\p_{\min}\end{array}=\frac{F+G}{A}\pm\frac{M}{W}=\frac{90.748+906.46}{3.75\times3.5}\pm\frac{1467.57}{3.5\times3.75^2/6}=\begin{array}{c}151.264\\0.691\end{array}\text{（kPa）}$$

$p_{\max}<1.2f_a=1.2\times150=180$（kPa），满足式（3-12）要求。

$$p=\frac{90.748+906.46}{3.75\times3.5}=75.978\text{（kPa）}<f_a，满足式（3-12）要求。$$

3.4.2 软弱下卧层的验算

地基常由不同土层组成，当压缩层范围内存在软弱下卧层（即该土层承载力显著低于持力层者）时，按持力层土的承载力计算出基础底面尺寸后，还必须对软弱下卧层进行验算，要求作用在软弱下卧层顶面处的附加应力 σ_z 及自重应力 σ_c 之和不超过此软弱土层的承载力。即

$$\sigma_z + \sigma_c \leqslant f_a \tag{3-13}$$

式中：σ_z 为软弱下卧层顶面处的附加应力；σ_c 为软弱下卧层顶面处土的自重应力；f_a 为软弱下卧层顶面处经深度修正后的地基承载力。

确定附加应力 σ_z 时，可用双层地基中附加应力分布的理论计算，但比较复杂，也缺乏试验证明。附加应力 σ_z 的计算可采用简化计算法，即用应力扩散角（地基中压力扩散线与垂直线的夹角）来计算。如图 3-13 所示，假设基底附加压力 p_0 往下传递时，按某一角度 θ（扩散角）向外扩散，并均匀地分布在扩散后的面积上。根据扩散前后总压力相等的条件，可得

$$p_z = \frac{lbp_0}{(l+2z\tan\theta)(b+2z\tan\theta)} \tag{3-14}$$

式中：p_0 为基底平均附加压力；l、b 分别为矩形基础底面的长度和宽度；z 为基底至软弱下卧层顶的距离；θ 为地基压力扩散角，(°)，根据上下层土的压缩模量比按表 3-5 采用。

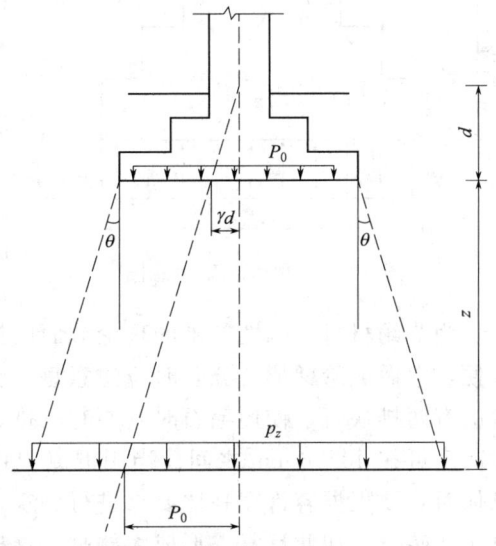

图 3-13 软弱下卧层顶面的压力

表 3-5　　　　　　　地基压力扩散角

E_{s1}/E_{s2}	$z=0.25b$	$z\geqslant 0.50b$	E_{s1}/E_{s2}	$z=0.25b$	$z\geqslant 0.50b$
3	6°	23°	10	20°	30°
5	10°	25°			

注：1. E_{s1} 为上层土压缩模量；E_{s2} 为下层土压缩模量。
　　2. $z<0.25b$ 时，不再考虑压力扩散作用，取 $\theta=0$。

对于条形基础，仅考虑宽度方向的扩散，并沿基础纵向取 1m 为计算单元，于是可得

$$p_z = \frac{bp_0}{b+2z\tan\theta} \tag{3-15}$$

式中：b 为条形基础宽度。

3.5 基础剖面设计

浅基础底面尺寸确定后，需按基础材料强度确定基础剖面形状和各部分尺寸。

3.5.1 刚性基础

柱下单独和墙下条形基础均可采用砖、石、混凝土、灰土或三合土等材料建造。这种类型的基础抗压性能好，而抗弯性能差。为适应这种特点，刚性基础要求有一定的

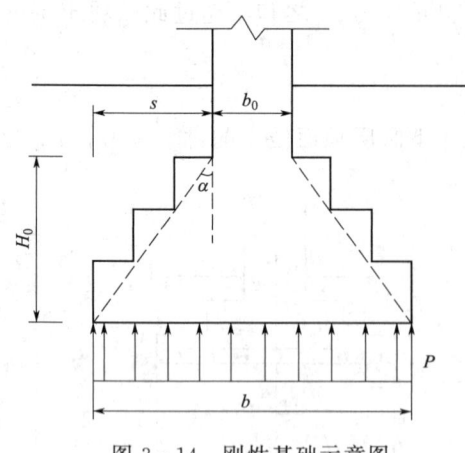

图 3-14 刚性基础示意图

构造形式，如图 3-14 所示，主要是限制基础台阶宽高的大小，即使 $\tan\alpha = S/H_0$ 不超过容许值。否则，当基础外伸长度相对于高度来说比较大时，在基底压力作用下可能由于基础材料抗弯强度不足而开裂破坏。宽高比的容许值根据基础材料和基底压力大小而定，详见表 3-1。

按刚性角要求，墙下条形基础底面宽度 b 应满足下式要求：

$$b \leqslant b_0 + 2H_0 \tan\alpha_{max} \quad (3-16)$$

式中：b_0 为基础顶面宽度；H_0 为基础高度；$\tan\alpha$ 为由刚性角所规定的基础台阶的容许宽高比，$\tan\alpha = [S/H_0]$ 按表 3-1 选用。

为节约材料，刚性基础的理论截面应按刚性角放坡，如图 3-14 虚线所示。但为施工方便，常做成阶梯形。分阶时应注意每一台阶均应保证刚性角要求，使用块石时每一层台阶应有两排块石，使用毛石时则要有三排，以保证毛石之间的联结。依块石大小不同，每阶高度可在 40～60cm 之间。当用混凝土或块石混凝土时，每阶高度一般为 50cm。用砖砌体时，要根据容许宽高比要求进行砌筑，一般砌两皮砖收进 1/4 砖长，再砌一皮砖，收进 1/4 砖长，如此反复，形成大放脚。这样砌筑相当于宽高比为 1:1.5。

如果根据刚性角的要求，基础所需高度超过埋深时，或基础顶面离地面不足 10cm 时，则应加大埋深，或者改用钢筋混凝土基础，因其不受刚性角限制，可以浅埋。

柱下刚性基础剖面设计方法与条形基础相同，只是在基础底面的宽度和长度方向均需按刚性角放坡，保证在两个方向上材料强度均满足要求。

3.5.2 钢筋混凝土单独基础

在软弱地基上采用刚性基础时，底面往往需要很大，同时又须增大基础埋深。这样，不但增加了材料用量及荷载，也增加了开挖基坑的土方工程量。采用钢筋混凝土基础，在很大程度上可以避免上述缺点。

钢筋混凝土由于其抗弯性能较好，现已成为建造基础的主要材料。这种基础适用于荷载大、地基承载力低、基础底面尺寸较大的情况。钢筋混凝土基础可以充分放大基础底面尺寸，从而减小作用于地基上的单位面积压力。

3.5.2.1 构造要求

柱下单独基础按截面形状可分为角锥形及阶梯形两种，按施工方法可分为现浇独立基础及预制独立基础两种。

柱下和墙下钢筋混凝土扩展基础的混凝土强度等级均不应低于 C15。为了使基础底面处混凝土质量得到保证，基础底面常设有低标号（C5～C10）素混凝土垫层，垫层厚度为 100mm。当地基土质较好时，可利用基坑侧壁作为基础的侧模，此时垫层的平面尺寸可与基础底面尺寸相同。在一般情况下，垫层每边应从基础边缘放宽 100mm。也可以用碎砖三合土、灰土等作垫层。若基底下面土质较好、又干燥时，也可不作垫层。

基础底板受力钢筋直径不宜小于 8mm，间距不宜大于 200mm。当基础底面边长大于或等于 3m 时，该方向的钢筋长度可减少 10%，并均匀交叉放置，如图 3-15 所示。当有垫层时，钢筋保护层厚度不宜小于 35mm，无垫层时不宜小于 70mm。底板钢筋保护层厚度均自下排钢筋的下缘起算。

现浇柱基础按外形可分为角锥形基础和阶梯形基础。如图 3-16 所示，角锥形基础下部边缘高度 a 一般不小于 200mm，见图 3-16（a），阶梯形基础的每阶高度一般为 300～500mm。基础高度 $h<350mm$ 用一阶，$350mm<h≤900mm$ 用二阶，$h>900mm$ 用三阶，见图 3-16（b）。阶梯尺寸宜用整数，一般在水平及垂直方向均用

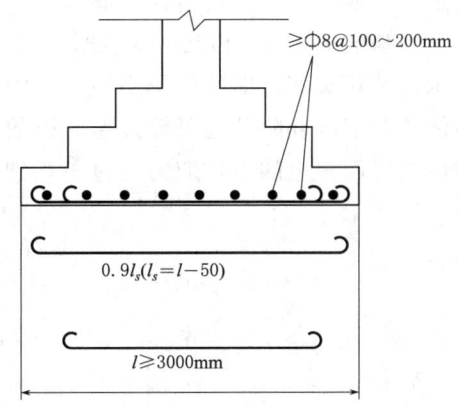

图 3-15 基础配筋交叉放置的情况

50mm 的倍数。基础顶部做成平台，每边从柱边放出不少于 50mm 的距离。

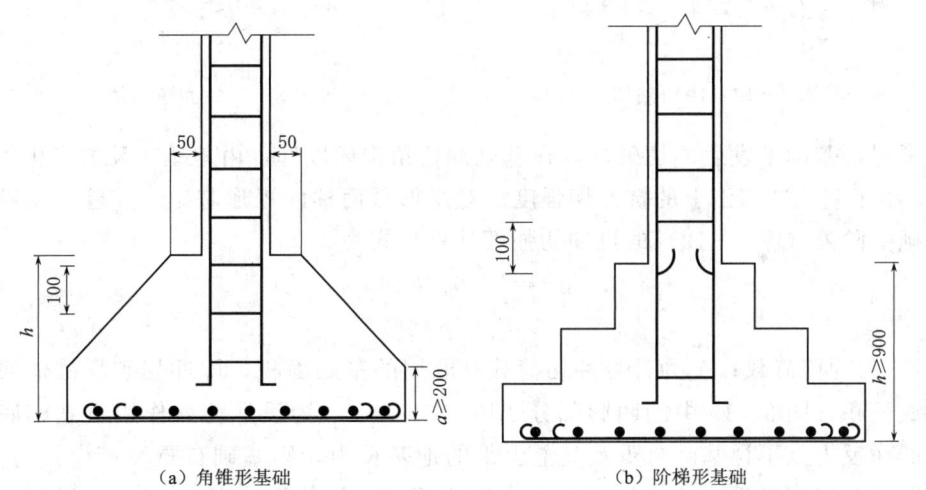

（a）角锥形基础　　　　（b）阶梯形基础

图 3-16 现浇柱基础

基础高度除应满足材料强度外，尚应满足柱子纵向钢筋锚固长度的要求。现浇基础内要预留插筋，其规格和数量应与柱子底部的纵向受力钢筋相同，插筋的锚固与柱子纵向受力钢筋的搭接长度，应满足《混凝土结构设计规范》（GB 50010—2010）的要求。当基础高度在 900mm 以内时，插筋应伸至基础底部的钢筋网，并在端部做成直弯钩，用螺纹钢筋时，下端可不做弯钩；当基础高度较大时，通常只将四角的插筋伸至基地。无论在哪一种情况下，插筋伸出基础的长度，根据柱子的受力情况及钢筋规格确定。

3.5.2.2 基础尺寸确定

1. 基础高度及变阶处高度的确定

钢筋混凝土单独基础，一般只在底板的底面处配置抗弯钢筋，沿基础高度不配钢筋，故基础高度及变阶处的高度，应根据基础混凝土抗剪及抗冲破坏能力确定。对钢筋混凝土单独基础，其抗剪强度一般均能满足要求，故基础高度及变阶处高度主要根据抗冲切要求

确定，必要时才进行抗剪强度验算。

当基础承受柱子传来的荷载时，若在柱子周边处基础的高度不够，就会发生如图3-17所示的冲切破坏，即从柱子周边起，沿45°斜面拉裂，形成如图3-18中虚线所示的冲角锥体。在基础变阶处也可能发生同样的破坏。产生这种破坏的原因，是冲切破坏面（破坏锥体的表面）上的主拉应力超过了基础混凝土的抗拉设计强度。

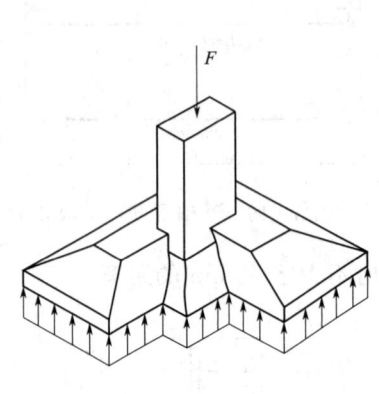 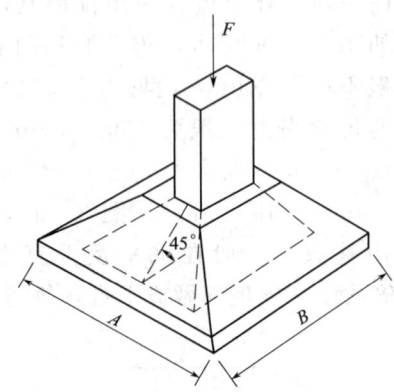

图3-17 冲切破坏　　　　　　　　图3-18 冲角锥体

为了保证基础不发生冲切破坏，在基础冲切角锥体以外，由地基净反力产生的冲切荷载 F_l 应小于基础冲切面上的抗冲切强度。对矩形截面柱的矩形基础，在柱与基础交接处以及基础变阶处（图3-19）的抗冲切强度计算公式为

$$F_l \leqslant 0.6 f_t b_m h_0 \tag{3-17}$$

$$F_l = p_j A \tag{3-18}$$

式中：F_l 为冲切荷载；A 为计算冲切荷载时取用的基底面积，即冲切破坏锥体底面线之外的基底面积（图3-19中的阴影部分ABCDEF）；P_j 为设计荷载作用下基础底面单位面积上的净反力（不计基础自重及其上土重的地基反力，因基础自重不产生内力），当为偏心荷载时，可取用最大的单位反力；f_t 为混凝土的抗拉设计强度；b_m 为冲切破坏锥体斜截面上边长 b_t 与下边长 b_b 的平均值，$b_m = (b_t + b_b)/2$；b_t 为冲切破坏锥体斜截面的上边长，当计算柱与基础交接处的冲切强度时，取柱宽，当计算基础变阶处的冲切强度时，取上阶宽；b_b 为冲切破坏锥体斜截面的下边长，当计算柱与基础交接处的冲切强度时，取柱宽加两倍基础有效高度，当计算基础变阶处的冲切强度时，取上阶宽加两倍该处的基础有效高度；h_0 为基础冲切破坏锥体的有效高度。

2. 基础底板内力及配筋计算

柱下钢筋混凝土单独基础承受荷载后，基础底板在地基反力作用下会向上产生弯曲，当弯曲应力超过基础抗弯强度时，基础底板将发生弯曲破坏。一般单独基础的长宽尺寸较为接近，故基础底板为双向弯曲板，其内力计算常采用简化计算方法。将单独基础的底板看作固定在柱子周边的四面挑出的悬臂板，近似地将地基反力按对角线划分，沿基础长宽两个方向的弯矩等于梯形基础底面上地基净反力产生的力矩。在轴心或单向偏心荷载作用下，底板任意截面Ⅰ-Ⅰ及Ⅱ-Ⅱ（图3-20）的弯矩可按下列公式计算。

3.5 基础剖面设计

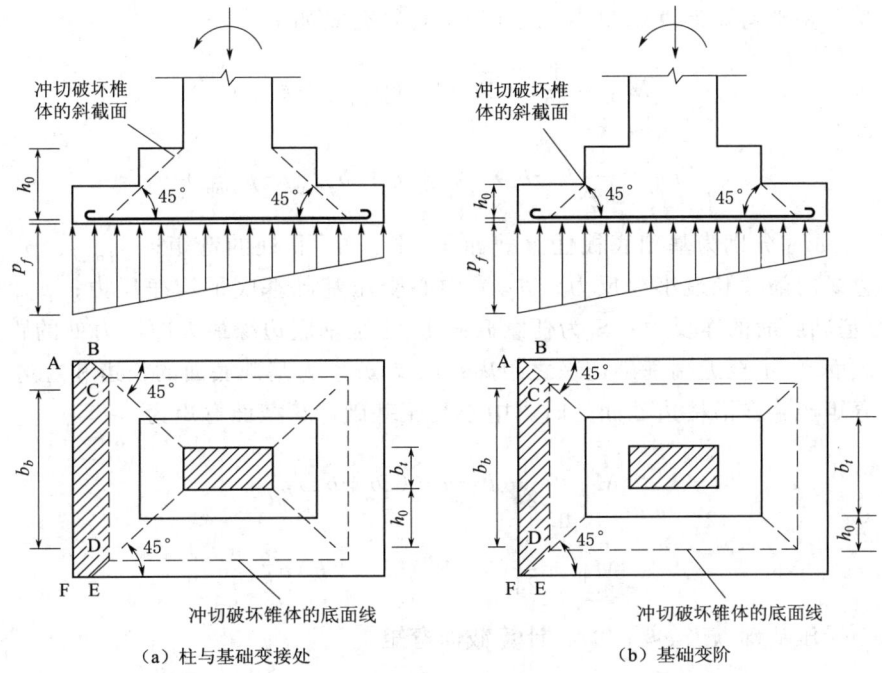

(a) 柱与基础交接处　　　　(b) 基础变阶

图 3-19　计算阶梯形基础冲切强度截面位置图

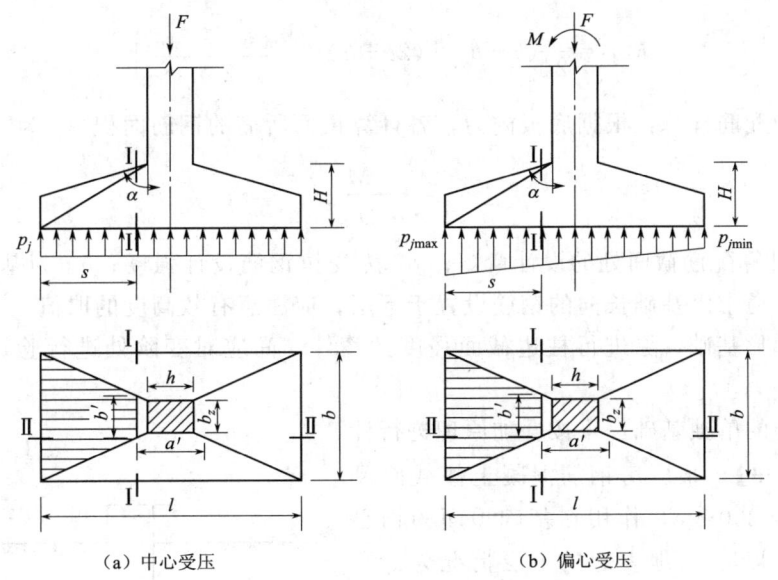

(a) 中心受压　　　　(b) 偏心受压

图 3-20　矩形基础底板的计算简图

中心受压基础弯矩计算简图见图 3-20 (a)，计算公式如下：

$$M_{\mathrm{I}} = \frac{1}{6} s^2 (2b + b') p_j \tag{3-19}$$

$$M_{\mathrm{II}} = \frac{1}{24} (b - b')^2 (2l + a') p_j \tag{3-20}$$

偏心受压基础弯矩计算见图 3-20（b），计算公式如下：

$$M_{\mathrm{I}}=\frac{1}{12}s^2(2b+b')(p_{j\max}+p_{j\mathrm{I}}) \tag{3-21}$$

$$M_{\mathrm{II}}=\frac{1}{84}(b-b')^2(2l+a')(p_{j\max}+p_{j\min}) \tag{3-22}$$

式中：M_{I}、M_{II} 分别为基础底板任意截面 I-I、II-II 处的弯矩；$p_{j\max}$、$p_{j\min}$ 分别为基础底面边缘的最大和最小净反力；p_j 为中心受压基础基底平均净反力；$p_{j\mathrm{I}}$——任意截面 I-I 处基础底面的净反力；S 为任意截面 I-I 至基底边缘最大净反力处的距离，中心受压时为截面 I-I 至近端基础边缘之距离；l、b 分别为基础底面的长边和短边。

最大弯矩产生在沿柱边截面处时，中心受压基础计算截面弯矩为

$$M_{\mathrm{I}}=\frac{1}{24}(l-h)^2(2b+b_z)p_j \tag{3-23}$$

$$M_{\mathrm{II}}=\frac{1}{24}(b-b_z)^2(2l+h)p_j \tag{3-24}$$

对偏心受压基础（当 $e \leqslant l/6$），计算截面弯矩

$$M_{\mathrm{I}}=\frac{1}{24}(l-h)^2(2b+b_z)\left(\frac{p_{j\max}+p_{j\mathrm{I}}}{2}\right) \tag{3-25}$$

$$M_{\mathrm{II}}=\frac{1}{24}(b-b_z)^2(2l+h)\left(\frac{p_{j\max}+p_{j\max}}{2}\right) \tag{3-26}$$

基础底板配筋计算：根据底板内力，各计算截面所需的钢筋面积 A_s 为

$$A_s=\frac{M}{0.9f_y h_0} \tag{3-27}$$

式中：M 为计算配筋截面处的设计弯矩；f_y 为受拉钢筋设计强度；h_0 为基础有效高度，双向配筋时，通常沿基础长向的钢筋设置于下层，应注意有效高度的取值。

对于阶梯形基础，除进行柱边截面强度计算外，尚应对变阶处进行验算，计算方法同上。

双向偏心的单独基础，可按叠加原理进行计算。

【例题 3-3】 某厂房钢筋混凝土柱截面尺寸为 300mm×300mm，作用在基础顶面的轴心荷载 $F_k=400$kN。自地表起的土层情况为：素填土，松散，厚度 1.0m，$\gamma=16.4$kN/m³；细砂，厚度 2.6m，$\gamma=18$kN/m³，$\gamma_{\mathrm{sat}}=20$kN/m³，标准贯入试验锤击数 $N=10$；黏土，硬塑，厚度较大。地下水位在地表下 1.6m 处。试确定基础底面尺寸并设计基础截面及配筋。

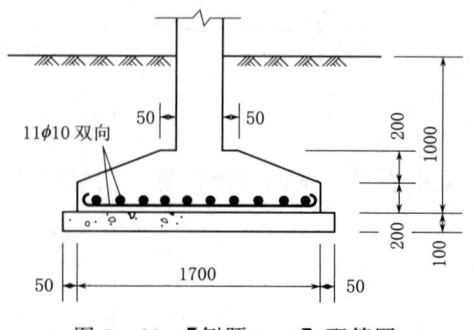

图 3-21 【例题 3-3】配筋图

【解】（1）确定地基持力层

3.5 基础剖面设计

根据承载力条件及最小埋深的要求，综合"宽基浅埋"的设计原则，考虑到填土层厚度太小，且承载力低，硬塑黏土层埋深太大不宜作持力层，故选择细砂层作为持力层。

(2) 确定基础埋深及地基承载力特征值

根据基础尽量浅埋的原则，并尽量避开潜水层，可取埋深 $D=1.0\mathrm{m}$。查表 2-5，得细砂的 $\eta_D=3.0$，地基承载力特征值为

$$f_a = f_{ak} + \eta_D \gamma_m (D-0.5) = 140 + 3.0 \times 16.4 \times (1-0.5) = 164.6 (\mathrm{kPa})$$

(3) 确定基础底面尺寸

$$b = l = \sqrt{\frac{F_k}{f_a - 20d}} = \sqrt{\frac{400}{164.6 - 20 \times 1.0}} = 1.66(\mathrm{m})$$

取 $b=l=1.7\mathrm{m}$。

(4) 计算基底净反力设计值

恒载的荷载分项系数 γ_G 取 1.35。

$$p_j = \frac{\gamma_G F}{b^2} = \frac{1.35 \times 400}{1.7 \times 1.7} = 186.9 (\mathrm{kPa})$$

(5) 确定基础高度

采用 C20 混凝土，$f_t=1.10\mathrm{N/mm^2}$，钢筋用 HRB235 级，$f_y=210\mathrm{N/mm^2}$。取基础高度 $h=400\mathrm{mm}$，$h_0=400-45=355\mathrm{mm}$。因 $b'+2h_0=0.3+2\times0.355=1.01\mathrm{m}<b=1.7\mathrm{m}$，故按式 (3-17) 进行冲切验算如下，

$$\begin{aligned} F_l &= p_j A = p_j \left[\left(\frac{l}{2} - \frac{a'}{2} - h_0\right)b - \left(\frac{b}{2} - \frac{b'}{2} - h_0\right)^2\right] \\ &= 186.9 \times \left[\left(\frac{1.7}{2} - \frac{0.3}{2} - 0.355\right) \times 1.7 - \left(\frac{1.7}{2} - \frac{0.3}{2} - 0.355\right)^2\right] \\ &= 87.4(\mathrm{kN}) \end{aligned}$$

$0.6 f_t b_m h_0 = 0.6 \times 1100 \times (0.3+0.355) \times 0.355 = 153.5(\mathrm{kN}) > 87.4(\mathrm{kN})$

满足要求。

(6) 确定底板配筋

本基础为方形基础，故可取

$$\begin{aligned} M_{\mathrm{I}} = M_{\mathrm{II}} &= \frac{1}{24}(b-b')^2(2l+a')p_j \\ &= \frac{1}{24} \times 186.9 \times (1.7-0.3)^2 \times (2\times 1.7 + 0.3) \\ &= 56.5(\mathrm{kN \cdot m}) \end{aligned}$$

$$A_{s\mathrm{I}} = A_{s\mathrm{II}} = \frac{M_{\mathrm{I}}}{0.9 f_y h_0} = \frac{56.5 \times 10^6}{0.9 \times 210 \times 355} = 842(\mathrm{mm^2})$$

配双向钢筋 11Φ10，$A_s = 863.5\mathrm{mm^2} > 842\mathrm{mm^2}$。

3.5.3 钢筋混凝土条形基础

钢筋混凝土条形基础一般用于上部结构荷载比较大、地基土较软弱、采用刚性基础埋深大而不经济的情况。

1. 钢筋混凝土条形基础的构造

墙下条形基础一般做成无肋的板,有时做成带肋的板,如图 3-22 所示。

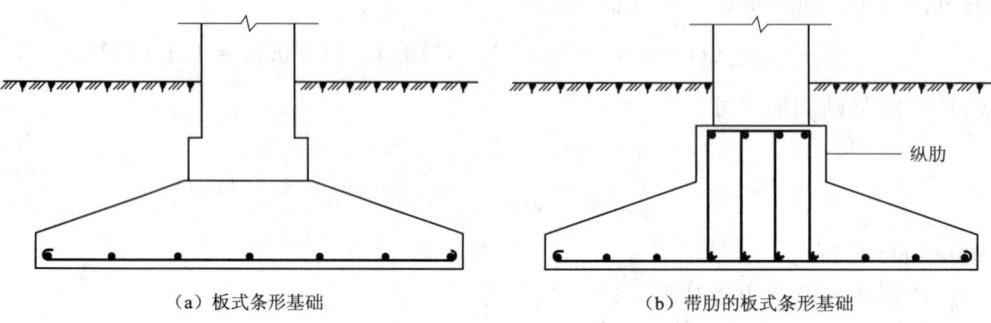

(a) 板式条形基础　　　　　　(b) 带肋的板式条形基础

图 3-22 钢筋混凝土条形地基

条形基础的受力钢筋在横向(基础宽度方向)配置,纵向配置分布筋。在不均匀地基上,或纵向荷载沿基础分布不均时,为了抵抗不均匀沉降引起的弯矩,在纵向也应配置受力钢筋。如图 3-22 (b) 所示带纵肋的条形基础,配制纵向钢筋以增加基础的纵向抗弯能力。

2. 钢筋混凝土条形基础计算

墙下条形基础埋深的确定和基础宽度的计算已如前述。计算基础内力时,沿条形基础长度方向取单位长度(一般取 1m 长)来计算(图 3-23)。

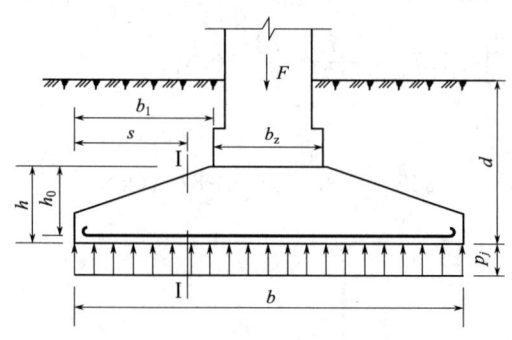

图 3-23 墙下钢筋混凝土条形基础内力计算

地基净反力 p_j 为

$$p_j = \frac{F}{b} \quad (3-28)$$

式中:F 为作用于基础上的外荷载;b 为基础宽度。

任意截面 Ⅰ-Ⅰ 处(图 3-23)的弯矩 M 和剪力 V 为

$$M = \frac{1}{2} p_j s^2 \quad (3-29)$$

$$V = p_j s \quad (3-30)$$

根据经验,条形基础高度一般约为基础宽度的 1/8。初步拟定基础高度后,再根据剪力 V 值进行抗剪强度验算,条形基础的截面有效高度 h_0 应满足下式要求:

$$V \leqslant 0.7 f_t B h_0 \quad (3-31)$$

式中:V 为剪力设计值;B 为计算截面的宽度,条形基础可取 $B=1$m;h_0 为计算截面的有效高度;f_t 为混凝土轴心抗拉设计强度。

一般情况下，条形基础的抗剪强度均能满足要求。基础抗弯配筋可按式（3-27）计算。

3.5.4 筏板基础

当上部结构荷载较大，地基承载力较低，需要将独立基础或条形基础面加以扩大，形成一块整体连续的钢筋混凝土基础板时，即成为筏板基础。筏板基础具有减少基底单位面积上的压力和调整地基不均匀沉降的能力。筏板基础一般分为平板式筏板基础和梁式筏板基础两种类型。前者系框架或剪力墙结构下的筏基，后者系承重墙结构下的筏基。墙下筏基通常做成一块不带梁的等厚度钢筋混凝土平板，柱下筏基最简单做法也是一块等厚度的钢筋混凝土平板。

平板式筏板基础广泛用于多层或高层住宅、办公楼及水闸等建筑物。平板式筏基厚度除按计算确定外，五层以下多层民用建筑物的基础板厚大于或等于250mm，六层民用建筑物的基础板厚应大于或等于300mm。墙厚为240mm时，墙下端每侧应挑出180mm；墙厚为370mm时，墙下端每侧应挑出120mm；墙厚为490mm时，墙下端每侧应挑出60mm。

3.5.4.1 筏板基础构造

平板式筏板基础厚度一般不小于柱网最大跨度的1/20，并不小于200mm，且应按抗冲切验算。梁式筏板基础厚度宜取200～400mm。筏基可适当加设悬臂部分以扩大基底面积和调整基底形心与上部荷载重心尽可能一致。悬臂部分宜沿建筑物宽度方向设置。当梁肋不外伸时，板挑出长度不宜大于2m。

筏板配筋率一般控制在0.5%～1.0%为宜。当板厚小于300mm时单层配置，大于300mm时双层布置。受力钢筋最小直径8mm，一般不小于12mm，间距100～200mm；分布钢筋8～10mm，间距200～300mm。

平板式筏板柱下板带和跨中板带的底部钢筋应有1/3～1/2全部拉通，且配筋率不应小于0.15%；顶部按实际全部拉通。当板厚小于250mm时，分布筋为$\phi 8@250$，板厚大于250mm时，分布筋为$\phi 10@200$。

梁式筏板基础支座钢筋在纵横方向还应有0.15%、0.10%（全部受拉钢筋的1/3～1/2）的配筋率连通；跨中则按实际配筋率全部贯通。双向悬臂挑出但肋梁不外伸时，宜在板底放射状布附加钢筋。

筏板基础的板内配筋应采用细而密的配筋方式，以利于发挥薄板抗弯和抗裂能力，钢筋保护层不小于35mm。筏板混凝土强度等级采用C20，垫层厚度不小于100mm。对于地下水位以下的筏板基础，尚需考虑混凝土的防渗等级。

3.5.4.2 筏板基础计算

筏板基础计算包括以下内容：①确定筏板底面尺寸；②确定筏板厚度；③计算筏板基础的内力及配筋。

1. 筏板基础底面尺寸和板厚确定原则

在根据建筑物使用要求和地质条件选定筏板的埋置深度后，其基底面积按地基承载力确定，必要时还应验算地基变形。为了避免基础发生太大倾斜和改善基础受力状况，在决定平面尺寸时，可以通过改变底板在四边的外挑长度来调整基底形心，使其尽量与结构长期作用的竖向荷载合力作用点重合,以减少基底截面所受的偏心力矩,避免产生过大的不均匀沉降。

筏板厚度应根据抗剪和抗冲切强度验算确定。

2. 筏板内力计算及配筋

由于影响筏板内力的因素很多,例如下部墙体刚度、荷载大小及分布状况、板的刚度、地基土的压缩性以及相应的地基反力等,以致尚难确定一种既简化又接近于实际情况的计算方法。目前一般采用简化算法,即将内力计算分为刚性法和弹性地基梁法。

当上部结构刚度较大,例如承重墙开间距离小于4m且纵横墙各有1~2道连通,以及地基变形比较均匀时,认为筏板的整体弯曲很小,由整体弯曲所产生的内力大部分由上部结构分担。筏板在地基净反力作用下,只产生局部弯曲(图3-24),即按不同支承条件的双向板或单向板计算内力。双(单)向板的支座为纵横墙,若地基压缩模量小于或等于4MPa时,地基反力可按直线分部计算。

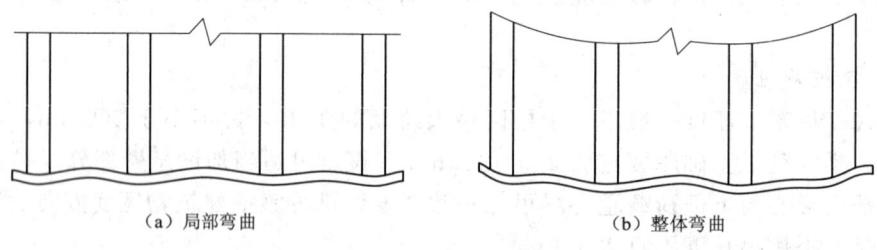

(a) 局部弯曲 (b) 整体弯曲

图 3-24 筏板基础弯曲变形示意

对于板厚大于 $l/6$(l 为承重墙开间距离)的筏板,因其刚度较大,可取单位宽度的板条,按倒置连续梁法计算内力。

由于刚性法计算均假定地基反力为直线分布,未考虑地基与基础共同作用引起端部反力增加的实际情况,在筏板设计时,为消除此误差,可将筏板的柱网边跨或承重墙纵向一二开间内地基反力比平均反力增加 10%~20%,并以此所得内力进行配筋。

3.6 弹性地基梁(板)方法

当基础不满足刚性计算条件时,应按弹性地基梁(板)方法计算基础的反力和内力。弹性地基梁(板)方法考虑了地基与基础之间的相互作用。该方法在计算地基梁底面反力、位移及其内力时,需要将实际工程中类型及性状各异的地基土进行理想化处理,即假设地基土是线弹性体。1867年,捷克工程师文克尔(E. Winkler)提出的弹簧地基模型是最早和常用的一种地基梁计算模型。

3.6.1 基本假设

地基上任一点所受的压力强度 p 与该点地基变形量 s 成正比,该点地基变形量与其他各点压强无关,即

$$p=ks \tag{3-32}$$

式中:p 为地基上任一点的压力强度;k 为基床系数;s 为压力作用点的地基变形量。

3.6 弹性地基梁（板）方法

以上假设，实质上就是把地基看作是无数小土柱组成，并假设各土柱之间无摩擦力，即将地基视为无数不相联系的弹簧组成的体系。对某一种地基，基床系数为一定值，这就是著名的文克尔地基模型，如图3-25所示。从模型上施加不同荷载情况可以看出，基底压力图形与地基的竖向位移图是相似的，绝对刚性基础因基底各点竖向位移呈线性变化，故其反力呈直线分布。这就是基底反力简化法的计算图式。

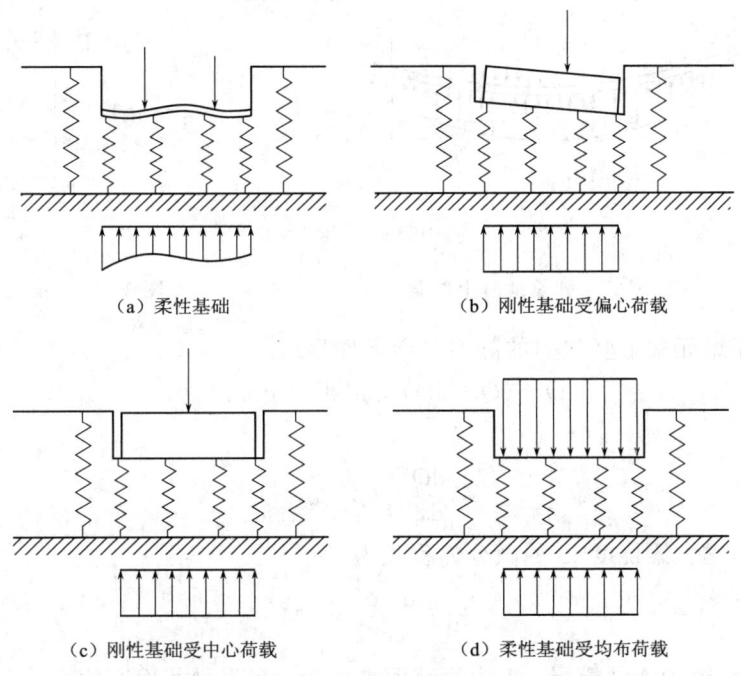

图3-25 文克尔地基模型示意图

按照弹簧地基模型，地基的沉降只发生在基底范围以内，这与实际情况不符。如图3-26所示，由于剪应力的存在，地基中的附加应力σ_z能向旁边扩散分布，使基底以外的地表发生沉降。弹簧地基模型比较简单，用其计算弹性地基上的梁是简易可行的。在抗剪强度很低的半液态土（如淤泥、软黏土等）地基，或基底下塑性区相对较大的情况以及厚度不超过梁或板的短边宽度之半的薄压缩层地基，因土中的剪应力不会很大，因此均适于采用此模型。

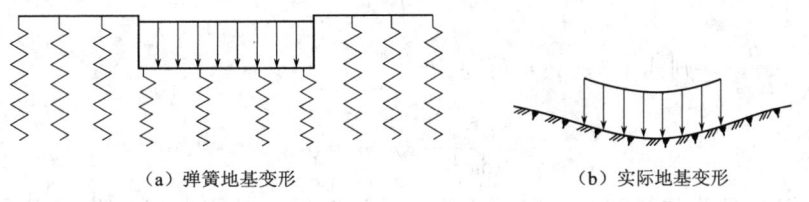

图3-26 弹簧地基变形与实际地基变形比较

3.6.2 地基梁挠曲线微分方程的建立

在弹簧地基上有一等截面梁，在外荷载作用下，梁的挠曲线如图3-27所示，梁底面

的反力为 p，从宽度为 b 的梁上取出长为 $\mathrm{d}x$ 的一小段梁元素（图 3-28），其上作用着分布荷载 q（kN/m）和基底反力 p（kN/m²）以及截面上的弯矩 M（kN·m）和剪力 Q（kN），正方向如图 3-27 所示。

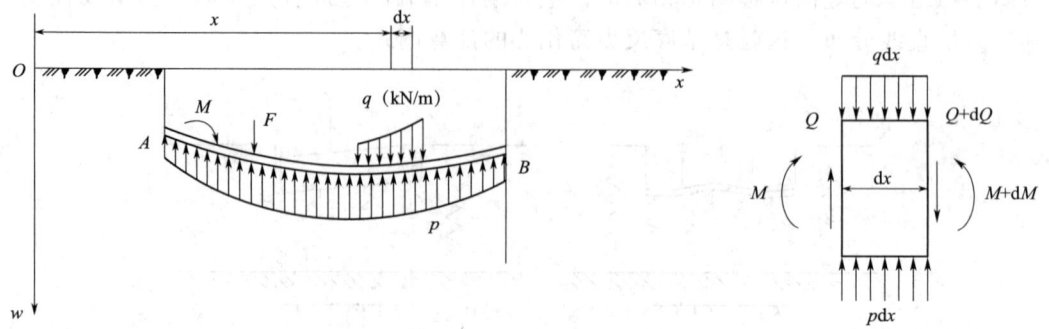

图 3-27 弹簧地基上的梁　　　　　　图 3-28 梁元素体 $\mathrm{d}x$ 上的力

考虑作用于梁元素上竖向力的静力平衡条件得

$$Q-(Q+\mathrm{d}Q)+pb\mathrm{d}x-q\mathrm{d}x=0 \tag{3-33}$$

由此得

$$\frac{\mathrm{d}Q}{\mathrm{d}x}=bp-q$$

根据材料力学，梁挠度 w 的微分方程式为

$$E_c I \frac{\mathrm{d}^2 w}{\mathrm{d}x^2}=-M \tag{3-34}$$

式中：E_c 为梁材料的弹性模量；I 为梁截面惯性矩；b 为梁截面宽度。

将式（3-34）连续对 x 取两次导数后，利用 $Q=\mathrm{d}M/\mathrm{d}x$ 可得

$$E_c I \frac{\mathrm{d}^4 w}{\mathrm{d}x^4}=-\frac{\mathrm{d}^2 M}{\mathrm{d}x^2}=-\frac{\mathrm{d}Q}{\mathrm{d}x}=-bp+q \tag{3-35}$$

根据接触条件，沿梁全长任一点地基变形应等于相应点的挠度，即 $S=w$，则 $p=kw$。对于梁的无荷载段，式（3-35）变为 $E_c I \frac{\mathrm{d}^4 w}{\mathrm{d}x^4}=-bkw$，即

$$\frac{\mathrm{d}^4 w}{\mathrm{d}x^4}+\frac{bkw}{E_c I}=0 \tag{3-36}$$

令 $\lambda=\sqrt[4]{\dfrac{kb}{4E_c I}}$，则式（3-36）可写为

$$\frac{\mathrm{d}^4 w}{\mathrm{d}x^4}+4\lambda^4 w=0 \tag{3-37}$$

式（3-37）即为弹簧地基上梁（或称弹性地基梁）的挠曲线微分方程式，是四阶常系数线性微分方程，λ 为弹簧地基梁的柔度特征值，单位是[长度$^{-1}$]，λ 值越大，说明梁的刚度越小。

梁微分方程的通解为

$$w = e^{\lambda x}(C_1 \cos\lambda x + C_2 \sin\lambda x) + e^{-\lambda x}(C_3 \cos\lambda x + C_4 \sin\lambda x) \qquad (3-38)$$

式中：C_1、C_2、C_3、C_4 为待定常数，由边界条件确定。

3.6.3 几种情况下的特解

1. 受集中力 F_0 作用的无限长梁

无限长梁受到一集中力 F_0 作用，如图 3-29（a）所示，取力的作用点为坐标原点，则边界条件为：

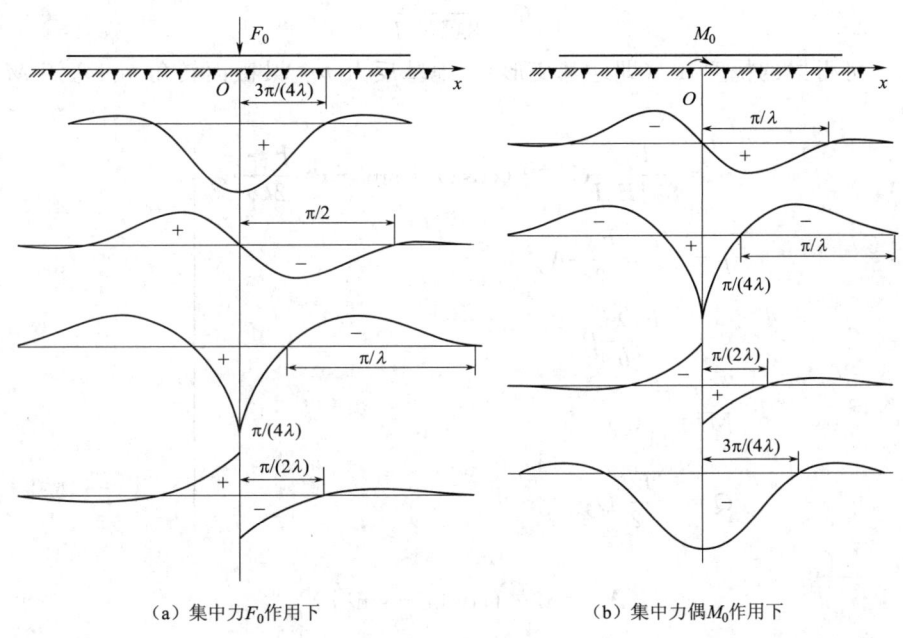

(a) 集中力 F_0 作用下　　　　　　(b) 集中力偶 M_0 作用下

图 3-29　无限长梁的挠度 w、转角 θ、剪力 Q 分布图

(1) 距离力作用点无限远处，即 $x \to \infty$ 时，梁的挠度 $w = 0$，只有 $C_1 = C_2 = 0$ 才满足此条件，故式（3-38）成为

$$w = -e^{-\lambda x}(C_3 \cos\lambda x + C_4 \sin\lambda x) \qquad (3-39)$$

(2) $x = 0$ 时，由于梁的连续性和对称性，该点挠曲线的切线为水平，即

$$\left(\frac{dw}{dx}\right)_{x=0} = \theta = 0$$

将式（3-39）对 x 求导数，得

$$\frac{dw}{dx} = -\lambda e^{-\lambda x}(C_3 \cos\lambda x + C_3 \sin\lambda x + C_4 \sin\lambda x - C_4 \cos\lambda x)$$

由于 $dw/dx = 0$（$x = 0$ 时）得

$$C_3 = C_4 = C$$

于是式（3-39）成为

$$w = Ce^{-\lambda x}(\cos\lambda x + \sin\lambda x) \qquad (3-40)$$

(3) 在力作用的 O 点右边一微小距离（$x = 0 + \varepsilon$ 为一无限小量）把梁切开，则作用于梁右半部截面上的剪力 $Q = -F_0/2$，即 $x = 0$ 时，有

$$Q=\frac{\mathrm{d}M}{\mathrm{d}x}=-E_cI\frac{\mathrm{d}^3w}{\mathrm{d}x^3}=-\frac{F_0}{2}$$

将式（3-40）对 x 求三阶导数，得

$$\frac{\mathrm{d}^3w}{\mathrm{d}x^3}=4\lambda^3Ce^{-\lambda x}\cos\lambda x$$

代入边界条件，有

$$C=\frac{F_0}{8\lambda^3 E_cI}$$

于是，可得梁的挠度 w（即地基变形）、地基反力 p、梁截面转角 θ、弯矩 M 和剪力 Q 分别为

$$\left.\begin{array}{l}w=\dfrac{F_0}{8\lambda^3 E_cI}Ce^{-\lambda x}(\cos\lambda x+\sin\lambda x)=\dfrac{F_0\lambda}{2kb}A_x\\[6pt]p=kw=\dfrac{F_0\lambda}{2b}A_x\\[6pt]\theta=-\dfrac{F_0\lambda^2}{kb}B_x\\[6pt]M=\dfrac{F_0}{4\lambda}C_x\\[6pt]Q=-\dfrac{F_0}{2}D_x\end{array}\right\} \quad (3-41)$$

其中

$$\left.\begin{array}{l}A_x=e^{-\lambda x}(\cos\lambda x+\sin\lambda x)\\B_x=e^{-\lambda x}\sin\lambda x\\C_x=e^{-\lambda x}(\cos\lambda x-\sin\lambda x)\\D_x=e^{-\lambda x}\cos\lambda x\end{array}\right\} \quad (3-42)$$

式（3-41）是对梁的右半部（$x>0$）导出的。对 $x<0$ 的截面（即 F_0 左边的截面），在计算时，x 取距离的绝对值，w、p 和 M 的正负号与式（3-41）相同，但 θ 与 Q 则取相反的符号。

从式（3-41）的计算结果可知：当 $x=0$ 时，$A_x=1$，则

$$w=\frac{F_0\lambda}{2kb}$$

当 x 增大时，w 逐渐减小；当 $x=2\pi/\lambda$ 时，$A_x=0.00187$，有

$$w=0.00187\frac{F_0\lambda}{2kb}$$

此时 w 值仅是 $x=0$ 处 w 的 0.187%。当 $x=\pi/\lambda$ 时，w 值是 $x=0$ 处 w 值的 4.3%，所以当集中荷载的作用点离梁两端的距离 x 都符合 $x\geqslant\pi/\lambda$ 时，梁就可按无限长梁直接用式（3-40）计算。

2. 受集中力偶 M_0 作用的无限长梁

无限长梁上受到一集中力偶 M_0 作用时 [图 3-29（b）]，式（3-38）中的积分常数

由下列边界条件确定：

(1) 当 $x \to \infty$ 时，$w=0$，得
$$C_1 = C_2 = 0$$

(2) 当 $x=0$ 时，由于荷载反对称，$w=0$，则
$$C_3 = 0$$

于是式 (3-38) 成为
$$w = C_4 e^{-\lambda x} \sin\lambda x \tag{3-43}$$

(3) 当 $x=0$ 时，有 $M = -E_c I \dfrac{d^2 w}{dx^2} = \dfrac{M_0}{2}$，将式 (3-43) 对 x 求二阶导数，代入此边界条件可得
$$C_4 = \frac{M_0}{4\lambda^2 E_c I} = \frac{M_0 \lambda^2}{kb}$$

于是，在集中力偶 M_0 作用下，梁的挠度 w、从地基反力 p、梁截面的转角 θ、弯矩 M 和剪力 Q 分别为

$$\left. \begin{aligned} w &= \frac{M_0 \lambda^2}{kb} e^{-\lambda x} \sin\lambda x = \frac{M_0 \lambda^2}{kb} B_x \\ p &= \frac{M_0 \lambda^2}{kb} B_x \\ \theta &= \frac{M_0 \lambda^3}{kb} C_x \\ M &= \frac{M_0}{2} C_x \\ Q &= -\frac{M_0 \lambda}{2} A_x \end{aligned} \right\} \tag{3-44}$$

式中：系数 A_x、B_x、C_x、D_x 意义同式 (3-42)。

由式 (3-44) 求出的 w、p、θ、M、Q 分布图，见图 3-29 (b)。

3. 梁端有集中力和力偶作用的半无限长梁

当梁的一端作用有荷载，另一端延伸很远时，此梁称为半无限长梁。设在梁的一端作用一集中荷载 F_0 和弯矩 M_0（图 3-30），坐标原点取在受力端，则式 (3-38) 中的积分常数可由下列边界条件确定：

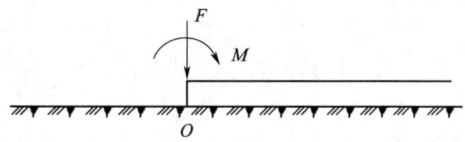

图 3-30 作用集中荷载和弯矩的半无限长梁

(1) 当 $x \to \infty$ 时，$w=0$，$C_1 = C_2 = 0$，于是有
$$w = e^{-\lambda x}(C_3 \cos\lambda x + C_4 \sin\lambda x) \tag{3-45}$$

(2) 当 $x=0$ 时，$M = -E_c I \dfrac{d^2 w}{dx^2} = M_0$，$Q = -E_c I \dfrac{d^3 w}{dx^3} = -F_0$。由此边界条件求出：
$$C_3 = \frac{F_0}{2\lambda^3 E_c I} - \frac{M_0}{2\lambda^2 E_c I}$$

$$C_4 = \frac{M_0}{2\lambda^2 E_c I}$$

于是得梁的挠度 w、弯矩 M 和剪力 Q 公式如下：

$$\left.\begin{array}{l} w = \dfrac{\mathrm{e}^{-\lambda x}}{2\lambda^3 E_c I}[F_0 \cos\lambda x - \lambda M_0(\cos\lambda x - \sin\lambda x)] \\ \quad = \dfrac{1}{2\lambda^3 E_c I}(F_0 D_x - \lambda M_0 C_x) \\ M = -\dfrac{1}{\lambda}(F_0 B_x - \lambda M_0 A_x) \\ Q = -(F_0 C_x + 2\lambda M_0 B_x) \end{array}\right\} \quad (3-46)$$

计算承受若干个集中荷载的无限长梁上任意截面的 w、M、Q 时，可以按式（3-41）、式（3-44）分别计算各荷载单独作用时在该截面引起的内力、反力、位移和转角，然后叠加求解。

4. 有限长梁的计算

实际工程中的条形基础均为有限长，弹性地基上有限长梁的解，仍可用式（3-38）按边界条件确定积分常数 C_1、C_2、C_3、C_4。然后解出梁任一截面上的内力、基底任一点反力和位移的公式。这种直接求解又称初参数法。现介绍一种方法，即以上述无限长梁的计算公式为基础，利用叠加原理来求得满足有限长梁两自由端边界条件的解答。此法计算比较简便，其原理如下：

图 3-31 所示为一长 l 的梁 AB（简称梁Ⅰ），梁上作用着已知荷载 F、M。设想把梁Ⅰ由 A、B 两端向外无限延伸，这样就形成了无限长梁（简称梁Ⅱ），其中相应于梁Ⅰ两端 A、B 截面将会产生一定的挠度、转角、弯矩和剪力。并设此时 A、B 两截面的弯矩和剪力分别为 M_a、Q_a 及 M_b、Q_b，但是，实际上梁Ⅰ的 A、B 两自由端并不存在弯矩和剪力。

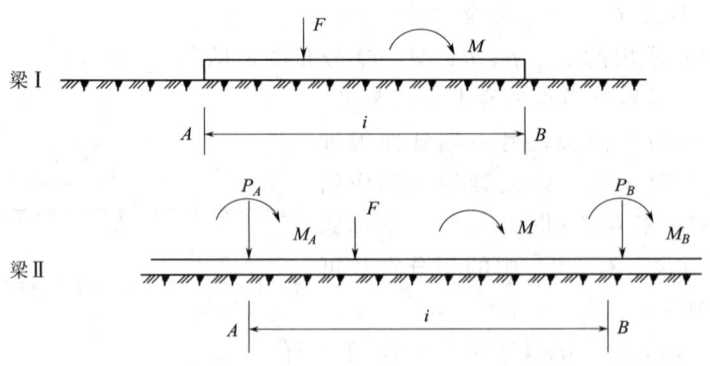

图 3-31 叠加法计算弹簧地基上的有限长梁

为了利用无限长梁公式和叠加法推求原有限长梁的解答，必须设法消除发生在梁Ⅱ中 A、B 两截面的弯矩和剪力，以满足原来梁端的边界条件。为此，特意在梁Ⅱ紧靠 AB 段两端的外侧，分别加上一对荷载 M_A、P_A 和 M_B、P_B（其正方向如图 3-31 所示），并要求这两对附加荷载在 A、B 两截面中产生的弯矩和剪力分别等于 $-M_a$、$-Q_a$、$-M_b$、$-Q_b$。根据这个条件，利用式（3-41）及式（3-44）列出方程组如下：

$$\left.\begin{array}{l}\dfrac{P_A}{4\lambda}+\dfrac{P_B}{4\lambda}C_l+\dfrac{M_A}{2}-\dfrac{M_B}{2}D_l=-M_a \\ -\dfrac{P_A}{2}+\dfrac{P_B}{2}D_l-\dfrac{\lambda M_A}{2}-\dfrac{\lambda M_B}{2}A_l=-Q_a \\ \dfrac{P_A}{4\lambda}C_l+\dfrac{P_B}{4\lambda}+\dfrac{M_A}{2}D_l-\dfrac{M_B}{2}=-M_b \\ -\dfrac{P_A}{2}D_l+\dfrac{P_B}{2}-\dfrac{\lambda M_A}{2}A_l-\dfrac{\lambda M_B}{2}=-Q_b\end{array}\right\} \quad (3-47)$$

解方程组（3-47），得

$$\left.\begin{array}{l}P_A=(E_l+F_lD_l)Q_a+\lambda(E_l-F_lA_l)M_a-(F_l+E_lD_l)Q_b+\lambda(F_l-E_lA_l)M_b \\ M_A=-(E_l+F_lC_l)\dfrac{Q_a}{2\lambda}-(E_l-F_lD_l)M_a \\ P_B=(F_l+E_lD_l)Q_a+\lambda(E_l-E_lA_l)M_a-(E_l+F_lD_l)Q_b+\lambda(E_l-F_lA_l)M_b \\ M_B=-(F_l+E_lC_l)\dfrac{Q_a}{2\lambda}+(E_l-F_lD_l)M_a-(E_l+F_lC_l)\dfrac{Q_a}{2\lambda}+(E_l-F_lD_l)M_b\end{array}\right\}$$

$$(3-48)$$

式中，$E_l=\dfrac{2\mathrm{e}^{\lambda l}\mathrm{sh}\lambda l}{\mathrm{sh}^2\lambda l-\sin^2\lambda l}$，$F_l=\dfrac{2\mathrm{e}^{\lambda l}\sin\lambda l}{\sin^2\lambda l-\mathrm{sh}^2\lambda l}$。

注意：当 $x=0$ 时，按式（3-41）可设系数 $A_x=C_x=D_x=1$。

原来的梁Ⅰ延伸为无限长梁Ⅱ之后，它在 A、B 两截面处的连续性是靠内力 M_a、Q_a 和 M_b、Q_b 来维持的，而附加荷载 P_A、M_A 和 P_B、M_B 的作用则正好抵消了这两对内力。其效果相当于把梁Ⅱ在 A 和 B 处切断而成为梁Ⅰ。由于 P_A、M_A 和 P_B、M_B 是为了在梁Ⅱ上实现梁Ⅰ的边界条件所必须的附加荷载，所以称为梁端边界条件力。

当作用于有限长梁的外荷载对称时，$Q_a=Q_b$，$M_a=M_b$，则式（3-48）简化为

$$\left.\begin{array}{l}P_A=P_B=(E_l+F_l)[(1+D_l)Q_a+\lambda(1-A_l)M_a] \\ M_A=-M_B=-(E_l+F_l)\left[(1+C_l)\dfrac{Q_a}{2\lambda}+(1-D_l)M_a\right]\end{array}\right\} \quad (3-49)$$

现将有限长梁Ⅰ上任意点 x 处的 w、θ、M、Q 的计算步骤归纳如下：

（1）按式（3-41）和式（3-44）用叠加法计算已知荷载在梁Ⅱ上相应于梁Ⅰ两端 A 和 B 截面引起的弯矩和剪力 M_a、Q_a、M_b、Q_b。

（2）按式（3-48）计算梁端边界条件力 M_A、P_A 和 M_B、P_B。

（3）再按式（3-41）和式（3-44）用叠加法计算在已知荷载和边界条件力共同作用下梁Ⅱ上相应于梁Ⅰ在 x 点处的 w、θ、M 和 Q 值。

5. 关于计算方法的选择

由式（3-48）可知，边界条件力计算公式中的系数都是 λl 的函数。λl 是表征弹簧地

基上梁相对刚柔程度的一个无量纲量，称为柔度指数，如 $\lambda l \to 0$，即梁的刚度为无限大，此时 $A_l = C_l = D_l = 1$，而 $E_l \to \infty$，$F_l \to \infty$。按式（3-47），梁端边界条件力趋于无限大，E_l 和 F_l 的绝对值开始急剧增大，已可作为绝对刚性梁按基底反力呈直线变化的简化方法计算。

另一种极端情况是 $\lambda l \to \infty$，即梁是无限长的，此时系数 A_l、C_l、D_l、F_l 都趋近于零，而 $E_l \to 4$，因而式（3-48）变为

$$\left. \begin{array}{l} P_A = 4(Q_a + \lambda M_a), M_A = \dfrac{2}{\lambda}(Q_a - 2\lambda M_a) \\ P_B = 4(Q_b - \lambda M_b), M_B = \dfrac{2}{\lambda}(Q_b - 2\lambda M_b) \end{array} \right\} \quad (3-50)$$

由式（3-50）可看出，此时梁任一端的情况对另一端的边界条件力没有影响。由计算可知，当 $\lambda l > \pi$ 时，实际上已可按式（3-49）计算边界条件力。

在一般计算中，可按上述柔度指数的界限值将梁分为刚性梁（$\lambda l < 1$）、短梁或有限长梁（$1 < \lambda l < 2.75$）和无限长梁（$\lambda l > 2.75$）三种，分别采用刚性基础、有限长梁和无线长梁三种情况进行计算。梁的边界条件力不仅与 λl 有关，且取决于与外荷载相关的 M_A、P_A、M_B、P_B 值。所以，在选择计算方法时，最好能按计算精度的要求，既考虑 λl 值的大小，又适当考虑梁上外荷载大小和作用点位置。对柔度较大的梁，也可直接按无限长梁简化计算。

3.6.4 基床系数 k 值的选择

弹性地基梁的计算，首先要确定基床系数值，而合理地确定 k 值是不容易的。影响 k 值的因素很多，除了与地基土性质（E_0、μ）有关外，还与基础底面积大小、形状、地基上压力大小等因素有关。确定 k 值的方法也很多，一般采用荷载试验法和估算法。

1. 荷载试验法

首先，由荷载试验按下式计算出地基土的变形模量 E_0，再由基床系数定义，推出计算 k 值的公式：

$$k = \frac{p}{S} = \frac{E_0}{\omega_r (1-\mu^2)\sqrt{F}} \quad (3-51)$$

其中

$$E_0 = \omega_r (1-\mu)^2 \sqrt{F} \frac{p}{S} \quad (3-52)$$

式中：E_0 为地基土变形模量；p 为荷载与沉降关系曲线直线段上压板上的压力强度；S 为与 p 相应的沉降量；F 为荷载板面积；μ 为土的泊松比；ω_r 为沉降影响系数，由荷载板长边 a 与短边 b 之比查表 3-6 取值。

表 3-6　　　　　　沉 降 影 响 系 数

$a:b$	1	1.5	2	3	4	5	10
ω_r	0.88	1.08	1.22	1.44	1.61	1.72	2.12
ω_m	0.95	1.15	1.30	1.5	1.7	1.83	2.25
ω_0	1.12	1.36	1.53	1.78	1.96	2.10	2.54

式（3-51）适用于基础压力影响范围在同一土层的地基。当地基压缩层厚度小于荷载板宽度的1/2时，用试验不能得出变形模量E_0，只能在荷载-沉降曲线直线段上取p及相应的S值，直接按p/S求出k值。

对于硬黏土和砂土，太沙基建议考虑面积对k值的影响，其修正公式如下：

对于硬黏土
$$k = k_p \frac{b_p}{b} \tag{3-53}$$

对于砂土
$$k = k_p \left(\frac{30+b}{2b}\right)^2 \tag{3-54}$$

式中：b_p为荷载板宽度，取$b_p = 30\text{cm}$；k_p为荷载板宽度$b_p = 30\text{cm}$时，由荷载试验得出的基床系数，$k_p = p/S$；b为基础宽度。

对于没有明显直线段的荷载-沉降曲线，可取割线段估算k_p值，即

$$k_p = \frac{\Delta p}{\Delta S} = \frac{p_2 - p_1}{S_2 - S_1} \tag{3-55}$$

式中：p_1、p_2分别为基底标高处的自重压力和基底压力；S_1、S_2分别为相应p_1、p_2作用时荷载板的沉降量。

2. 估算法

当地基可压缩土层的厚度H超过基础底面宽度的1/2时，若薄压缩层范围内的附加应力σ_z约等于基底平均附加压力p_0，根据基底平均沉降$S_m = (p_0 H)/E_s$（E_s为土层的平均压缩模量）可估算k_p：

$$k_p = \frac{p_0}{S_m} = \frac{E_s}{H} \tag{3-56}$$

对于某个特定的地基和基础条件，如已探明土层情况并测得土的压缩性指标，用$k_p = p_0/S_m$式估算时，p_0用基底平均附加压力。把它作为均布于基底的荷载并用分层总和法（或规范法）算得基底若干点沉降后求其平均值S_m，如在基底范围内地基土的变化不大，可只计算基底中点的沉降S_0，然后再按$S_m = (\omega_m/\omega_0)S_0$求出平均沉降值$S_m$。$\omega_m$值按基础底面长度与宽度之比由表3-6查出。

练 习 题

3-1 某承重墙厚240mm，作用于地面标高处的荷载$F_k = 180\text{kN/m}$，拟采用砖基础，埋深为1.2m。地基土为粉质黏土，$\gamma = 18\text{kN/m}^3$，$e_0 = 0.9$，$f_{ak} = 170\text{kPa}$。试确定砖基础的底面宽度，并按二皮一收砌法画出基础剖面示意图。

3-2 某柱下独立基础埋深$D = 1.8\text{m}$，所受轴心荷载$F_k = 2400\text{kN}$，地基持力层为黏性土，$\gamma = 18\text{kN/m}^3$，$f_{ak} = 150\text{kPa}$，$\eta_b = 0.3$，$\eta_D = 1.6$，试确定该基础的底面边长。

3-3 某承重砖墙厚240mm，传至条形基础顶面处的轴心荷载标准$F_k = 150\text{kN/m}$。该处土层自地表起依次分布如下：第一层为粉质黏土，厚度2.2m，$\gamma = 17\text{kN/m}^3$，$e_0 = 0.91$，$f_{ak} = 130\text{kPa}$，$E_{s1} = 8.1\text{MPa}$；第二层为淤泥质土，厚度1.6m，$f_{ak} = 65\text{kPa}$，$E_{s2} = 2.6\text{MPa}$；第三层为中密中砂。地下水位在淤泥质土顶面处。建筑物对基础埋深没有

特殊要求，且不必考虑土的冻胀问题。(1)试确定基础的底面宽度（须进行软弱下卧层验算）；(2)设计基础截面并配筋（荷载效应基本组合设计值可取为标准组合值的1.35倍）。

3-4 一钢筋混凝土内柱截面尺寸为300mm×300mm，作用在基础顶面的轴心荷载$F_k=400$kN，弯矩$M_k=110$kN·m，基底长宽比为1.5。自地表起的土层情况为：素填土，松散，厚度1.0m，$\gamma=16.4$kN/m³；细砂，厚度2.6m，$\gamma=18$kN/m³，$\gamma_{sat}=20$kN/m³，标准贯入试验锤击数$N=10$；黏土，硬塑，厚度较大。地下水位在地表下1.6m处。试确定该钢筋混凝土扩展基础的底面尺寸，并设计基础截面及配筋。

3-5 浅基础设计应满足哪些原则？

3-6 影响基础埋置深度的因素有哪些？

3-7 试述浅基础设计的一般步骤。

3-8 无筋扩展基础和扩展基础的高度是根据什么条件确定的？

3-9 文克尔弹性地基梁假设有哪些？

3-10 基床系数的影响因素和确定方法有哪些？

第4章 桩 基 础

教学提示：本章主要介绍在工程建设中应用极为广泛的桩基础，首先讲述桩的类型及其适用范围，其次重点介绍单桩、群桩在竖向荷载作用下的工作性能和承载力确定方法，然后介绍单桩在水平荷载作用下的承载力计算方法，最后介绍桩基础设计的内容。

教学要求：本章要求学生掌握单桩、群桩在竖向荷载作用下承载力的确定方法和计算公式；熟悉桩基础设计方法和施工技术；理解桩基沉降计算的原理。

4.1 概 述

桩是一种由混凝土、钢材或木材等制成的细长结构物，通常埋置于地基中。桩基础具有较高的承载力与稳定性，沉降量小而均匀，抗震性能良好，能适应多种复杂地质条件。当浅基础不能满足地基承载力和沉降变形要求，地基土又不易进行地基处理，而地层较深处又有坚实持力层时，可选用桩基础。

桩基础是一种适用性很强的基础形式，可应用于多种工程地质条件和多种类型的工程中。在桥梁工程、港口工程、近海石油钻井平台、高耸和高重建筑物、支挡结构物等建筑工程中都大有用武之地。它发展迅速，不断有新的桩型、新的施工工艺、新的桩基设计理论和计算方法涌现，是现代化基础工程体系之一，也是基础施工工业化途径之一。

桩基础可以是单根桩，如柱下单桩的形式。绝大多数情况下，桩基础是由承台将荷载分配给各根桩，以使各桩具有基本相同的沉降量。桩基础由桩和承台组成，如图4-1所示。根据承台与地面（或冲刷线）的相对位置，一般可分为低承台桩基和高承台桩基，或者低桩承台基础和高桩承台基础。低承台桩基［图4-1（a）］的桩身全部埋于土中，承台底面与土体接触，该承台下地基土可能承受部分竖向压力，也可以承担由回填土引起的水平土压力。如果承台设置在季节性冻土层内，还可能承受竖向冻胀力等。在工业与民用建筑中，大都使用低承台桩基。高承台桩基［图4-1（b）］的桩身上部露出地面而承台底面位于地面或水面以上。为承受水平荷载的作用，除了布置竖向桩以外，有些在2～4个方向上还布置斜桩。此类型桩常用于桥梁、码头和海洋钻井平台等。

桩基础施工较浅基础复杂，成本也较高，但在下列一些情况下，为了确保结构安全，必须采用桩基础，而且与其他深基础如沉井、沉箱、地下连续墙等相比，桩基础的应用范围更广。

（1）地基上层具有软弱土层，不能承受由上部结构传递来的荷载，软弱土层较厚，不便挖除或不宜采用地基处理等措施时，可利用桩将荷载传递到下面基岩，或者当基岩埋藏很深时传递到下面较好土层中。

（2）在设计和建造承受风荷载、水压力、滑坡推力或地震荷载的支挡结构物和高层建筑的基础时，经常在承担上部结构传递的竖向荷载的同时承受水平荷载，因桩基础可通过

第 4 章 桩 基 础

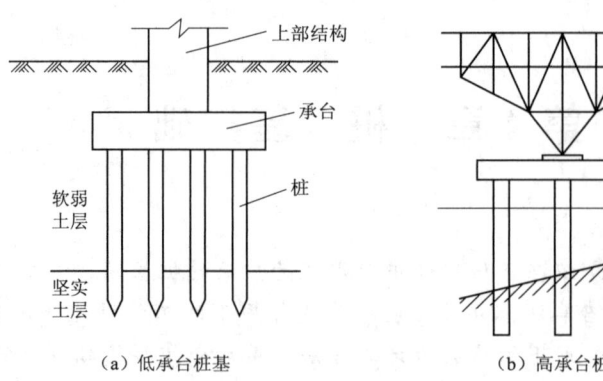

(a) 低承台桩基　　　　(b) 高承台桩基

图 4-1　桩基示意图

弯曲来抵抗水平力，可优选桩基础。

(3) 地基上层不是软弱土层而是膨胀土或湿陷性土等特殊土时，随着土层含水量的增加和减少，膨胀土发生膨胀和收缩，其产生的膨胀压力会很大；湿陷性土随含水量增加而塌陷。在这种情况下，如果采用浅基础，结构可能发生严重的破坏，而桩基能穿过会发生膨胀、收缩或湿陷的土层，因此桩基础可代替浅基础。

(4) 桥台和桥墩采用桩基，可避免采用浅基础时因河床冲刷较大，河道不稳定等导致其承载力的降低。

(5) 有些构筑物的基础，如输电线塔、近海（石油）平台和位于地下水位以下的筏基，承受着上拔力，可采用桩基抵抗上拔力。

桩基础不仅是一种深基础，而且是处理软弱土、膨胀土和湿陷性土等特殊土地基的有效措施。

4.2　桩的分类及选用

掌握各种分类的特点，是为了在不同的现场条件下合理地选择适当的桩型。桩型的合理选择是桩基设计中极为重要的环节，需要综合考虑所承受荷载的性质和大小，地基土的条件以及地下水位等因素。

4.2.1　按承载性状分类

桩的承载方式与浅基础的承载方式不一样。浅基础是把上部荷载在水平方向扩散到地基中去，而桩除去以桩端阻力的方式对上部荷载在水平方向进行扩散外，还在竖向以桩侧摩阻力的方式对上部荷载进行扩散。

桩在竖向荷载作用下，桩顶荷载由桩侧阻力和桩端阻力共同承受。但由于桩的尺寸、施工方法、桩侧和桩端地基土的物理力学性质等因素的不同，桩侧和桩端所分担荷载的比例是不一样的，因此，桩侧和桩端分担的荷载比例也不同。根据桩侧和桩端分担的荷载比例的不同可把桩分为端承型桩和摩擦型桩，如图 4-2 所示。

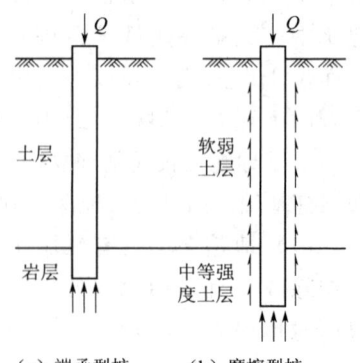

(a) 端承型桩　(b) 摩擦型桩

图 4-2　端承型桩和摩擦型桩

1. 端承型桩

在竖向荷载作用下,如果桩顶荷载全部或主要由桩端阻力承担,这种桩称为端承型桩。根据桩端阻力分担荷载的比例,又可分为端承桩和摩擦端承桩两类。

端承桩:桩顶极限荷载绝大部分由桩端阻力承担,桩侧阻力可忽略不计。桩的长径比很小,桩端设置在密实砂类、碎石类土层中或位于中、微风化及新鲜基岩层中的桩可认为是端承桩。

摩擦端承桩:桩顶极限荷载由桩侧阻力和桩端阻力共同承担,但桩端阻力分担荷载较大。桩的侧阻力虽属次要,但不可忽略。这类桩的桩端通常进入中密以上的砂层、碎石类土层中或位于中、微风化及新鲜基岩顶面。

此外,当桩端嵌入岩层一定深度(要求桩的周边嵌入微风化或中等风化岩体的最小深度不小于0.5m)时,称为嵌岩桩。对于嵌岩桩,桩侧与桩端荷载分担比例与孔底沉渣以及进入基岩深度有关,桩的长径比不是制约荷载分担的唯一因素。

2. 摩擦型桩

在竖向荷载作用下,如果桩顶荷载全部或主要由桩侧阻力承担,这种桩称为摩擦型桩。根据桩侧阻力分担荷载的比例,摩擦型桩又分为摩擦桩和端承摩擦桩两类。

(1)摩擦桩。桩顶极限荷载绝大部分由桩侧阻力承担,桩端阻力可忽略不计。以下情况需要按摩擦桩考虑:桩长径比很大,桩顶荷载只能通过桩身压缩产生的桩侧阻力传递给桩周土,桩端土层分担荷载很小;桩端下无较坚实的持力层;桩底残留虚土或沉渣的灌注桩;桩端出现脱空的打入桩等。

(2)端承摩擦桩。桩顶极限荷载由桩侧阻力和桩端阻力共同承担,但桩侧阻力分担荷载较大。这类桩的长径比不很大,桩端持力层为较坚实的黏性土、粉土或砂类土时,除桩侧阻力外,还有一定的桩端阻力。这类桩所占比例很大。

4.2.2 按施工方法分类

根据施工方法不同,桩可以分为预制桩和灌注桩两大类。

4.2.2.1 预制桩

预制桩按所采用的材料不同,可分为钢筋混凝土预制桩、钢桩、木桩和组合材料桩。常用的沉桩方法有锤击或振动打入、静力压入等。

1. 钢筋混凝土预制桩

钢筋混凝土预制桩的长度、截面形状和尺寸可在一定范围内根据需要选择,质量较易得到保证,桩端(桩尖)可达坚硬黏性土或强风化基岩,承载能力高,耐久性好。这种桩的横截面可做成方、圆等各种形状,如图4-3所示。

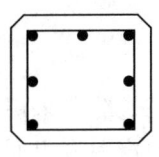 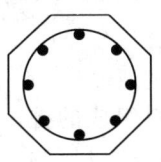 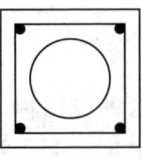 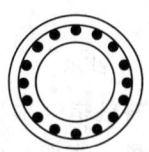

(a)方形　　　　(b)八边形　　　　(c)中空方形　　　　(d)中空圆形

图4-3　钢筋混凝土预制桩的截面

现场预制的桩，长度一般在 25～30m 以内；工厂预制桩的桩，分节长度一般不超过 12m，可根据需要在沉桩过程中加以接长。

预应力混凝土管桩分为先张法预应力管桩和后张法预应力管桩，包含预应力混凝土管桩（PC 管桩）和预应力混凝土薄壁管桩（PTC 管桩）及高强度预应力混凝土管桩（PHC 管桩），其中，PC 管桩的混凝土强度等级不小于 C50 混凝土，PTC 管桩混凝土强度等级不小于 C60，PHC 管桩混凝土强度等级等级不小于 C80。管桩的分节长度为 4～13m，常用的有 5m、7m、9m 和 11m 等产品；管桩的外径为 300～600mm。

2. 钢桩

常用的钢桩有开口或闭口的钢管桩（管形）、工字钢桩（工字形）以及 H 形钢桩等，它们的截面如图 4-4 所示。钢管桩的直径为 250～1200mm。H 形钢桩常用规格为 HP8、HP10、HP12 和 HP14。钢桩的穿透能力强，自重轻，锤击沉桩效果好，承载能力高，无论起吊运输或是沉桩接桩都很方便。

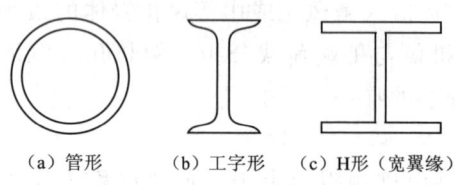

（a）管形　（b）工字形　（c）H 形（宽翼缘）

图 4-4　钢桩的截面

钢桩存在腐蚀的问题。例如泥炭土或有机土地基中的钢桩容易出现腐蚀现象，因此设计时应对钢桩截面厚度进行加厚处理（超过实际设计截面）。钢桩防腐蚀有两种措施：一是在桩表面涂上有效的防腐层；二是在钢桩外包裹一层混凝土外壳进行防腐。

此外，钢桩耗钢量大，成本高，一般只用在特别重大和一些特殊的建设工程中，如火电厂厂房基础、软基上的高重结构物等。

3. 木桩

木桩用树干制成，大多数木桩的最大长度为 10～20m，桩端直径不应小于 150mm。木桩的承载力一般限制在 220～270kN。作为桩的木材应该是直的、完好的。木桩一般用于临时工程，但当整个桩处于水位以下时，可以作为结构的永久基础。木桩不能承受很大的打击力，因此，在桩端可以套上钢靴、在桩顶套上金属箍以防破坏。

木桩应尽量避免接头，特别是当承受拉伸荷载或水平荷载时。但如果必须接头时，可以用金属管套或铆钉和螺栓连接。管套的长度至少为木桩直径的 5 倍。为了连接紧密，接头末端应该锯正，装配位置应仔细修整。采用金属铆钉和螺栓连接时，接头末端也应该锯正，在铆钉连接的部位应削平。如果木材足够长，但其横断面尺寸不足，可以几根粘合在一起，或者用 3 到 4 根圆木组合起来。如果木桩处于饱和土中，其寿命可以很长。但在海水中，木桩受到各种有机物的侵蚀，短短几个月便会遭到严重的破坏，在水位以上的桩还容易受到昆虫的破坏。用防腐剂（如杂酚油）对木桩进行处理，可提高其寿命。

4. 组合材料桩

组合材料桩指一根桩由两种或两种以上材料组成的桩。整个桩长分段采用木材、钢材或混凝土材料，比如在地下水位以下用木材、水位以上桩段采用现浇混凝土而成的桩，在钢管内填充混凝土的桩，下部为预制桩上部为灌注桩，中间为预制桩外包灌注桩等都是组合材料桩。

4.2.2.2 灌注桩

灌注桩是直接在所设计桩位处成孔,然后在孔内放置钢筋笼(也有省去钢筋的)再浇灌混凝土而成,如图 4-5 所示。与混凝土预制桩比较,灌注桩一般只根据使用期间可能出现的内力配置钢筋,用钢量较省。同时,桩长可在施工过程中根据要求于某一范围取定。灌注桩的横截面积呈圆形,可以做成大直径,也可以扩大底部(扩底桩)。保证灌注桩承载力的关键在于桩身成型和混凝土灌注质量。

灌注桩有几十个品种,大体可归纳为沉管灌注桩和钻(冲、磨、挖)孔灌注桩两类。灌注桩可采用套管(或沉管)护壁、泥浆护壁和干作业等方法成孔。

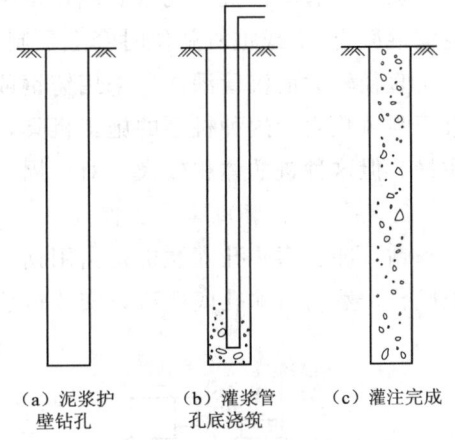

(a)泥浆护 (b)灌浆管 (c)灌注完成
壁钻孔　　孔底浇筑

图 4-5 现场灌注桩

1. 沉管灌注桩

采用与桩的设计尺寸相适应的钢管(即套管),在端部套上桩尖后沉入土中后,在套管内吊放钢筋骨架,然后边浇注混凝土边振动或锤击拔管,利用拔管时的振动捣实混凝土而形成所需要的灌注桩。

根据沉管方法和拔管时振动不同,又可细分为锤击沉管灌注桩和振动沉管灌注桩。前者多用于一般黏性土、淤泥质土、砂土和人工填土地基;后者除以上范围外,还可用于稍密及中密的碎石土地基。

沉管灌注桩施工程序如图 4-6 所示。

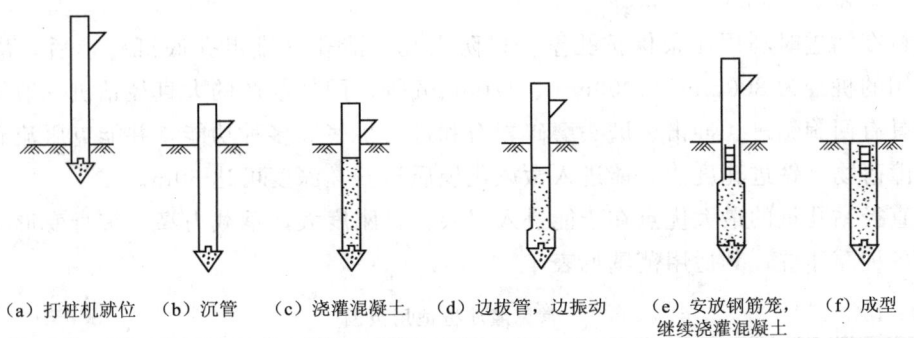

(a)打桩机就位 (b)沉管 (c)浇灌混凝土 (d)边拔管,边振动 (e)安放钢筋笼, (f)成型
继续浇灌混凝土

图 4-6 沉管灌注桩施工程序示意图

锤击沉管灌注桩的直径按预制桩尖的直径考虑,多取用 300~500mm,桩长一般在 20m 以内,打至硬塑黏土层或中粗砂层。沉管灌注桩的施工设备简单,进度快,成本低。但可能产生缩颈(桩身截面局部缩小)、断桩、局部夹土、混凝土离析和强度不足等质量问题或事故。为了扩大桩径,可对沉管灌注桩进行"复打"。所谓复打,就是在浇筑混凝土拔出钢管后,立即在原位重新放置预制桩尖或闭合管端活瓣,重新沉管,并再次浇灌混凝土。复打后的桩,横截面积增大,承载力提高,但其造价也相应增加。对于含水量大而

灵敏度高的淤泥和淤泥质土，如采用直径在400mm以下的锤击或振动沉管灌注桩，由于质量问题多，宜慎重采用。

振动沉管灌注桩的钢管底端，常带有活瓣桩尖（沉管时桩尖闭合，拔管时活瓣张开以浇灌混凝土），或桩机就位时套上预制桩尖。常用的桩径为400～500mm。

直径较大的沉管灌注桩采用铸钢或钢板加工成的预制桩尖，打入深度可达25m以上，直至强风化岩。这种桩型的施工机具，有的装置了监测系统，可检查浇灌过程中混凝土的质量。但这种桩的体积较大，对桩周土体的排挤作用较强烈。

2. 钻（冲、磨）孔灌注桩

钻（冲、磨）孔灌注桩是指用钻机（如螺旋钻、振动钻、冲抓钻、旋转水冲钻等）钻土成孔，然后清除孔底残渣，安放钢筋笼，浇灌混凝土。其施工示意图如图4-7所示。

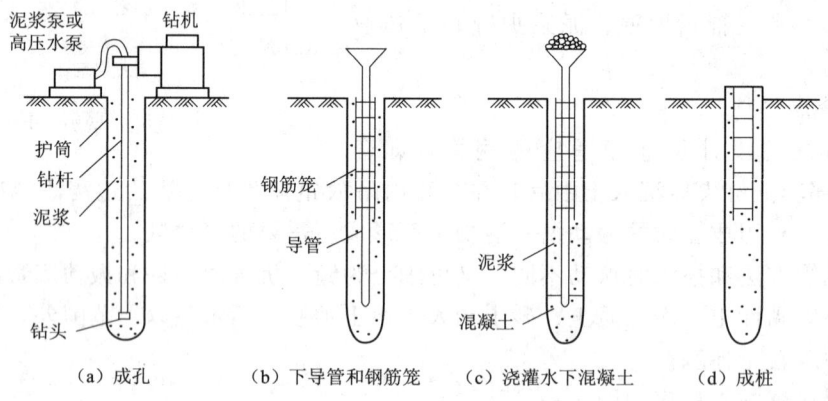

图4-7 钻孔灌注桩施工示意图

钻机在钻进时利用泥浆保护孔壁，以防坍孔。清孔（排走孔底沉碴）后，浇灌混凝土。常用的桩径为800mm、1000mm、1200mm等。国外生产的大直径钻机一般用钢套筒护壁，具有回旋钻进、冲击、磨头磨碎岩石和进行扩底等多种功能，并能克服流砂、消除孤石等障碍物，钻进速度快，能进入微风化硬质岩石，深度可达60m。

大直径钻孔桩的最大优点在于能进入岩层，且刚度大，承载力高，桩身变形小。国内常用的各种灌注桩，其适用范围见表4-1。

表4-1 常见灌注桩适用范围

成孔方法		适用范围
泥浆护壁成孔	（冲抓、冲击、回转钻）桩径800mm以上	碎石土、砂土、粉土、黏性土及风化岩。冲击成孔，进入中等风化和微风化岩层的速度比回转钻快，深度可达50m
	潜水钻桩径500～800mm	黏性土、淤泥、淤泥质土及砂土，深度可达50m
干作业成孔	螺旋钻桩径300～500mm	地下水位以上的黏性土、粉土、砂土及人工填土，深度在30m以内
	钻孔扩底部桩径可达1200mm	地下水位以上的坚硬、硬塑的黏性土及中密以上的砂土

续表

成孔方法		适用范围
干作业成孔	机动洛阳铲（人工）桩径300～500mm	地下水位以上的黏性土、黄土及人工填土，深度可达20m
	人工挖孔桩径800～3500mm	地下水位以上的黏性土、黄土及人工填土，深度可达40m
沉管成孔	锤击，桩径340～800mm	硬塑黏性土、粉土、砂土，直径在600mm以上的可达强风化岩，深度可达20～30m
	振动，桩径300～500mm	可塑黏性土、中细砂，深度可达24m
爆扩成孔	桩径≤350mm	地下水位以上的黏性土、黄土、填土，深度可达12m

4.2.3 按桩的设置效应分类

桩的设置方法（打入或钻孔成桩等）不同，桩周土体所受的挤压作用也很不同。挤压作用将使桩周土的天然结构、应力状态和性质发生很大变化，影响桩的承载力和变形性质。这些影响统称为桩的设置效应。桩按设置效应可分为下列3类。

1. 非挤土桩

钻（冲或挖）孔灌注桩、机挖井型灌注桩及洛阳铲成孔灌注桩等。因设置过程中清除孔中土体，桩周土不受排挤作用，并可能向桩孔内移动，使土的抗剪强度降低，桩侧摩阻力有所减小。

2. 部分挤土桩

冲击成孔灌注桩、预钻孔打入式预制桩、H型钢桩。开口预应力混凝土管桩等。在桩的设置过程中对桩周土体稍有排挤作用，但土的强度和性质变化不大，一般可用原状土测得的强度指标来估算桩的承载力和沉降量。

3. 挤土桩

实心的预制桩、下端封闭的管桩、木桩以及沉管灌注桩等在锤击和振动贯入过程中都要将桩位处的土体大量排挤开，使土的结构严重扰动破坏，对土的强度及变形性质影响较大。因此必须采用原状土扰动后再恢复的强度指标来估算桩的承载力及沉降量。

此外，也可按桩径大小分为小桩（桩径$d \leqslant 250$mm）、普通桩（250mm$< d \leqslant 800$mm）和大直径桩（$d > 800$mm）三种。

4.3 竖向荷载下单桩受力特性

单桩工作性能是单桩承载力分析理论的基础。通过桩土相互作用分析，了解桩土间的传力途径和单桩承载力的构成及其发展过程，以及单桩的破坏机理等，对正确评价单桩轴向承载力设计值具有一定的指导意义。

桩顶荷载一般包括轴向力、水平力和力矩。为了简单，在研究桩的受力性能及计算桩的承载力时，往往对竖向受力情形单独进行研究。

4.3.1 桩的竖向荷载传递

桩在竖向荷载作用下，桩身材料会产生弹性压缩变形，桩和桩侧土之间产生相对位移，因而桩侧土对桩身产生向上的桩侧摩阻力。如果桩侧摩阻力不足以抵抗竖向荷载，一部分竖向荷载会传递到桩底，桩底持力层也会产生压缩变形，桩底土也会对桩端产生阻力。通过桩侧摩阻力和桩端阻力，桩将荷载传递给土体。

设桩顶竖向荷载为 Q，桩侧总摩阻力为 Q_s，桩端总阻力为 Q_p，取桩为脱离体，由静力平衡条件，得到关系式：

$$Q = Q_s + Q_p \qquad (4-1)$$

当桩顶荷载加大到极限值 Q_u 时，式（4-1）改写为

$$Q_u = Q_{su} + Q_{pu} \qquad (4-2)$$

式中：Q_{su} 为单桩总极限侧阻力；Q_{pu} 为单桩总极限端阻力。

如图 4-8 (b) 所示的桩，竖向荷载 Q 在桩身各截面引起的轴向力 N_z，可以通过桩的静载试验，利用埋设于桩身内的测试元件测量得到，从而可以绘出轴力沿桩身的分布曲线图 4-8 (e)。该曲线称荷载传递曲线。由于桩侧土的摩阻作用，轴向力 N_z 随深度 z 的增大而减小，其衰减的快慢反映了桩侧土摩阻力作用的强弱。桩顶的轴向力 N_0 与桩顶竖向荷载 Q 相平衡，即 $N_0 = Q$；桩端的轴向力 N_1 与总桩端阻力 Q_p 相平衡，故总侧阻 $Q_s = Q - Q_p$。

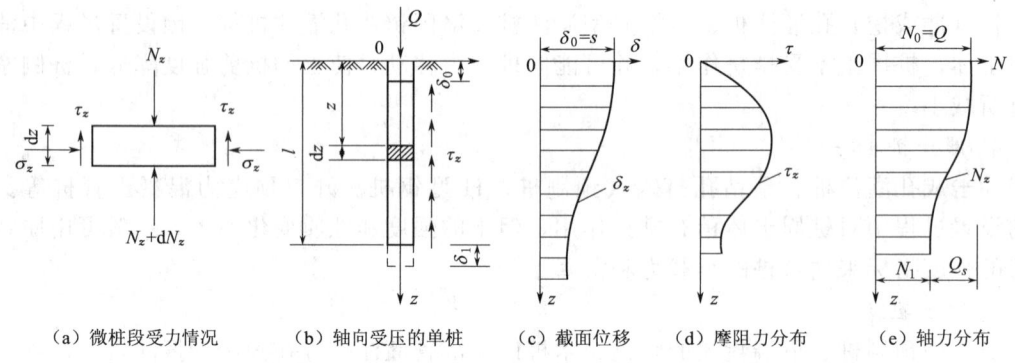

(a) 微桩段受力情况　　(b) 轴向受压的单桩　　(c) 截面位移　　(d) 摩阻力分布　　(e) 轴力分布

图 4-8　单桩荷载传递

荷载传递曲线确定了 z 深度处轴向力 N_z 与 z 的函数关系。有了该曲线，可以由桩的微分方程求得 z 深度截面的轴向位移 δ_z 以及桩侧单位面积摩阻力 τ_z。

设桩的长度为 l，横截面积为 A，周长为 u。现从桩身任意深度 z 处取 dz 微分段，根据微分段的竖向力平衡条件（忽略桩身自重），可得

$$N_z - \tau_z u \, dz - (N_z + dN_z) = 0 \qquad (4-3)$$

$$\tau_z = -\frac{1}{u} \frac{dN_z}{dz} \qquad (4-4)$$

式（4-4）表明，任意深度处单位侧摩阻力 τ_z 的大小与该处轴力 N_z 的变化率成正比。负号表明当 τ_z 方向向上时，桩身轴力 N_z 将随深度增加而减小。一般称式（4-4）为桩的荷载传递基本微分方程。只要测得桩身轴力 N_z 的分布曲线，即可用此公式求桩侧摩阻力的大小与分布（对 N_z 微分一次），见图 4-8 (d)。

当顶部作用有轴向荷载 Q 时，其桩顶界面位移 δ_0（亦即桩顶沉降 s）一般由两部分

组成：一部分为桩端下沉量 δ_l；另一部分为桩身材料在轴力 N_z 作用下产生的压缩变形 δ_s，可表示为 $s=\delta_l+\delta_s$。

在进行单桩静荷载试验时，可测出桩顶竖向位移 s。利用上述已测知的轴力分布曲线 N_z，根据材料力学公式，求出任意深度 z 处桩截面位移 δ_z 和桩端位移 δ_l，即

$$\delta_z = s - \frac{1}{EA}\int_0^z N_z \mathrm{d}z \tag{4-5}$$

$$\delta_l = s - \frac{1}{EA}\int_0^l N_z \mathrm{d}z \tag{4-6}$$

式中　E——桩身材料的弹性模量。

上述从桩的荷载传递曲线分析轴向位移 δ_z 和侧阻 τ_z，是较为常用的竖向荷载传递分析方法。用不同荷载作用下的传递曲线按上述方法进行分析，可以较为清楚地了解侧阻和端阻随荷载增大的发展变化、它们的发挥程度以及两种阻力与桩身位移的关系等规律，所得结果对合理地确定桩的承载力和设计桩基础都是很有意义的。

4.3.2　桩的竖向荷载传递一般规律

桩在竖向荷载作用下，侧阻与端阻的发挥程度与多种因素有关，并且侧阻与端阻也是相互影响的。虽然式（4-2）表达简单，应该注意的是桩侧阻力与桩端阻力并非同时发挥，更不是同时达到极限。

一般来说，侧阻端阻的发挥程度与桩土之间的相对位移情况有关，并且桩侧阻力的发挥先于桩端阻力。有些试验资料表明侧阻充分发挥所需要的桩土相对位移趋于定值，认为一般在黏性土中桩土相对位移为 4～6mm，砂土中为 6～10mm 时，桩侧阻力充分发挥。也有的学者根据现场试验研究取得的成果，认为土层的埋藏深度对侧阻力的发挥有显著的影响，埋藏深度不同，充分发挥侧阻所需要的相对位移不同。另外，侧阻的发挥与桩径、土性及成桩方法等多种因素有关。

桩端阻力的发挥不仅滞后于桩侧阻力，而且其充分发挥所需的桩端位移值比桩侧摩阻力达到极限所需的桩身截面位移值大得多。桩端阻力的发挥程度与桩端土的性质、桩的类型和施工方法等因素有关。对于小直径桩，砂类土的桩底极限位移约为 $(0.08\sim0.1)d$，一般黏性土为 $0.25d$，硬黏土为 $0.1d$。研究结果表明，发挥桩端阻所需的位移因桩的类型不同有较大差别。

室内模型试验和现场原型试验研究表明，桩侧阻和桩端阻都存在深度效应。当桩端入土深度 $l \leqslant h_{cp}$ 时，桩的极限端阻力随深度而增加；当 $l>h_{cp}$ 后，极限端阻力基本保持不变；h_{cp} 称为端阻临界深度。桩侧摩阻力一般随桩的入土深度增加而线性增大，但当桩入土深度超过一定值后，侧阻力不再随深度增加而增大，深度 h_{cs} 称为侧阻临界深度。根据砂土中模型试验和现场试验结果，得到侧阻临界深度与端阻临界深度的关系为 $h_{cs}=(0.3\sim1.0)h_{cp}$。

澳大利亚学者 Poulos 等运用弹性理论分析桩基后得到的竖向桩荷载传递规律如下：轴向压力下的桩的荷载传递与其长径比 l/d 及桩端土与桩侧土的相对刚度 R_{bs} 有关。R_{bs} 定义为桩端土与桩侧土的压缩模量或变形模量之比 E_b/E_s。其值越大，说明桩端土抵抗变形的能力越强于桩侧土，反之则越弱。当 $R_{bs}=0$ 时，荷载全部由桩侧阻力承担，属于

摩擦桩。在 l/d 一定且为中长桩（$l/d \approx 25$）的情况下，传递到桩端的荷载即桩端阻力 Q_p 随 R_{bs} 的增大而上升，但当 R_{bs} 大到一定程度后，Q_p 几乎不再随 R_{bs} 变化。

桩端阻力 Q_p 和桩与桩侧土的相对刚度 R_{ps} 有关。R_{ps} 定义为桩与桩侧土的压缩模量或变形模量之比 E_p/E_s。当 R_{ps} 增大，桩端阻力 Q_p 也增大；反之，桩端阻力分担的荷载比例降低。对于 $R_{ps} \leqslant 10$ 的中长桩，桩端阻力接近于零。对于碎石桩、灰土桩等低刚度的桩组成的基础，应按复合地基原理设计。

Q_p 随长径比 l/d 增大而减小，桩身下部侧阻力的发挥也相应降低。当桩长较大时，桩端土的性质对荷载传递的影响较小，荷载主要由桩侧的摩阻力分担。当桩很长时，则不论桩端土刚度多大，端阻均可忽略不计，荷载全部由桩侧阻力分担。因此，长桩实际上总是摩擦桩，此种情况下，用扩大桩端直径来提高承载力是没有效果的。

上述理论分析结果表明，为了有效地发挥桩的承载性能和取得良好的经济效益，设计时应根据土层的分布性质并注意桩的荷载传递特性，合理确定桩长、桩径和桩端持力层。

4.3.3 单桩破坏模式

单桩在竖向荷载作用下，其破坏模式主要取决于桩周土的抗剪强度、桩端支承情况、桩的尺寸以及桩的类型等条件。图 4-9 给出了轴向荷载作用下可能的单桩破坏模式简图。

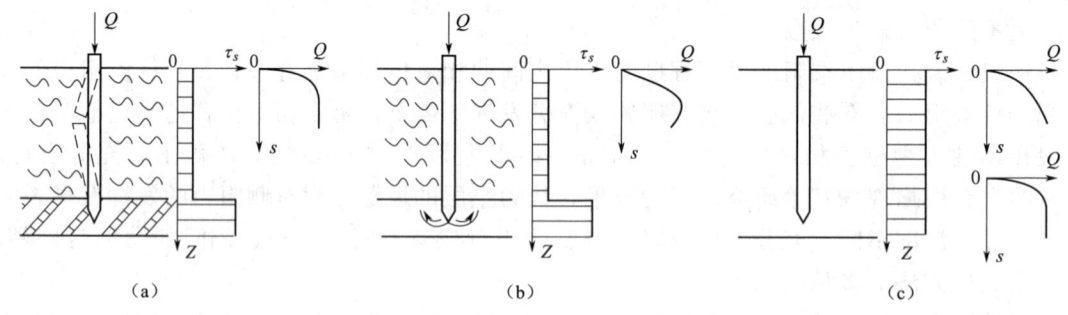

图 4-9 单桩破坏模式简图

1. 压屈破坏

当桩底支承在坚硬的土层或岩层上，桩周土层极为软弱，桩身无约束或侧向抵抗力，桩在轴向荷载作用下，如同一根细长压杆出现纵向压曲破坏，荷载-沉降（$Q-s$）关系曲线为"急剧破坏"的陡降型，其沉降量很小，具有明确的破坏荷载 [图 4-9 (a)]。桩的承载力取决于桩身的材料强度。穿越深厚淤泥质土层中的小直径端承桩或嵌岩桩，细长的木桩等多属于此种破坏。

2. 整体剪切破坏

当具有足够强度的桩穿过抗剪强度较低的土层，达到抗剪强度较高的土层，且桩的长度不大时，桩在轴向荷载作用下，由于桩底上部土层不能阻止滑动土楔的形成，桩底土体形成滑动面而出现整体剪切破坏。因为桩端高强度的土层将出现大的沉降，桩侧摩阻力难以充分发挥，主要荷载由桩端阻力承受，$Q-s$ 曲线也为陡降型，具有明确的破坏荷载 [图 4-9 (b)]。桩的承载力主要取决于桩端土的支承力。一般打入式短桩、钻扩短桩等破坏属于此种破坏。

3. 刺入破坏

当桩的入土深度较大或桩周土层抗剪强度较均匀时，桩在轴向荷载作用下将出现刺入破坏。此时桩顶荷载主要由桩侧摩阻力承担，桩端阻力极微，桩的沉降量较大。一般当桩周土质较软弱时，$Q-s$ 曲线为"渐进破坏"的缓变型[图 4-9 (c)]，无明显拐点，极限荷载难以判断，桩的承载力主要由上部结构所能承受的极限沉降 s_u 确定；当桩周土的抗剪强度较高时，$Q-s$ 曲线可能为陡降型，有明显的拐点，桩的承载力主要取决于桩周土的强度。一般情况下的钻孔灌注桩多属于此种情况。

4.3.4 桩侧负摩阻力

1. 负摩阻力的概念

前面讨论的是正常情况下桩和周围土体之间的荷载传递情况，即在桩顶荷载作用下，桩侧土相对于桩产生向上的位移，因而土对桩侧产生向上的摩擦力，构成了桩承载力的一部分，称之为正摩阻力。

但有时会发生相反的情况，即桩周围的土体由于某些原因发生下沉，且变形量大于相应深度处桩的下沉量，即桩侧土相对于桩产生向下的位移，土体对桩产生向下的摩擦力，这种摩擦力称为负摩阻力。通常，在下列情况下应考虑桩侧负摩阻力作用：

（1）在软土地区，大范围地下水位下降，使土中有效应力增加，导致桩侧土层沉降；
（2）桩侧有大面积地面堆载使桩侧土层压缩；
（3）桩侧有较厚的欠固结土或新填土，这些土层在自重下沉降；
（4）在自重湿陷性黄土地区，由于浸水而引起桩侧土的湿陷；
（5）在冻土地区，由于温度升高而引起桩侧土的融陷。

必须指出，在桩侧引起负摩阻力的条件是，桩周围的土体下沉量必须大于桩的沉降，否则可不考虑负摩阻力的问题。

负摩阻力对桩是一种不利因素。负摩阻力相当于在桩上施加了附加的下拉荷载 Q_n，它的存在降低了桩的承载力，并可导致桩发生过量的沉降。工程中，因负摩阻力引起的不均匀沉降造成建筑物开裂、倾斜或因沉降过大而影响使用的现象屡有发生，不得不花费大量资金进行加固，有的甚至因无法使用而拆除。所以，在可能发生负摩阻力的情况下，设计时应考虑其对桩基承载力和沉降的影响。

2. 负摩阻力的分布特性

桩身负摩阻力并不一定发生于整个软弱土层中，而是在桩周土相对于桩产生下沉的范围内。在地面发生沉降的地基中，长桩的上部为负摩阻力而下部往往仍为正摩阻力。正负摩阻力分界的地方称为中性点。图 4-10 给出了桩穿过会产生负摩阻力的土层达到坚硬土层时竖向荷载的传递情况。

为了计算桩的负摩阻力的大小就必须知道负摩阻力在桩上的分布范围，即需要确定中性点的位置。由于桩周摩擦力的强度与土对桩的相对位移有关，中性点处的摩擦力为零，故桩对土的相对位移为零，同时下拉荷载在中性点处达到最大值，即在中性点截面桩身轴力达到最大值（$Q+Q_n$）。地面至中性点的深度 l_n 与桩周土的压缩性和变形条件以及桩和持力层土的刚度等因素有关，理论上可根据桩的竖向位移和桩周地基竖向位移相等的地方来确定中性点的位置。但由于桩在荷载作用下的沉降稳定历时、沉降速率等都与桩周围土

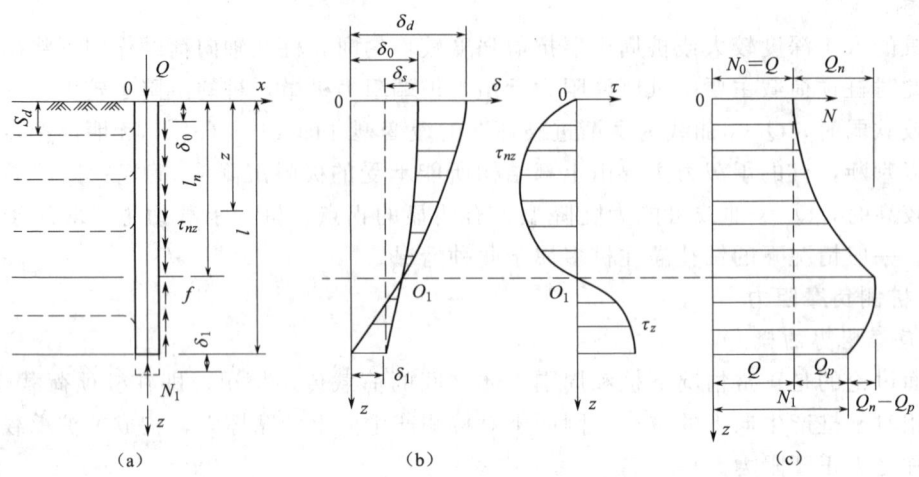

图 4-10 单桩在产生负摩阻力时的荷载传递

的沉降情况不同,要准确确定中性点的位置比较困难,一般根据现场试验所得的经验数据近似地加以确定,即以 l_n 与桩周土层沉降的下限深度 l_0 的比值 β 的经验系数值来确定中性点的位置。

国外有些现场试验资料指出,对于端承桩及允许产生沉降但不超过有害范围的桩,可取 $\beta=0.85\sim0.95$,对不允许产生沉降和基岩上的桩可取 $\beta=1.0$;对于摩擦桩可取 $\beta=0.7\sim0.8$。表 4-2 为《建筑桩基技术规范》(JGJ 94—2008)给出的中性点深度比 l_n/l_0,可供设计时参考。

表 4-2 中性点深度比 l_n/l_o

持力层土类	黏性土、粉土	中密以上砂	砾石、卵石	基岩
l_n/l_o	0.5~0.6	0.7~0.8	0.9	1.0

注 桩穿越自重湿陷性黄土时,l_n 按表列值增大 10%(持力层为基岩者除外)。

工程上可采取适当措施来消除或减小负摩阻力。例如,对填土建筑场地,填筑时要保证填土的密实度符合要求,尽量在填土沉降稳定后成桩;当建筑场地有大面积堆载时,成桩前采取预压措施,减小堆载时引起的桩侧土沉降;对湿陷性黄土地基,先进性强夯、素土或灰土挤密桩等方法处理,消除或减轻湿陷性。在预制桩中性点以上表面涂一薄层沥青,或者对钢桩再加一层厚度为 3mm 的塑料薄膜(兼作防锈蚀用),对现场灌注桩在桩与土之间灌注膨润土等方法对消除或降低负摩阻力的影响也是十分有效的。

4.4 单桩竖向承载力确定

单桩承载力是指单桩在外荷载作用下,不丧失稳定性、不产生过大变形时的承载能力。确定单桩承载力是桩基设计的最基本内容。单桩在竖向荷载作用下达到破坏状态前或出现不适于继续承载的变形时所对应的最大荷载,称单桩竖向极限承载力。在设计时,不应使桩在极限状态下工作,必须有一定的安全储备。

在竖向荷载作用下，无论受压还是受拉，桩丧失承载能力一般表现为两种形式：①桩周土的阻力不足，桩发生急剧且量大的竖向位移；或者虽然位移不急剧增加，但因位移量大而不适于继续承载；②桩身材料的强度不够，桩身被压坏或拉坏。因此，桩的竖向承载力应分别根据桩周土的阻力和桩身强度确定，采用其中的较小者。一般来说，竖向受压的摩擦桩的承载力决定于土的阻力，材料强度往往不能充分发挥，只有对端承桩、超长桩以及桩身质量有缺陷的桩，桩身材料强度才起控制作用。抗拔桩的承载力也往往由土的阻力决定，但对于长期或经常承受上拔力的桩，除桩身强度外，还应进行抗裂计算。因为根据不同的现场环境要求，需要控制桩身的裂缝宽度，有时甚至不允许出现裂缝。

4.4.1 按材料强度确定

按材料强度确定单桩竖向承载力时，可将桩视为轴心受压杆件，根据桩身材料混凝土结构计算，对于钢筋混凝土桩：

$$R = \varphi(\psi_c f_c A_p + f'_y A_g) \tag{4-7}$$

式中：R 为混凝土桩的单桩轴向抗压承载力设计值，kN；f_c 为混凝土轴心抗压强度设计值，kPa；A_p 为桩的横截面面积，m²；f'_y 为纵向钢筋抗压强度设计值，kPa；A_g 为纵向钢筋的横截面面积，m²；φ 为桩的稳定系数，计算桩身轴心受压强度时，一般可不考虑弯曲的影响，即取 $\varphi=1$，若桩的自由长度较大或桩周有厚度较大的软弱土层，或桩周围有较厚的可液化土层，应考虑桩身弯曲的影响；ψ_c 为施工工艺系数，考虑到灌注桩的混凝土质量不像预制桩那样易于保证，设计时应将轴心抗压强度设计值和弯曲抗压强度设计值乘以系数 ψ_c，对于挖孔灌注桩 $\psi_c=0.9$，其他各类灌注桩 $\psi_c=0.8$，对于混凝土预制桩 $\psi_c=1.0$。

4.4.2 按现场试验法确定

现场试验确定桩基承载力主要分为静荷载试验和静力触探两大类方法。

静载荷试验是评价单桩承载力最为直观和可靠的方法，其除了考虑到地基土的支承能力外，也计入了桩身材料强度对于承载力的影响。对于一级建筑物，必须通过静载荷试验。在同一条件下的试桩数量，不宜少于总数的 1%，并不应少于 3 根。当桩端持力层为密实砂卵石或其他承载力类似的土层时，单桩承载力很高的大直径端承桩，可采用深层平板载荷试验确定桩端土的承载力。对于预制桩，由于打桩时土中产生的孔隙水压力有待消散，土体因打桩扰动而降低的强度随时间逐渐恢复，因此，为了使试验能真实反映桩的承载力，要求在桩身强度满足设计要求的前提下，砂类土间歇时间不少于 $10d$，粉土和黏性土不少于 $15d$，饱和黏性土不少于 $25d$。静荷载试验所需装置及具体方法可参见《港口工程桩基规范》（JTS 167—4—2012）和《建筑桩基技术规范》（JGJ 94—2008）。

静力触探与桩的静载荷试验虽有很大区别，但与桩打入的过程基本类似，所以可把静力触探近似看成是小尺寸打入桩的现场模拟试验，且由于其设备简单，自动化程度高等优点，被认为是一种很有发展前途的确定单桩承载力的方法，国外应用极广。静力触探是将圆锥形的金属探头，以静力方式按一定的速率均匀压入土中，借助探头的传感器测出探头侧阻 f_s 及端阻 q_c。探头由浅入深测出各种土层的这些参数后，即可算出单桩承载力。根据探头构造的不同，又可分为单桥探头和双桥探头两种。

4.4.3 按土的抗剪强度指标确定

国外广泛采用以土力学原理为基础的计算公式来确定单桩极限承载力。该类公式在土的抗剪强度指标的取值上考虑理论公式无法概括的某些影响因素，例如，土的类别和排水条件、桩的类型和设置效应等，所以仍是经验性的，其单桩极限承载力 Q_u 一般可以下式表示：

$$Q_u = Q_{su} + Q_{pu} - (G - \gamma A_p l) \tag{4-8}$$

式中：Q_{su}、Q_{pu} 为桩侧总极限摩阻力和桩端总极限阻力；G、γ 为桩的自重和桩长以内土的平均重度；$G - \gamma A_p l$ 为因桩的设置而附加于地基的重力；$\gamma A_p l$ 为与桩同体积的土重，常假设其值等于桩重 G，故式（4-8）可简化为

$$Q_u = Q_{su} + Q_{pu} \tag{4-9}$$

计算桩的极限端阻 Q_{pu} 时，是以刚塑性理论为基础，把桩视为宽度为 d，埋深为 l 的深基础。在桩顶加载至土体发生剪切破坏时，根据所假设的桩端附近土体不同滑裂面形状，求出桩端极限端阻 Q_{pu}。桩端土的破坏模式较常用的有太沙基型、梅耶霍夫型、别列赞捷夫型和魏西克型。

桩的极限侧阻力 Q_{su} 的计算通常取桩身范围内各土层的极限侧阻力 q_{siu} 与桩侧对应表面积乘积之和，即 $Q_{su} = u \sum q_{siu} l_i$，从而归结为求桩侧各点的极限侧阻力 q_{siu}。根据计算表达式系数的不同，归纳为 α 法、β 法、γ 法等。关于 Q_{su} 与 Q_{pu} 的详细计算，限于篇幅不多介绍，以下只对黏性土中桩的极限承载力计算做简单介绍。

对于黏性土中的桩，因桩在设置和受荷初期，桩周土来不及排水固结，一般以短期承载力控制设计，宜按总应力分析法取不排水强度 c_u 估算 Q_u，故

$$Q_u = u \sum c_{ai} l_i + c_u N_c A_p \tag{4-10}$$

式中：c_u 为桩底以上 $3d$ 至桩底以下 $1d$ 范围内土的不排水抗剪强度平均值；对裂隙黏土宜用含裂隙的大试样测定；对钻孔桩可取三轴不排水抗剪强度的 0.75 倍；N_c 为地基承载力系数，当桩的长径比 $l/d > 5$ 时，$N_c = 9$；u 为桩身周长；A_p 为桩端面积；l_i 为第 i 层土的厚度；c_{ai} 为第 i 层土桩之间的附着力，$c_{ai} = \alpha c_u$。

α 是与土的不排水抗剪强度，以及桩在黏性土层中的深度与桩径之比 h_c/d 等有关的系数。对打入到硬黏性土中的桩，当 $h_c/d < 20$ 且覆盖层为砂或砂砾时，取 $\alpha = 1.25$；当 $8 < h_c/d \leq 20$ 且覆盖层为软黏土、粉砾或无覆盖层时，取 $\alpha = 0.4$。对 $h_c/d > 20$ 的打入桩，美国石油协会推荐在正常固结黏性土中的 α 按如下取值：当 $c_u \leq 25 \text{kPa}$ 时，取 $\alpha = 1.0$；当 $c_u \geq 75 \text{kPa}$ 时，取 $\alpha = 0.5$；当 $25 \text{kPa} < c_u < 75 \text{kPa}$ 时，α 在 1.0 和 0.5 之间线性变化。

4.4.4 按经验公式法确定

利用经验公式确定单桩承载力的方法是一种沿用多年的传统方法，广泛适用于各种桩型，尤其是预制桩积累的经验颇为丰富。所用的承载力参数是根据它们与土性指标之间的换算关系，在利用当地的静载试验资料进行统计分析的基础上，通过必要的对比分析和调整后得出的。《建筑桩基技术规范》(JGJ 94—2008) 针对不同的常用桩型，推荐了下述估算表达式。

1. 一般预制桩及中小直径灌注桩

对预制桩和直径 $d < 800 \text{mm}$ 的灌注桩，单桩竖向极限承载力标准值 Q_{uk} 可按下式

计算：
$$Q_{uk}=Q_{sk}+Q_{pk}=u\sum q_{sik}l_i+q_{pk}A_p \quad (4-11)$$

式中：Q_{sk} 为单桩总极限侧阻力标准值，kN；Q_{pk} 为单桩总极限端阻力标准值，kN；q_{sik} 为桩侧第 i 层土的极限侧阻力标准值，kPa，采用当地经验取值，如无当地经验值时，可根据成桩方法与工艺按表4-3取值；q_{pk} 为极限端阻力标准值，kPa。

表4-3　　　　桩侧第 i 层土的极限侧阻力标准值 q_{sik} （kPa）

土的名称	土的状态	混凝土预制桩	水下钻（冲）孔桩	沉管灌注桩	干作业钻孔桩
填土		20~28	18~26	15~22	18~26
淤泥		11~17	10~16	9~13	10~16
淤泥质土		20~28	18~26	15~22	18~26
黏性土	$I_L>1$	21~36	20~34	16~28	20~34
	$0.75<I_L\leqslant 1$	36~50	34~48	28~40	34~48
	$0.50<I_L\leqslant 0.75$	50~66	48~64	40~52	48~62
	$0.25<I_L\leqslant 0.50$	66~82	64~78	52~63	62~76
	$0<I_L\leqslant 0.25$	82~91	78~88	63~72	76~86
	$I_L\leqslant 0$	91~101	88~98	72~80	86~96
红黏土	$0.7<\alpha_w\leqslant 1$	13~32	12~30	10~25	12~30
	$0.5<\alpha_w\leqslant 0.7$	32~74	30~70	25~68	30~70
粉土	$e>0.9$	22~42	22~40	16~32	20~40
	$0.75\leqslant e\leqslant 0.9$	42~64	40~60	32~50	40~60
	$e<0.75$	64~85	60~80	50~67	60~80
粉细砂	稍密	22~42	22~40	16~32	20~40
	中密	42~63	40~60	32~50	40~60
	密实	63~85	60~80	50~67	60~80
中砂	中密	54~74	50~72	42~58	50~70
	密实	74~95	72~90	58~75	70~90
粗砂	中密	74~95	74~95	58~75	70~90
	密实	95~116	95~116	75~92	90~110
砾沙	中密、密实	116~138	116~135	92~110	110~130

注　1. 对于尚未完成自重固结的填土和以生活垃圾为主的杂填土，不计算其侧阻力。
　　2. α_w 为含水比，$\alpha_w=w/w_l$；

对于预制桩，根据土层埋深 h，将 q_{sik} 乘以表4-4中修正系数。

表4-4　　　　　　　　修　正　系　数　表

土层埋深 h/m	≤5	10	20	≥30
修正系数	0.8	1.0	1.1	1.2

2. 大直径灌注桩

对于桩径大于等于800mm的大直径桩，其侧阻及端阻要考虑尺寸效应。侧阻的尺寸效应主要发生在砂、碎石类土中，这是因为大直径桩一般为钻、挖、冲孔灌注桩，在无黏性土中的成孔过程中将会出现孔壁土的松弛效应，从而导致侧阻力降低。孔径越大，降幅越大。大直径桩的极限端阻力也存在着随桩径增大而呈双曲线关系下降的现象。上述现象表明,在计算大直径桩的竖向受压承载力时,应考虑尺寸效应的影响。

3. 嵌岩桩

嵌岩桩是指下端嵌入中等风化、微风化或新鲜基岩中的桩。对于桩端置于强风化岩中的嵌岩桩,其承载力的确定可根据岩体的风化程度按砂土、碎石类土取值。

过去对这类桩都是按纯端承桩计算承载力,经过近十多年的模型与原型试验研究表明,一般情况下,嵌岩桩只要不是很短,上覆土层的侧阻力能部分发挥作用。另外,嵌岩深度内也有侧阻力作用,因而传递到桩端的应力随嵌岩深度增大而递减,当嵌岩深度达到5倍桩径时,传递到桩端的应力已接近于零。这说明,桩端嵌岩深度一般不必过大,超过某一界限并无助于提高竖向承载力。

嵌岩桩单桩极限承载力标准值由桩周上总极限侧阻力,嵌岩段总极限侧阻力和总极限端阻力三部分组成,并可按下式计算:

$$Q_{uk} = Q_{sk} + Q_{rk} + Q_{pk} = u\sum \zeta_{si} q_{sik} l_i + u\zeta_r f_{rc} h_r + \zeta_p f_{rc} A_p \quad (4-12)$$

式中:Q_{sk}、Q_{rk}、Q_{pk} 分别为土的总极限侧阻力、嵌岩段总极限侧阻力、总极限端阻力;ζ_{si} 为覆盖层第 i 层土的侧阻力发挥系数,当桩的长径比不大($l/d < 30$),桩端置于新鲜或微风化硬质岩中,且桩底无沉渣时,对于黏性大、粉土取 $\zeta_{si} = 0.8$,砂类土及碎石类土 $\zeta_{si} = 0.7$,其他情况 $\zeta_{si} = 1.0$;q_{sik} 为第 i 层土的极限侧阻力标准值,kPa;f_{rc} 为岩石饱和单轴抗压强度,kPa;h_r 为桩身嵌岩(中等风化、微风化、新鲜基岩)深度超过 $5d$ 时,取 $h_r = 5d$,当岩层表面倾斜时,以坡下方的嵌岩深度为准;ζ_s、ζ_p 为嵌岩段侧阻和端阻修正系数,与嵌岩深度比 h_r/d 有关,按表4-5采用。

表4-5 嵌岩段侧阻和端阻修正系数

嵌岩深度比 h_r/d	0	0.5	1	2	3	4	≥5
侧阻修正系数 ζ_s	0	0.025	0.055	0.070	0.065	0.062	0.050
端阻修正系数 ζ_p	0.50	0.50	0.40	0.30	0.20	0.10	0

注 当嵌岩段为中等风化岩时,表中数值乘以0.9折减。

此外,JGJ 94—2008指出,确定单桩竖向极限承载力标准值尚需满足下列规定:

(1)一级建筑桩基应采用现场静载荷试验,并结合静力触探,标准贯入等原位测试方法综合确定。

(2)二级建筑桩基应根据静力触探、标准贯入、经验参数等估算,并根据地质条件相同的试桩资料综合确定。无可参照的试桩资料或地质条件复杂时,应由现场静载荷试验确定。

(3)三级建筑桩基,如无原位测试资料,可利用承载力经验参数估算。

4.4.5 桩的抗拔承载力计算

抗拔桩广泛应用于风力发电工程、港口码头工程、土建工程等,如承受水平风荷载作用的送电线路杆塔桩基础[图4-11(a)],烟囱桩基础[图4-11(b)]和高层建筑桩基础[图4-11(c)]等;受水平及上拔力作用的索道桥、悬索桥和斜拉桥的锚桩基础

4.4 单桩竖向承载力确定

[图 4-11 (d)]，板桩码头中受水平拉力作用的叉桩锚碇 [图 4-11 (e)]，受波浪上托力作用的外海高桩栈桥式码头 [图 4-11 (f)]，受轴向浮托力作用的干船坞底板的桩基础和静荷载试桩中的锚桩基础等。

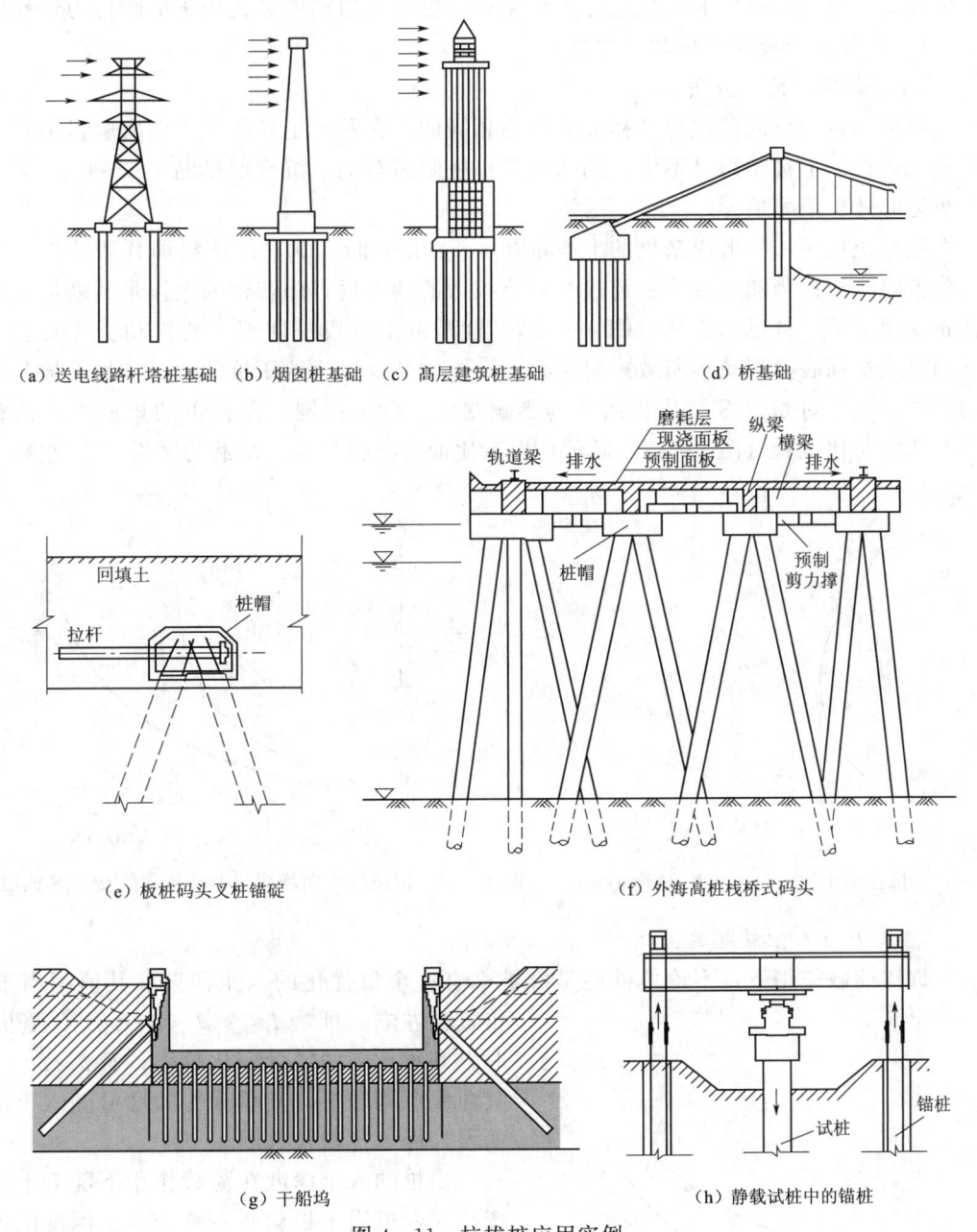

图 4-11 抗拔桩应用实例

抗拔桩一般采用等截面形式。为了获得最大的抗拔承载力，其入土深度一般不宜小于 20 倍桩径；为了提高桩的承载力，也可将抗拔桩做成非等截面，如扩底桩（夯扩、爆扩、机扩、掏扩），这种形式不仅能发挥桩土间侧摩阻力，而且还能充分发挥桩扩大部分的抗拔阻力；对于基岩覆土较浅的山区，还做成嵌岩抗拔式锚桩。

抗拔桩的设置方向主要取决于荷载性质和作用方向，如竖桩、斜桩和叉桩等形式。施工工艺有打入（压入）桩，钻孔灌注桩和钻孔灌注扩底桩等。桩的抗拔承载力主要取决于两个因素：一是桩身材料的抗拔强度；二是桩周侧面的粗糙度和桩周土的物理力学性质。

4.4.5.1 抗拔桩的破坏机理与工作性状

1. 荷载与位移的相互关系

抗拔桩与抗压桩的荷载与位移关系是不相同的，在黏性土和砂性土中实验得出的一般规律是：当桩的上拔变形量不大，约为抗压桩极限荷载的下沉变形量的1/5～1/10时，桩顶上拔力即达极限峰值。

在黏性土地区，一般说来桩的上拔量在4～10mm时，Q_t-S 曲线即开始转折，抗拔力达到极限峰值；当向上变形量超过极限抗拔力的变形后，随着桩的上拔量的增加，抗拔力就相反地下降，桩迅速破坏（图4-12）。这是由于抗拔桩周围土的松动、受荷边界条件不同以及桩周表面积减小所致。对于黏土，土的蠕变也比抗压桩的大。桩的上拔荷载作用的方式不同，对 Q_t-S 抗拔桩曲线的影响很大，砂土中同一条件下的短期维持荷载与循环荷载的对比试验（图4-13）显示，后者比前者上拔量大，承载力降低30%左右。

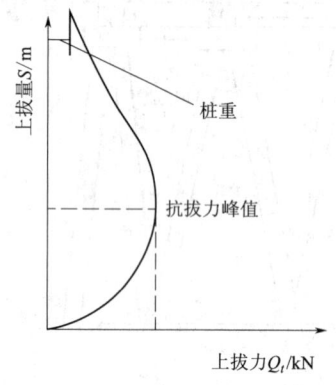

图4-12 抗拔桩上拔力与上拔量关系曲线

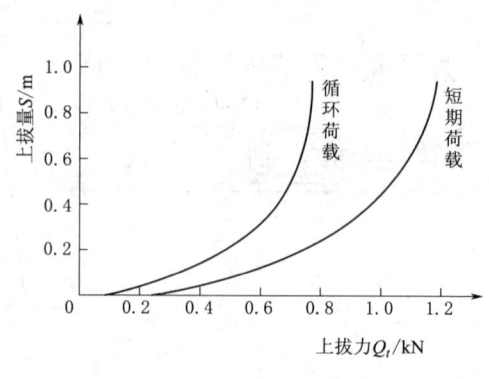

图4-13 抗拔桩短期静载与循环荷载的 Q_t-S 曲线比较

2. 抗拔力与入土深度的关系

在抗拔荷载作用下，不论单桩还是群桩都有一个最优化的入土深度，其值相当于20倍桩径左右。即当 $l<20d$（d 为桩径或边长）时，其承载力的增量变化较小；而 $l>20d$ 时，其曲线急剧转折，其承载力的增量随入土深度的增加而迅速增长（图4-14）。

当桩的入土深度在荷载作用下随着上拔而变浅时，桩周土松动所占整个入土深度的比例较大，抵抗桩拔出的剪应力要有足够的入土深度才会增长，所以在设计抗拔桩时，不仅要获得最大抗拔承载力，而且又要使桩的造价为最小，其最佳入土深度最好大于20倍桩径。

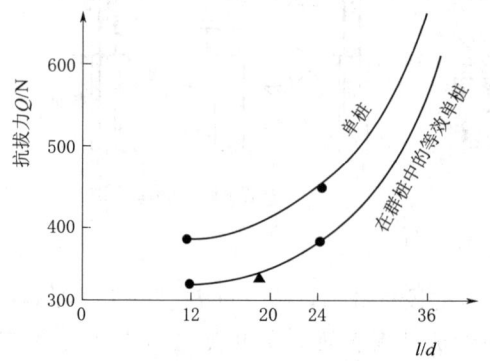

图4-14 抗拔力与入土深度的关系

3. 群桩特性

一般来说，桩基总采用群桩的形式。设计时，有的可按单桩对待，但有的则不能，主要取决于土质和桩距的大小。对于黏性土只要桩的中心距超过6倍桩径。群桩中的桩就如单桩一样工作。可是对于密实砂，最好取超过6.5倍桩径为宜。它们有以下特征：

(1) 不论桩距、桩数、桩的入土深度如何，荷载位移曲线都与同样条件下的单桩相似，是陡变形上升的，拐点较明确，不像抗压桩群那样是缓变形的，拐点难以确定。

(2) 群桩中每桩所受的荷载与单桩相同时，群桩的上拔量比单桩的大。

(3) 抗拔群桩分配各桩的荷载很不均匀，就黏土中的桩群而论，一般规律是：在各种桩距情况下，都是中心桩的最低，角桩或边中桩的最高，相差2倍左右。

4.4.5.2 极限抗拔力的确定

1. 单桩抗拔力

(1) 单桩抗拔静载试验。同抗压静载试验一样，抗拔试验也有多种方法。按加载方法的不同，各国已经实行或使用过的方法可分为以下几种：

1) 慢速维持荷载法。此法与竖向抗压静载试验相似，每级荷载下位移达到相对稳定后再加下一级荷载。许多国家采用此方法，也是JGJ 94—2008推荐的方法。

2) 等时间间隔法。此法每级荷载维持1h，然后加下一级荷载，没有相应的稳定标准。美国材料与试验学会（ASTM）推荐此法。

3) 连续上拔法。以一定的速率连续加载，美国材料与试验学会（ASTM）推荐的加载速率为0.5~1.0mm/min。

4) 循环加载法。加载分级进行，每级荷载均进行加载和卸载（到零）多次循环，稳定后再加下一级荷载。此方法为前苏联国家标准规定的方法之一。

(2) 经验公式法。桩的向上移动受到桩侧摩阻力和桩重的限制，因此，极限抗拔承载力可以表示为

$$T_p = W_p + Q_{sp} \tag{4-13}$$

式中：T_p 为极限抗拔承载力，kN；W_p 为桩的有效自重，扣除水的浮力，kN；Q_{sp} 为上拔桩的极限桩侧阻力，kN。

$$Q_{sp} = \sum \lambda_i q_{sik} u_i l_i \tag{4-14}$$

式中：q_{sik} 为第 i 层土的极限侧阻力标准值，kPa，根据成桩工艺按表4-3取值；λ_i 为第 i 层土的抗拔系数；u_i 为桩在第 i 层土中的周长；l_i 为第 i 层土的厚度。

桩的容许抗拔力由下式确定：

$$P_{pa} = T_p / F_s \tag{4-15}$$

式中：F_s 为抗拔安全系数，取 $F_s = 2 \sim 3$。

此外，当无抗拔桩的试桩资料时，对于打入桩单桩抗拔承载力设计值，可按下式计算：

$$T_d = \frac{1}{\gamma_R}(U \sum \xi_i q_a l_i + G \cos \alpha) \tag{4-16}$$

式中：T_d 为单桩抗拔承载力设计值，kN；γ_R 为单桩抗拔承载力分项系数，取1.45，

当地质条件复杂或永久作用所占比重较大时，则取 1.55；ξ_i 为折减系数，对黏性土取 0.7～0.8，对砂土取 0.5～0.6，桩的入土深度大时取大值，反之取小值；G 为桩重力，kN，水下部分按浮重力计；α 为桩轴线与垂直夹角，(°)。

对于钻孔灌注桩单桩抗拔承载力可按下式计算：

$$K_1 T_d \leqslant \alpha_b UL\tau_p + Q_r \tag{4-17}$$

式中：K_1 为上拔稳定设计安全系数；α_b 为桩土之间极限摩阻力的上拔折减系数，当无试桩资料且入土深度不小于 6.0m 时，$\alpha_b = 0.6 \sim 0.8$；当桩长 $L \leqslant 6m$ 时，$\alpha_b = 0.6$，$L \geqslant 20m$ 时，$\alpha_b = 0.8$；U 为桩设计周长，m；L 为自设计地面算起的桩入土深度，m；τ_p 为桩周土与桩之间极限摩阻力的加权平均值；Q_r 为桩身有效重力。

2. 群桩抗拔力

当桩的中心距小于 $3d$ 时（d 为桩径或桩宽），可将群桩最外边各桩所包络的整个块体作为一个深基础，即桩间土体与桩整体被拔出而破坏。为了保证不致产生上述整体破坏情况，必须满足下述不等式：

$$\sum T_d \leqslant W + \sum F_d \tag{4-18}$$

式中：T_d 为作用在各桩上的设计拉力，kN；W 为土体与桩的设计有效重力，kN；F_d 为土体周围边界上的抗剪力，kN。

当桩的中心距小于 $6d$ 大于等于 $3d$ 时，宜按群桩的抗拔效率系数进行抗拔力计算。对于黏性土，可按照下列经验公式进行群桩抗拔力 Q_g 计算：

$$Q_g = \eta mn Q_t \tag{4-19}$$

式中：m 为桩的排数；n 为每排中桩的根数；Q_t 为单桩的极限抗拔力标准值，kN；η 为群桩抗拔效率系数。

对于黏土 η 可按下式计算：

$$\eta = 0.94 + 0.056\left(\frac{s}{d}\right) - 0.0083\left(\frac{L}{d}\right) - 0.01 \tag{4-20}$$

式中：s 为桩距，m；d 为桩径或边长，m；L 为桩长，m。

当桩距较大、桩数较少和入土深度较短时，若按式（4-20）算出的 $\eta > 1.0$，则取 $\eta = 1.0$。

4.4.6 单桩竖向承载力特征值

作用于桩顶的竖向荷载主要由桩侧和桩端土体承担，而地基土体为大变形材料，当桩顶荷载增加时，随着桩顶变形的相应增长，单桩承载力也逐渐增大，很难定出一个真正的"极限值"。此外，建筑物的使用也存在功能上的要求，往往基桩承载力尚未充分发挥，桩顶变形已超出正常使用的限值。因此，单桩竖向承载力应为正常使用极限状态计算时所采用的单桩承载力值，也就是桩在发挥正常使用功能时所允许采用的单桩抗力设计值。为与国际标准 ISO 2394《结构可靠性总原则》中相应的术语"特征值"（characteristic value）相一致，故称为单桩竖向承载力特征值。

单桩竖向承载力特征值的确定应符合下列规定：

（1）单桩竖向承载力特征值应通过单桩竖向静载试验确定。在同一条件下的试桩数量，不宜少于总桩数的 1%，且不应少于 3 根。单桩竖向承载力特征值取单桩竖向静载荷试验所得单桩竖向极限承载力除以安全系数 2。

（2）当桩端持力层为密实砂卵石或其他承载力类似的土层时，对单桩承载力很高的大直径端承型桩，可采用深层平板载荷试验确定桩端土的承载力特征值。

地基基础设计等级为丙级的建筑物，可采用静力触探及标贯试验参数确定 R_a 值。

（3）初步设计时，单桩竖向承载力特征值 R_a 可按下式估算：

$$R_a = q_{pa}A_p + u\sum q_{sia}l_i \tag{4-21}$$

式中：q_{pa}、q_{sia} 为桩端端阻力、桩侧阻力特征值，由当地静载荷试验结果统计分析算得；其他符号意义同前。

当桩端嵌入完整及较完整的硬质岩中时，可按下式估算单桩竖向承载力特征值：

$$R_a = q_{pa}A_p \tag{4-22}$$

（4）嵌岩灌注桩桩端以下三倍桩径范围内应无软弱夹层、断裂破碎带和洞穴分布；并应在桩底应力扩散范围内无岩体临空面。

4.5 单桩水平承载力确定

建筑工程中的桩基础大多以竖向荷载为主，但在风荷载、地震荷载、土压力和水压力等作用下，也将承受一定的水平荷载。尤其是港口、桥梁工程中的桩基，除了满足桩基的竖向承载力要求之外，还必须对桩基的水平承载力进行验算。

4.5.1 水平荷载桩的受力特性

竖直单桩的水平承载力远小于其竖直承载力，对高桩码头这类以承受水平荷载为主或其他承受较大水平荷载的桩基，仅用竖直桩既不合适也不经济，这时可考虑采用斜桩或叉桩来承担水平荷载，其作用实际上是将竖直桩所产生的弯矩，转换为受压或受拉。

过去港口工程在设计高桩码头时，水平力一般由斜桩或叉桩承受，直桩只考虑用来承受垂直力。随着码头吨位的增大和向外海的发展，加上对地震力的考虑，水平力越来越大，这就要求直桩承受一定的水平力。事实上，只要直桩有一定的入土深度，保证地基对桩产生一定的弹性抗力和嵌固作用，直桩也能承受一定的水平力。

一般认为，外合力荷载 R 与竖直线所成的夹角 $\theta \leqslant 5°$ 时用竖直桩；当 $5° < \theta \leqslant 15°$ 时用斜桩；当 $\theta > 15°$ 或受双向荷载时宜采用叉桩。直桩、斜桩、叉桩、在承受水平力时具有不同的工作特点：

（1）桩对水平荷载的抵抗力只是垂直桩轴方向上的阻力，轴向阻力不起作用，此时也可将抵抗水平荷载的阻力称为桩的横向阻力［图 4-15（a）］。本章主要介绍直桩在水平荷载作用下的性状和承载力计算。

（2）斜桩承受水平力时，承载力分为垂直桩轴方向和轴向两部分。两个方向上分担的阻力之比取决于桩的倾斜角。根据桩轴与水平作用线之间的关系，斜桩又可分为正斜桩和反斜桩两种［图 4-15（b）］。研究表明，正斜桩的水平承载力最大，直桩次之，反斜桩最小（图 4-16）。目前，当桩的斜度大于等于 5：1 时，一般可近似按直桩计算。

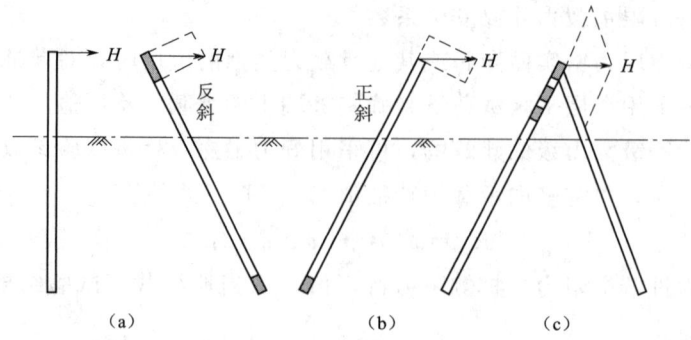

图 4-15 直桩、斜桩、叉桩示意图

（3）叉桩由两根以上桩轴方向不同的桩组合而成，其最简单的形式如图 4-15（c）所示。当桩轴与铅垂线的夹角从零增加到 45°时，叉桩盘中的桩从受弯作用逐步过渡到轴向拉、压作用。一般情况下，叉桩所受的水平力大部分由桩的轴向力承担，确定桩的水平承载力时，一般忽略垂直桩轴方向的阻力，只考虑轴向承载力。

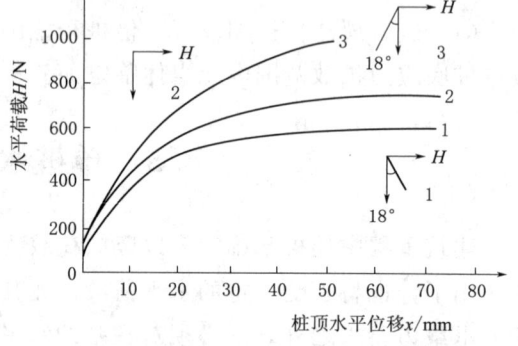

图 4-16 斜桩与直桩的荷载-位移曲线比较

4.5.2 桩的相对刚度、相对桩长及分类

桩在水平力和力矩的作用下受弯，桩身产生水平变位和弯曲应力。外力的一部分由桩本身承担，另一部分通过桩传给桩侧土体。桩的入土深度不同，在水平力作用下的工作性状也不相同，通常分为下列两种情况：

（1）桩径较大、桩的入土较小、土质较差时，桩的抗弯刚度大大超过地基刚度，桩的相对刚度较大。在水平力的作用下，桩身如刚体一样围绕桩轴上某点转动［图 4-17（a）］。可将桩视为刚性桩，其水平承载力一般由桩侧土的强度控制。当桩径大时，同时要考虑桩底土偏心受压时的承载力。

（2）桩径较小、桩的入土深度较大、地基较密实时，桩的抗弯刚度与地基刚度相比，一般柔性较大，桩的相对刚度较小，桩犹如竖放在地基中的弹性地基梁一样工作。在水平荷载及两侧土压力的作用下，桩的变形呈波状曲线，并沿着桩长向深处逐渐消失［图 4-17（b）］。此时将桩视为弹性桩，其水平承载力由桩身材料的抗弯强度和侧向土抗力所控制。根据桩底边界条件的不同，弹性桩又有中长桩和长桩之分。中长桩的计算与桩底的支承情况有密切关系；长桩有足够的入土深度，桩底均按固定端考虑，其计算与桩底的支承情况无关。

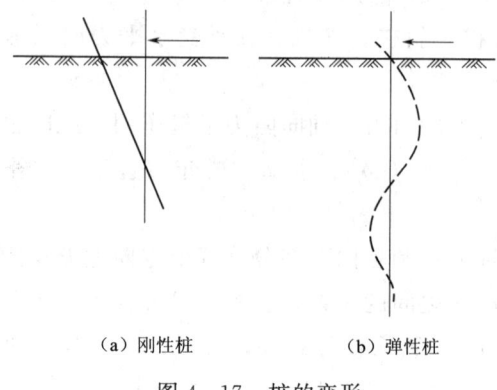

（a）刚性桩　　（b）弹性桩

图 4-17 桩的变形

4.5 单桩水平承载力确定

对于长桩来说,桩的水平承载力由桩的水平位移和桩身弯矩所控制,而短桩则为水平位移和倾斜度控制。

桩相对刚度的直接物理意义是反映桩的刚性特征与土的刚性特征之间的相对关系,它又间接地反映着土反力模量 E_a 随深度变化的性质。桩相对刚度的引入给桩的计算带来了很大方便。

对于水平地基系数沿深度为常数的地基,桩的相对刚度系数 $1/\beta$ 为

$$\frac{1}{\beta}=\sqrt[4]{\frac{4EI}{K_h B}} \qquad (4-23)$$

对于水平地基系数随深度线性增加的地基,桩的相对刚度系数 T 为

$$T=\sqrt[5]{\frac{EI}{mb_0}} \qquad (4-24)$$

式中:K_h 为沿深度不变的水平地基反力系数;m 为水平地基反力系数随深度增长的比例系数;E 为桩的弹性模量,kN/m^3;I 为桩的抗弯刚度,m^4;B 为桩受力面宽度或桩径,m;b_0 为考虑桩周土空间受力的计算宽度,m。

桩打入土中的深度 L_t 与相对刚度系数 T 的比值 Z_{max} 称为相对桩长,即

$$Z_{max}=\frac{L_t}{T} \qquad (4-25)$$

相对桩长 Z_{max} 从总体上反映了桩的刚度特性(包括土的条件,即考虑了土和桩的相互作用),Z_{max} 的不同数值反映着桩在横向荷载作用下的不同工作特点。

水平受荷桩是刚性桩还是弹性桩,可以根据桩的刚度系数($1/\beta$ 和 T)与入土深度 L_t 的关系来划分,也可按相对桩长 Z_{max} 的数值来划分。各个国家和各个部门的划分方法不尽相同。我国《港工桩基规范》划分的标准为:$L_t \geqslant 4T$ 为弹性长桩;$4T > L_t \geqslant 2.5T$ 为中长桩;$L_t < 2.5T$ 为刚性桩。L_t 为桩的入土深度,T 为桩的相对刚度系数。我国铁路部门的标准为:自地面或冲刷线算起的实际埋置深度 $h \leqslant 2.5T$ 时为刚性桩;$h > 2.5T$ 时为弹性桩。我国公路部门的标准为:相对桩长 $Z_{max} \leqslant 2.0$ 时为刚性桩;$2.0 < Z_{max} < 4.5$ 时弹性桩;$Z_{max} \geqslant 4.5$ 时为弹性长桩。

单桩水平承载力的大小主要取决于桩身的强度、刚度、桩周土的性质、桩的入土深度以及桩顶的约束条件等因素。如何确定单桩水平承载力是个复杂的问题,还没有很好地解决。目前确定单桩水平承载力的途径有两类:一类是通过水平静载荷试验;另一类是通过理论计算,二者中以前者更为可靠。

4.5.3 单桩水平静载荷试验

单桩的水平承载力设计值应通过单桩水平静载荷试验确定。

1. 试验装置

一般采用千斤顶施加水平力,力的作用线应通过工程桩基承台底面标高处、千斤顶与试桩接触处宜设置一球形铰座,以保证作用力能水平通过桩身轴线。桩的水平位移宜用大量程百分表量测,若需测定地面以上桩身转角时,在水平力作用线以上 500mm 左右还应安装一或两只百分表。固定百分表的基准桩与试桩的净距不少于一倍试桩直径。

2. 验加载方法

《建筑桩基检测技术规范》(JGJ 106—2014)规定,加载方法宜根据工程桩实际受力特性,选用单向多循环加载法或慢速维持荷载法。当对试桩桩身横截面弯曲应变进行测量时,宜采用维持荷载法。

4.5.4 水平受荷桩内力计算

目前计算弹性长桩水平内力的方法很多,而弹性地基反力法是比较常用的一种方法,即假定土为弹性体,用梁的弯曲理论来求桩的水平抗力。

假定竖直桩全部埋入土中,在断面主平面内,地表面桩顶处作用垂直桩轴线的水平力 H_0 和外力矩 M_0。选坐标原点和坐标轴方向,规定图示方向为正方向 [图 4-18 (a)],在桩上取微段 dz,规定图示方向为弯矩 M 和剪力 Q 的正方向 [图 4-18 (b)]。

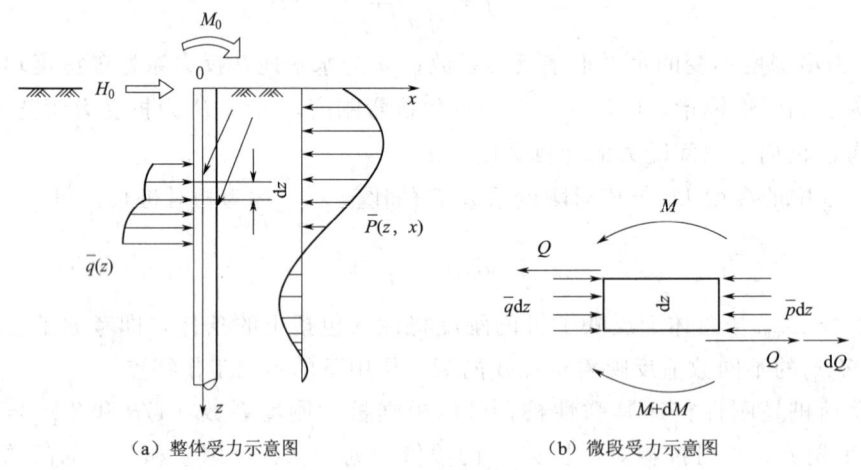

(a) 整体受力示意图　　　　(b) 微段受力示意图

图 4-18　土中部分桩的坐标系与力的正方向

通过分析,可得弯曲微分方程为

$$\left. \begin{array}{l} EI \dfrac{d^4 x}{dz^4} + B P(z,x) = 0 \\ P(z,x) = (a + mz^i) x^n = k(z) x^n \end{array} \right\} \quad (4-26)$$

式中:$P(z,x)$ 为单位面积上的桩侧土抗力;x 为水平方向;z 为地面以下深度;B 为桩的宽度或桩径;a、m、i、n 为待定常数或指数。

n 的取值与桩身侧向位移的大小有关。根据 n 的取值可将弹性地基反力法分为两类,见表 4-6。

表 4-6　　　　　　　　　　弹性地基反力法分类

地基反力分布	方　　法	图　　示
线弹性地基反力法　$p = k_h x$	常数法	k_h = 常数

4.5 单桩水平承载力确定

续表

地基反力分布		方 法	图 示
线弹性地基反力法	$p=mzx$	m 法	
	$p=cz^{0.5}x$	c 法	
	第一弹性零点以下水平地基系数 k_h 为常数，以上按凹曲线减小	k 法	
非线性弹性地基反力法	$p=k_szx^{0.5}$	久保法，适用于 S 型地基，利用相似法则，由基准曲线计算	
	$p=k_cx^{0.5}$	林-宫岛法，适用于 C 型地基，利用相似法则，由基准曲线计算	

(1) 线弹性地基反力法。目前国内外一般规定桩在地面的允许水平位移为 0.6～1.0cm。这样的水平位移值时，桩身任一点的土抗力与桩身侧向位移之间可近似视为线性关系，取 $n=1$，此时为线弹性地基反力法。为简化计算，一般指定 $k(z)$ 中的两个参数成为单一参数。由于指定的参数不同，也就有了常用的常数法（张氏法）、m 法、k 法和 c 值法。为了使 $k(z)$ 值能够较正确地反映实际情况，目前提出了综合刚度原理和双参数法。

(2) 非线弹性地基反力法。当桩身侧移较大时，桩身任一点的土抗力与桩身侧向位移之间按非线性关系考虑，即 $n\neq1$，此时为非线弹性地基反力法。其中最有代表性的是日本港口研究所提出的港研法，取 $n=0.5$。根据地基的特征，港研法又分为水平地基系数为常数的林一宫岛法和水平地基系数沿深度线性增长的久保法。由于非线性微分方程很难用解析解法或近似法求解,因此港研法采用由标准桩得到的标准曲线和相似法则来计算实际桩的受力状态。

弹性地基反力法的具体解法大致又分为三种:一种是直接用数学方法求解弹性桩受荷后的弹性挠曲微分方程,再从力的平衡条件求出桩各部分的内力和位移,本节介绍的 m 法就是采用这种方法。这也是当前比较普遍采用的方法。另两种是有限差分析法和有限单元法,暂不做介绍。

正常固结的黏土和一般砂类土,水平地基系数随深度而增加。增加的数量关系常简化为三种情况,分别采用 m 法、k 法和 c 值法计算。理论上很难说明这三种方法哪一种更合理。分析水平地基系数沿深度变化的这三种规律,尽管它们采用的指数 i 不相同,但在地面以下 3~5 倍桩径范围内的变化彼此相当接近,结果也相差不多。相比之下,m 法的图式比较简单,在苏联、欧美等国应用广泛。国内随着铁路、公路部门的应用,其他部门也在逐渐推广。

m 值随着桩在地面处的水平变位增大而减小,一般通过水平荷载试验确定。无试验资料时,m 值可按表 4-7 选用。

表 4-7　　　　　　　　土的 m 值

序号	地基土类别	预制桩、钢柱		灌注桩	
		m /(MN/m^4)	相应单桩在地面处水平位移 /mm	m /(MN/m^4)	相应单桩在地面处水平位移 /mm
1	淤泥、淤泥质土、饱和湿陷性黄土	2~4.5	10	2.5~6.0	6~12
2	流塑($I_L>1.0$);软塑($0.75<I_L\leqslant 1.0$)状黏性土 $e>0.9$ 粉土,松散粉细砂,松散、稍密填土	4.5~6.0	10	6~14	4~8
3	可塑($0.25<I_L\leqslant 0.75$)状黏性土,$e=0.7~0.9$ 粉土,湿陷性黄土,中密填土,稍密细砂	6.0~10.0	10	14~35	3~6
4	可塑($0<I_L\leqslant 0.25$)坚硬($0<I_L\leqslant 0.25$),状黏性土,湿陷性黄土 $e<0.7$ 粉土中密中粗砂,密实老填土	10~22	10	35~100	2~5
5	中密、密实的砾砂、碎石类土			100~300	1.5~3.0

注　当水平位移大于表中数值或灌注桩配筋率较高(>0.65%)时值适当降低。

当地基土成层时,m 值采用地面以下 1.8T 深度范围内各土层的 m 加权平均值。如地基土为 3 层时(图 4-19),则

$$m=\frac{m_1 h_1^2+m_2(2h_1+h_2)h_2+m_3(2h_1+2h_2+h_3)h_3}{(1.8T)^2} \quad (4-27)$$

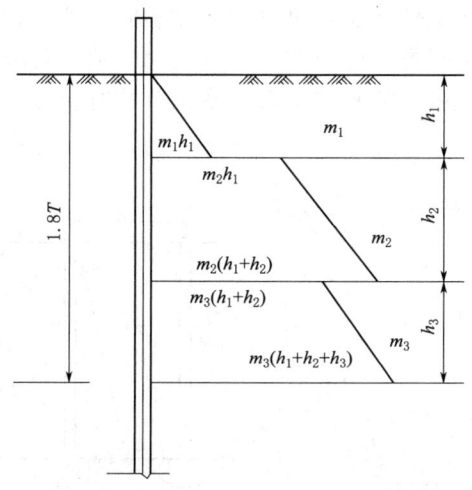

图 4-19 成层土的 m 值计算图

4.6 群桩基础计算

在实际工程中，除少量大直径桩基础外，一般都是群桩基础。荷载下的群桩基础，各桩的承载力发挥和沉降性状往往与相同情况下的单桩有显著差别；承台底产生的土反力也将分担部分荷载，因此，在桩基的设计计算时，必须考虑到群桩的工作特点与破坏模式。

4.6.1 群桩的工作特点与破坏模式

对于群桩基础，作用于承台上的荷载实际上是由桩和地基土共同承担，由于承台、桩、地基土的相互作用情况不同，使桩端、桩侧阻力和地基土的阻力因桩基类型而异。

1. 端承型群桩基础

由于端承型桩基持力层坚硬，桩顶沉降较小，桩侧摩阻力不易发挥，桩顶荷载基本上通过桩身直接传到桩端处土层上。而桩端处承压面积很小，各桩端的压力彼此互不影响（图 4-20）。因此可近似认为端承型群桩基础中各基桩的工作性状与单桩基本一致；同时，由于桩的变形很小，桩间土基本不承受荷载，群桩基础的承载力就等于各单桩的承载力之和；群桩的沉降量也与单桩基本相同，即群桩效应系数 $\eta=1$。

2. 摩擦型群桩基础

摩擦型群桩主要通过每根桩侧的摩擦阻力将上部荷载传递到桩周及桩端土层中，且一般假定桩侧摩阻力在土中引起的附加应力 σ_z 按某一角度 α 沿桩长向下扩散分布，至桩端平面处，压力分布如图 4-21 中阴影部分所示。当桩数少，桩中心距 s_a 较大时，例如 $s_a > 6d$，桩端平面处各桩传来的压力互不重叠或重叠不多 [图 4-21（a）]，此时群桩中各桩的工作情况与单桩的一致，故群桩的承载力等于各单桩的承载力之和。但当桩数较多，桩距较小时，例如常用桩距 $s_a = (3\sim4)d$ 时，桩端处地基中各桩传来的压力将相互重叠 [图 4-21（b）]。桩端处压力比单桩时大得多，桩端以下压缩土层的厚度也比单桩要深，此时群桩中各桩的工作状态与单桩的迥然不同，其承载力小于各单桩承载力之总和，沉降量则大于单桩的沉降量，即所谓群桩效应。显然，若限制群桩的沉降量与单桩的沉降量相同，则群桩中每一根桩的平均承载力就比单桩时要低，即群桩效应系数 $\eta<1$。

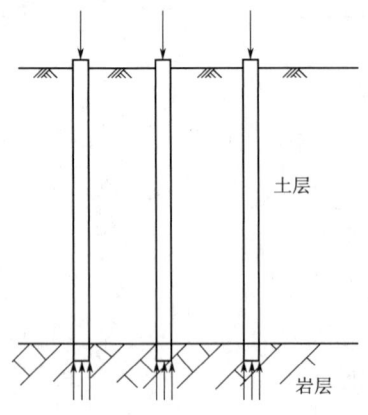

图 4-20　端承型群桩基础

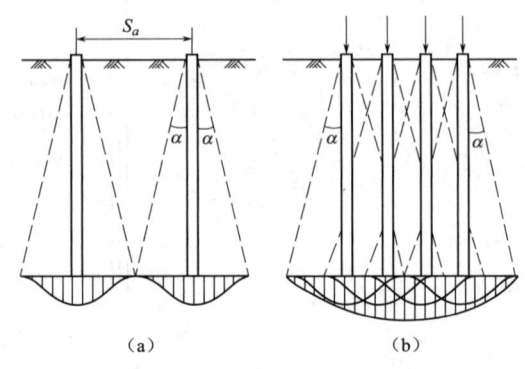

图 4-21　摩擦型群桩桩端平面上的压力分布

但是国内外大量工程实践和试验研究结果表明，采用单一的群桩效应系数不能正确反映群桩基础的工作状况，低估了群桩基础的承载能力。其原因是：①群桩基础的沉降量只需满足建筑物桩基变形允许值的要求，无需按单桩的沉降量控制；②群桩基础中的一根桩与单桩的工作条件不同，其极限承载能力也不一样。由于群桩基础成桩时桩侧土体受挤密的程度高，潜在的侧阻大，桩间土的竖向变形量比单桩时大，故桩与土的相对位移减小，影响侧阻力的发挥。通常，砂土和粉土中的桩基，群桩效应使桩的侧阻力提高；而黏性土中的桩基，在常见桩距下，群桩效应往往使侧阻力降低。考虑群桩效应后，桩端平面处压应力增加较多，极限桩端阻力相应提高。因此，群桩基础中桩的极限承载力确定极为复杂，其与桩的间距、土质、桩数、桩径、入土深度以及桩的类型和排列方式等因素有关。

目前工程上考虑群桩效应的方法有两种：一种是以概率极限设计为指导，通过实测资料的统计分析对群桩内每根桩的侧阻力和端阻力分别乘以群桩效应系数，称群桩分项效应系数法；另一种是把承台、桩和桩间土视为一假想的实体基础，进行基础下地基承载力和变形验算，称实体基础法。

关于群桩的破坏模式，如图 4-22 所示，根据桩距不同，有"整体破坏"和"刺入破坏"两种。当桩数、桩的入土深度和土质一定时，群桩的桩距存在一个特定的特征值，一般为 $3d$ 左右；当桩距小于该特征值时，桩间土几乎被桩完全夹住，形成一个实体的深基础，受荷载后，桩和土一起移动，接近破坏时，在群桩的外周边界上首先形成剪切破坏面，桩和桩间土一起沉入桩尖以下土层中，产生"整体破坏"，这时桩间土压缩很

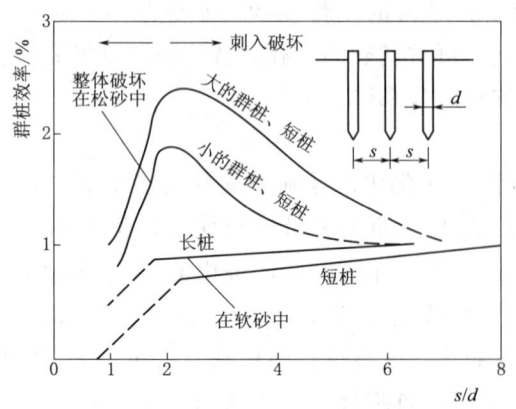

图 4-22　群桩破坏模式与桩距的关系

小，其承载力和沉降主要取决于桩尖以下土层的强度和压缩性；当桩距大于特定值时，群桩的破坏是由各根桩局部的刺入土中所造成的；对于黏性土，首先是外角的桩达到最大荷载，由于剪切变形，产生塑性贯入，然后依次再达到群桩的全部"刺入破坏"，这时，不仅桩尖以下土层受压缩，桩间土也产生压缩变形，从而使桩侧摩擦力发生变化，影响群桩承载力。船坞底板桩基，一般桩距都大于 $3d$，属于"刺入破坏"桥墩和房屋的桩基一般属于"整体破坏"。

通过对群桩工作特点的分析得以下结论：对于端承桩和桩中心距大于 $6d$ 的摩擦桩群桩，群桩的竖向承载力等于各单桩承载力之和，沉降量也与独立单桩基本一致，仅需验算单桩的竖向承载力和沉降即可。而对于桩的中心距 $s_a \leq 6d$ 的摩擦群桩，除了验算单桩的承载力外，还需验算群桩的承载力和沉降，本教材重点介绍群桩按整体破坏的承载力计算。

4.6.2 群桩按整体破坏的计算

1. 承台下土体的荷载分担作用

在荷载作用下，由桩和承台底地基土共同承担荷载的桩基称复合桩基（图4-23）。承台底分担荷载的作用随桩群相对于地基土向下位移幅度的加大而增强。为了保证台底与土保持接触而不脱开，并提供足够的土阻力，则桩端必须贯入持力层促使群桩整体下沉。此外，桩身受荷压缩，产生桩-土相对滑移，也使底反力增加。

研究表明，承台底反力比平板基础底面下的土反力要低（桩侧土因桩的竖向位移而发生剪切变形所致），其大小及分布形式，随桩顶荷载水平、桩径桩长、台底和桩端土质、承台刚度以及桩群的几何特征等因素而变化。通常，台底分担荷载的比例可以从百分之十几直至百分之三十。

刚性承台底反力呈马鞍形分布（图4-23）。若以桩群外围包络线为界，将台底面积分为内外两区（图4-24），则内区反力比外区小而且比较均匀，桩距增大时内外区反力差明显降低。台底分担的荷载总值增加时，反力因塑形重分布不显著而保持反力图式基本不变。利用底反力分布的上述特征，可以通过加大外区与内区的面积比来提高承台分担荷载的份额。

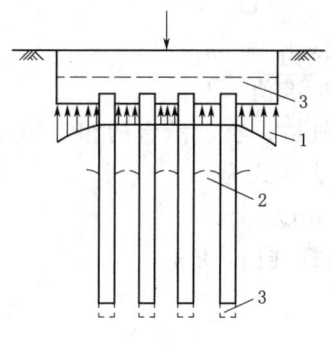

图4-23 复合桩基
1—底反力；2—上层土位移；
3—桩端贯入、桩基整体下沉

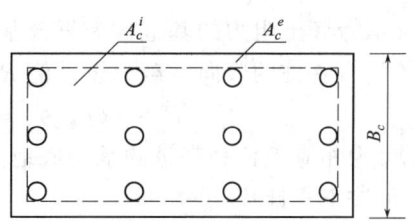

图4-24 承台底部分区

设计复合桩基时应注意：承台分担荷载是以桩基的整体下沉为前提的，故只有在桩基沉降不会危及建筑物的安全和正常使用，且台底不与软土直接接触时，才宜于开发利用承台底土反力的潜力。因此，在下列情况下，通常不能考虑承台的荷载分担效应：①承受经常出现的动力作用，如铁路桥梁桩基；②承台下可能产生负摩擦力的土层，如湿陷性黄土、欠固结土、新填土、高灵敏度软土以及可液化土，或由于降水地基土固结而与承台脱开；③在饱和软土中沉入密集桩群，引起超静孔隙水压力和土体降起，随着时间推移，桩间土逐渐固结下沉而与承台脱离等。

2. 整体剪切法

按照实体基础的整体剪切破坏法是土木工程界最流行的计算方法，一是以太沙基为代表的方法广泛应用于日本和美国，桩基承载力等于群桩底面积与周边上摩阻力之和；其次是以有关规范为代表的方法，如西德、苏联和我国，它们都不计及群桩周边土的抗剪力，而是将群桩底面积扩大，然后再计算它的承载力。这类方法只有在桩距小于等于3倍桩径，群桩基础可能像实体深基础那样产生整体剪切破坏时才适用。

3. 分项效应系数法

群桩分项效应系数法是属于以概率理论为基础的极限状态设计法，其在桩基设计承载力的表达式上，与传统的桩基设计方法有两点主要区别：一是不再采用单一安全系数 k，而代之以采用侧阻、端阻和承台底土的抗力分项系数 γ_s、γ_p、γ_c，或侧阻端阻综合抗力分项系数 γ_{sp} 和承台底土的抗力分项系数 γ_c；二是根据桩群-土-承台相互作用特性，在大量试验结果的基础上，经统计分析引入了各项群桩效应系数，即桩侧阻力群桩效应系数 η_s，桩端阻力群桩效应系数 η_p，桩侧阻端阻综合群桩效应系数 η_{sp} 以及承台底土阻力群桩效应系数 η_c，其定义分别为

$$\eta_s = \frac{\text{群桩中基桩平均极限侧阻力}}{\text{单桩平均极限侧阻力}} = \frac{q_{sm}}{q_{su}}$$

$$\eta_p = \frac{\text{群桩中基桩平均极限端阻力}}{\text{单桩平均极限端阻力}} = \frac{q_{sm}}{q_{pu}}$$

$$\eta_{sp} = \frac{\text{群桩中基桩平均极限承载力}}{\text{单桩极限承载力}} = \frac{Q_{um}}{Q_u}$$

$$\eta_c = \frac{\text{群桩承台底平均极限土抗力}}{\text{承台底地基土极限承载力标准值}} = \frac{\sigma_{uk}}{f_{uk}}$$

(4-28)

包含承台底土阻力的基桩称为复合基桩。考虑到桩群、土、承台的相互作用效应后，桩基中各复合基桩的竖向承载力设计值 R 的统一计算表达式为

$$R = \eta_s Q_{sk}/\gamma_s + \eta_p Q_{pk}/\gamma_p + \eta_c Q_{ck}/\gamma_c \tag{4-29}$$

式中：Q_{ck} 为相应于任一基桩的承台底地基土极限抗力标准值，kN。

Q_{ck} 可按下式计算：

$$Q_{ck} = (q_{ck} A_c)/n \tag{4-30}$$

式中：q_{ck} 为承台底以下 1/2 承台宽度的深度范围（≤5m）内地基土极限抗力标准值；A_c 为承台底地基土净面积，即扣除桩群面积后的承台底面积；n 为桩基中的桩数，其余符号同前。

4.6 群桩基础计算

当单桩极限承载力标准值 Q_{uk} 是由静载试验确定时,R 按下式计算:

$$R = \eta_{sk}Q_{uk}/\gamma_{sp} + \eta_c Q_{ck}/\gamma_c \tag{4-31}$$

抗力分项系数 γ_s、γ_p、γ_c、γ_{sp} 值可按表 4-8 采用。群桩效应系数 η_s、η_p、η_{sp} 值可按表 4-9 确定。

表 4-8　　　　　　　　　桩基竖向承载力抗力分项系数

桩型与工艺	$\gamma_p = \gamma_c = \gamma_{sp}$		γ_s
	静载试验法	经验参数法	
预制桩、钢管桩	1.60	1.65	1.70
大直径灌注桩(清底干净)	1.60	1.65	1.65
泥浆护壁钻(冲)孔灌注桩	1.62	1.67	1.65
干作业钻孔灌注桩($d<0.8$m)	1.65	1.70	1.65
沉管灌注桩	1.70	1.75	1.70

注　1. 根据静力触探方法确定预制桩、钢管桩承载力时,取 $\gamma_p = \gamma_c = \gamma_{sp} = 1.6$;
　　2. 抗拔桩的侧阻抗力分项系数 γ_s 可取表列数值。

表 4-9　　侧阻、端阻群桩效应系数 η_s、η_p 及侧阻端阻综合群桩效应系数 η_{sp}

效应系数	土名称	黏性土				粉土、砂土			
	s_a/d　B_c/l	3	4	5	6	3	4	5	6
η_s	≤0.20	0.80	0.90	0.96	1.00	1.20	1.10	1.05	1.00
	0.40	0.80	0.90	0.96	1.00	1.20	1.10	1.05	1.00
	0.60	0.79	0.90	0.96	1.00	1.09	1.10	1.05	1.00
	0.80	0.73	0.85	0.94	1.00	0.93	0.97	1.03	1.00
	≥1.00	0.67	0.78	0.86	0.93	0.78	0.82	0.89	0.95
η_p	≤0.20	1.64	1.35	1.18	1.06	1.26	1.18	1.11	1.06
	0.40	1.68	1.40	1.23	1.11	1.32	1.25	1.20	1.15
	0.60	1.72	1.44	1.27	1.16	1.37	1.31	1.26	1.22
	0.80	1.75	1.48	1.31	1.20	1.41	1.36	1.32	1.28
	≥1.00	1.79	1.52	1.35	1.24	1.44	1.40	1.36	1.33
η_{sp}	≤0.20	0.93	0.97	0.99	1.02	1.21	1.11	1.06	1.01
	0.40	0.93	0.97	0.99	1.02	1.22	1.12	1.07	1.02
	0.60	0.93	0.98	1.01	1.02	1.13	1.11	1.08	1.03
	0.80	0.89	0.95	0.99	1.03	1.01	1.03	1.07	1.04
	≥1.00	0.84	0.89	0.94	0.97	0.88	0.91	0.96	1.00

注　1. B_c、l 分别为承台宽度和桩的入土长度,s_a 为桩中心距,当不规则布桩时按 JGJ 94—2008 第 5.3.9 条确定。
　　2. 当 $s_a/d>6$,取 $\eta_s = \eta_p = \eta_{sp} = 1$;桩距 s_a 不等时,取均值。
　　3. 当桩侧为成层土时,η_s 可按主要土层或分别按各土层类型取值。
　　4. 对于孔隙比 $e>0.8$ 的非饱和黏性土和松散粉土、砂土中挤土桩,表列系数可提高 5%,对于密实粉土、砂类土中的群桩,表列系数宜降低 5%。

承台下土的抗力发挥值与桩距、桩长、承台宽度、桩的排列、承台内外区面积比等因素有关，承台底土阻力群桩效应系数 η_c 可按下式计算：

$$\eta_c = \eta_c^i \frac{A_c^i}{A_c} + \eta_c^e \frac{A_c^e}{A_c} \tag{4-32}$$

其中
$$A_c = A_c^i + A_c^e \tag{4-33}$$

式中：A_c^i、A_c^e 为承台内区、外区的净面积，见图 4-24；η_c^i、η_c^e 分别为承台内区、外区土阻力群桩效应系数，按表 4-10 取值。

表 4-10　　　　　承台内、外区土阻力群桩效应系数

s_a/d \ B_c/l	η_c^i				η_c^e			
	3	4	5	6	3	4	5	6
≤0.20	0.11	0.14	0.18	0.21				
0.40	0.15	0.20	0.25	0.30				
0.60	0.19	0.25	0.31	0.37	0.63	0.75	0.88	1.0
0.80	0.21	0.29	0.36	0.43				
≥1.00	0.24	0.32	0.40	0.48				

注　当承台下存在高压缩性软弱上层时，η_c^i 均按 $B_c/l \leq 0.2$ 取值。

桩基承载力设计计算时，应注意以下几点：

（1）按式（4-29）或式（4-31）计算的承载力 R 值，是考虑群桩效应后基桩的承载力，整个桩基的承载力设计值就等于桩数乘以 R 值。

（2）考虑群桩效应只适用于桩数在 3 根以上的非端承群桩。对于纯端承群桩和桩数 $n \leq 3$ 根的非端承桩，由于桩数少，侧阻、端阻的群桩效应较小，虽然存在承台土抗力，但对于桩数不超过 3 根的群桩，予以忽略。在这些情况下，可取 $\eta_c = 0$，$\eta_s = \eta_p = \eta_{sp} = 1.0$。

（3）若承台底面以下的土有可能与承台底脱开，则不考虑承台效应。此时，式（4-29）和式（4-31）中的 $\eta_c = 0$，η_s、η_p 和 η_{sp} 按 $B_c/l \leq 0.2$ 从表 4-9 查用。

（4）嵌岩桩属于端承型桩，不考虑群桩效应，基桩的竖向承载力设计值为

$$R = Q_{sk}/\gamma_s + (Q_{rk} + Q_{pk})/\gamma_p \tag{4-34}$$

【例 4-1】 某预制桩桩径为 400mm，桩长 10m，穿越厚度 $l_1 = 3$m，液性指数 $I_L = 0.75$ 的黏土层；进入密实的中砂层，长度 $l_2 = 7$m，中砂层桩的极限端阻力标准值 $q_{pk} = 5100 \sim 6300$kPa。桩基同一承台中采用 3 根桩，桩顶离地面 1.5m，试确定该预制桩的竖向极限承载力标准值和基桩竖向承载力设计值。

【解】 由表 4-3 查得桩的极限侧阻力标准值 q_{sik} 为

黏土层：$I_L = 0.75$，$q_{s1k} = 50$kPa；中砂层：密实，可取 $q_{s2k} = 80$kPa；

桩的入土深度 $h = 1.5m + 3m + 7m = 11.5m$，查得预制桩修正系数为 1.0。

密实中砂，桩的极限端阻力标准值 $q_{pk} = 5100 \sim 6300$kPa，可取 $q_{pk} = 6000$kPa。

故单桩竖向极限承载力标准值为

$$Q_{uk} = Q_{sk} + Q_{pk} = u\sum q_{sik} + q_{pk}A_p$$
$$= \pi \times 0.4 \times (50 \times 3 + 80 \times 7) + 6000 \times \pi \times 0.2^2$$
$$= 892.21 + 753.98 = 1646.19 (\text{kN})$$

因该桩基为桩数不超过 3 根的非端承桩基,可取 $\eta_c = 0$, $\eta_s = \eta_p = \eta_{sp} = 1.0$, $\gamma_s = \gamma_p = 1.65$。可求得基桩竖向承载力设计值为

$$R = Q_{sk}/\gamma_s + Q_{pk}/\gamma_p = 892.21/1.65 + 753.98/1.65 = 998 (\text{kN})$$

4.6.3 群桩中的基桩竖向承载力验算

4.6.3.1 桩顶作用效应简化计算

桩顶作用效应分为荷载效应与地震作用效应,相应的作用效应组合分为荷载效应基本组合与地震效应组合。

1. 基桩桩顶荷载效应计算

对于一般建筑物和受水平力较小的高大建筑物的低承台桩基,当桩基中桩径相同时,通常可假定:①承台是刚性的;②各桩刚度相同;③x、y 是桩基平面的惯性主轴。按下列公式计算基桩的桩顶作用效应(图 4-25)。

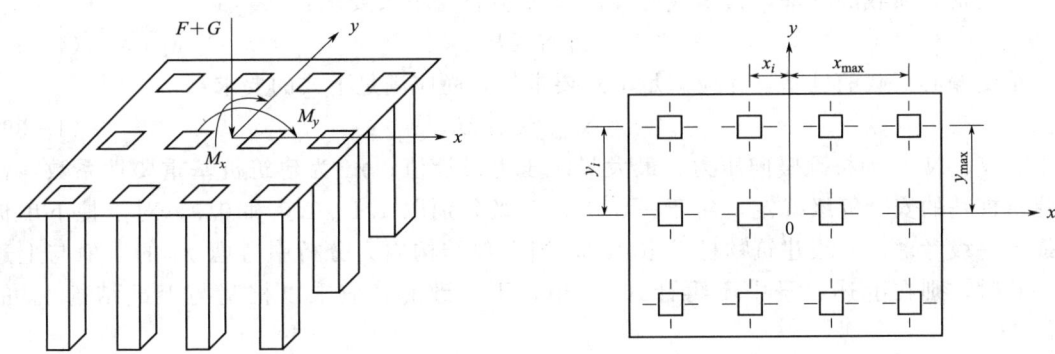

图 4-25 桩顶荷载的计算简图

轴心竖向力作用下:
$$N_i = (F+G)/n \tag{4-35}$$

偏心竖向力作用下:
$$N_i = \frac{F+G}{n} \pm \frac{M_x y_i}{\sum y_i^2} \pm \frac{M_y x_i}{\sum x_i^2} \tag{4-36}$$

水平力:
$$H_i = H/n \tag{4-37}$$

式中:F、H 为作用于承台顶面的竖向力和水平力设计值;G 为承台及其上土的自重设计值(当其效应对结构不利时,自重荷载分项系数取 1.2,有利时取 1.0);地下水位以下部分应扣除水的浮力;M_x、M_y 为作用于承台底面通过桩群形心的 x、y 轴的力矩设计值;i 为基桩编号,$i=1, 2, \cdots, n$,n 为桩基中的基桩总数;N_i、H_i 为第 i 根基桩的桩顶竖向力和水平力设计值;x_i、y_i 为第 i 根基桩分别至 x、y 轴的距离。

式(4-37)仅适用于外荷载合力 R 与竖直方向夹角小于 5°时的情形。

当基桩承受较大水平力,或为高承台桩基时,桩顶作用效应的计算应考虑承台与基桩协同工作和土的弹性抗力。对水塔等高耸结构物桩基则常采用圆形或环形刚性承台,当基桩布置在直径不等的同心圆圆周上,且同一圆周上的桩距相等时,仍可按照式(4-36)

计算。

2. 地震作用效应

对于主要承受竖向荷载的抗震设防区低承台桩基,当同时满足下列条件时,计算桩顶作用效应时可不考虑地震作用:

(1) 按现行《建筑抗震设计规范》规定可不进行天然地基和基础抗震承载力计算的建筑物;

(2) 不位于斜坡地带和地震可能导致滑移、地裂地段的建筑物;

(3) 桩端及桩身周围无可液化土层;

(4) 承台周围无可液化土、淤泥、淤泥质土。

对于位于8度和8度区以上抗震设防区的高大建筑物低承台桩基,在计算基桩的作用效应和桩身内力时,可考虑承台(包括地下墙体)与基桩的共同工作和土的弹性抗力作用。

4.6.3.2 基桩竖向承载力验算

1. 荷载效应基本组合

承受轴心荷载的桩基,其承载力设计值 R 应符合下式要求:

$$\gamma_0 N \leqslant R \tag{4-38}$$

承受偏心荷载的桩基,除应满足上式要求外,尚应满足下式的要求:

$$\gamma_0 N_{\max} \leqslant 1.2R \tag{4-39}$$

式中:N、$N_{\max}$ 为桩顶竖向压力、最大竖向压力设计值;γ_0 为建筑桩基重要性系数,根据建筑桩基的安全等级确定,对于一、二、三级分别取 1.1、1.0 和 0.9,对于柱下单桩按提高一级考虑,一级建筑物桩基取 1.2,当上部结构内力分析中考虑 γ_0 的取值与上述值一致时,则在上述式子中不再计入 γ_0 值,不一致时,应乘以桩基与上部结构 γ_0 的比值。

2. 地震作用效应组合

地震震害调查表明,不论桩周土类别如何,基桩竖向承载力均可提高 25%,故考虑地震作用效应组合时,轴心荷载作用下:

$$N \leqslant 1.25R \tag{4-40}$$

偏心荷载作用下,除应满足式(4-40)的要求外,还应满足:

$$N_{\max} \leqslant 1.5R \tag{4-41}$$

此外,无论哪种作用效应组合,基桩在竖向压力下承载力设计值还应满足桩身承载力的要求。

4.6.4 桩基软弱下卧层承载力验算

当桩端平面以下受力层范围内存在软弱下卧层时,应进行下卧层的承载力验算。根据该下卧层发生强度破坏的可能性,可分为整体冲剪破坏和基桩冲剪破坏两种情况,如图 4-26 所示。

验算时要求:

$$\sigma_z + \gamma_z z \leqslant q_{uk}^w / \gamma_q \tag{4-42}$$

式中:σ_z 为作用于软弱下卧层顶面的附加应力;γ_z 为软弱层顶面以上各土层重度加权平

4.6 群桩基础计算

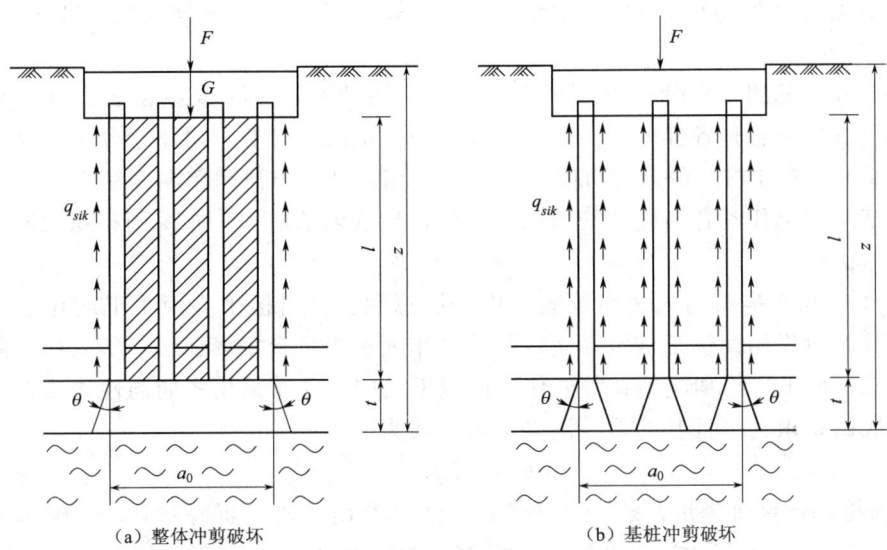

(a) 整体冲剪破坏　　　　　　　(b) 基桩冲剪破坏

图 4-26　软弱下卧层承载力验算

均设计值；z 为地面至软弱层顶面的深度；q_{uk}^w 为软弱下卧层经深度修正的地基极限承载力标准值；γ_q 为地基承载力分项系数，可取 $\gamma_q=1.65$。

(1) 对于桩距 $s_a \leqslant 6d$ 的群桩基础，一般可作整体冲剪破坏考虑，按下式计算下卧层顶面附加应力：

$$\sigma_z = \frac{\gamma_0(F+G) - 2(a_0+b_0)\sum q_{sik}l_i}{(a_0+2t\tan\theta)(b_0+2t\tan\theta)} \tag{4-43}$$

式中：a_0、b_0 为桩群外围桩边包络线内矩形面积的长、短边长；θ 为桩端硬持力层压力扩散角，按表 4-11 取值；其余符号同前。

表 4-11　　　　　　　　　桩端硬持力层压力扩散角 θ

E_{s1}/E_{s2}	$t=0.25b_0$	$t\geqslant 0.50b_0$	E_{s1}/E_{s2}	$t=0.25b_0$	$t\geqslant 0.50b_0$
1	4°	12°	5	10°	25°
3	6°	23°	10	20°	30°

注：1. E_{s1}、E_{s2} 分别为硬持力层、软弱下卧层的压缩模量。
　　2. 当 $t<0.25b_0$ 时，θ 降低取值。当 $0.25b_0<t<0.50b_0$ 时，可内插取值。

(2) 当桩距 $s_a>6d$，且各桩端的压力扩散线不相交于硬持力层中时 [图 4-26(b)]，即硬持力层厚度 $t<(s_a-d_e)/2\tan\theta$ 的群桩基础以及单桩基础，应做基桩冲剪破坏考虑，可按下式计算下卧层顶面附加应力：

$$\sigma_z = \frac{4(\gamma_0 N_i - u\sum q_{sik}l_i)}{\pi(d_e+2t\tan\theta)^2} \tag{4-44}$$

式中：N_i 为桩顶轴向压力设计值，kN；d_e 为桩端等代直径，圆形桩 $d_e=d$；方桩 $d_e=1.13b$（b 为桩边长）；按表 4-11 确定 θ 时，取 $b_0=d_e$。

4.6.5　桩基沉降验算

对于以下情况应进行沉降验算：①地基基础设计等级为甲级的建筑物桩基；②体型复

杂、荷载不均匀或桩端以下存在软弱土层的设计等级为乙级的建筑物桩基;③摩擦型桩基。

目前桩和桩基的沉降分析方法繁多,诸如弹性理论法、荷载传递法、剪切变形传递法、有限元法以及各种各样的简化方法。关于单桩的沉降计算本书不予介绍,具体可参见 JGJ 94—2008;对于群桩的最终沉降,工程上实用的计算方法是单向固结理论的分层压缩总和法,把地基看作是各向同性均质线弹性体,地基内的应力分布采用布森涅斯克应力解和明德林应力解。

JGJ 94—2008 推荐的方法称等效作用分层总和法:对桩中心距小于或等于 6 倍桩径的桩基,其等效作用面位于桩端平面;等效作用面积为承台投影面积;等效作用附加应力 p 近似取承台底平均附加应力;等效作用面以下的应力分布采用各向同性均质直线变形体理论(布氏解)求得。桩基的最终沉降量表达式为

$$s = \psi \psi_e s' \tag{4-45}$$

式中:s 为桩基最终沉降量;s' 为按分层总和法计算出的桩基沉降量;ψ 为桩基沉降计算经验系数;ψ_e 为桩基等效沉降系数,可按 JGJ 94—2008 规定取值。

4.7 桩基础设计

桩基础的设计应满足选型恰当、经济合理和安全使用的原则。桩和承台设计应有足够的轻度、刚度和耐久性;地基(主要是桩端持力层)设计应有足够的承载力和不产生过量的变形,桩基础设计内容和步骤如下:

(1) 进行调查研究,场地勘察,收集有关资料。
(2) 综合勘察报告、荷载情况、使用要求、上部结构条件等确定桩基持力层。
(3) 选择桩材,确定桩的类型、外形尺寸和构造。
(4) 确定单桩承载力设计值。
(5) 根据上部结构荷载情况,初步拟定桩的数量和平面布置。
(6) 根据桩的平面布置,初步拟定承台的轮廓尺寸及承台底标高。
(7) 验算作用于单桩上的竖向和横向荷载。
(8) 验算承台尺寸及结构强度。
(9) 必要时验算桩基整体承载力和沉降量,当持力层下有软弱下卧层时,验算软弱下卧层的地基承载力。
(10) 单桩设计,绘制桩和承台的结构及施工详图。

4.7.1 收集设计资料

设计桩基之前必须充分掌握设计原始资料,包括建筑类型、荷载、工程地质勘察资料、材料来源及施工技术设备等情况,并尽量了解当地使用桩基的经验。

对桩基的详细勘察除满足现行勘察规范有关要求外尚应满足以下要求:

(1) 勘探点间距:端承型桩和嵌岩桩,主要由桩端持力层顶面坡度决定,点距一般为 12~24m,若相邻两勘探点揭露出的层面坡度大于 10%,应视具体情况适当加密勘探点;摩擦型桩点距一般为 20~30m,若土层性质或状态在水平向分布变化较大或存在可能对

成桩不利的土层时,也应适当加密勘探点;在复杂地质条件下的柱下单桩基础应按桩列线布置勘探点,并宜逐桩设点。

(2) 勘探深度:布置 1/3～1/2 的勘探孔作为控制性孔,且一级建筑桩基场地至少应有 3 个,二级建筑桩基应不少于 2 个,控制性孔应穿透桩端平面以下压缩层厚度。一般性勘探孔应深入桩端平面以下 3～5m;嵌岩桩钻孔应深入持力岩层不小于 3～5 倍桩径;当持力岩层较薄时,部分钻孔应钻穿持力岩层。岩溶地区,应查明溶洞、溶沟、溶槽、石笋等的分布情况。

在勘察深度地区范围内的每一地层,均应进行室内试验或原位测试,以提供设计所需参数。

4.7.2 桩型、桩长和截面尺寸选择

桩基设计时,首先应根据建筑物的结构类型、荷载情况、地层条件、施工能力及环境限制(噪音、振动)等因素,选择预制桩或灌注桩的类别,桩的截面尺寸和长度以及桩端持力层等。

一般当土中存在大孤石、废金属以及花岗岩残积层中有未风化的石英脉时,预制桩将难以穿越;当土层分布很不均匀时,混凝土预制桩的预制长度较难掌握;在场地土层分布比较均匀的条件下,采用质量易于保证的预应力高强混凝土管桩比较合理。

桩的长度主要取决于桩端持力层的选择。桩端最好进入坚硬土层或岩层,采用嵌岩桩或端承桩;当坚硬土层埋藏很深时,则宜采用摩擦桩基,桩端应尽量达到低压缩性、中等强度的土层上。桩端进入持力层的深度,对于黏性土、粉土不宜小于 $2d$,砂类土不宜小于 $1.5d$,碎石类土不宜小于 $1d$。当存在软弱下卧层时,桩端以下硬持力层厚度不宜小于 $4d$,嵌岩灌注桩的周边嵌入微风化或中等风化岩体的最小深度不宜小于 0.5m,以确保桩端与岩体接触。此外,在桩底下 $3d$ 范围内应无软弱夹层、断裂带、洞穴和空隙分布,尤其是荷载很大的桩下单桩更为如此。一般岩层表面起伏不平,且常有隐伏的沟槽,尤其是碳酸盐类岩石地区,岩面石芽、溶槽密布,桩端可能落于岩面隆起或斜面处,有导致滑移的可能,因此在桩端应力扩散范围内应无岩体临空面存在,并确保基体岩体的滑动稳定。

当硬持力层较厚且施工条件允许时,桩端进入持力层的深度应尽可能达到桩端阻力的临界深度,以提高桩端阻力。该临界深度值对于砂、砾为 $(3～6)d$,对于粉土、黏性土为 $(5～10)d$。此外,同一建筑物还应避免同时采用不同类型的桩(如摩擦型桩和端承型桩,但用沉降缝分开者除外)。同一基础相邻桩的桩底标高差,对于非嵌岩端承桩不宜超过相邻桩的中心距,对于摩擦型桩,在相同土层中不宜超过桩长的 1/10。

桩长及桩型初步确定后,即可根据之前相关内容定出桩的截面尺寸,并初步确定承台底面标高。一般若建筑物楼层高、荷载大,宜采用大直径桩,尤其是大直径人工挖孔桩比较经济实用,目前国内已用过的最大直径为 5m。对于承台埋深,一般情况下,主要从结构要求和方便施工的角度来选择。季节性冻土上的承台埋深应根据地基土的冻胀性考虑,并应考虑是否需要采取相应的防冻害措施。膨胀土上的承台,其埋深选择与此类似。

4.7.3 桩数及桩位布置

1. 桩的数量

初步估定桩数时，先不考虑群桩效应，根据单桩竖向承载力设计值 R 和上部结构物荷载大小确定桩数。当桩基为轴心受压时，桩数 n 可按下式估算：

$$n \geqslant \frac{F+G}{R} \tag{4-46}$$

式中：F 为作用在承台上的轴向压力设计值；G 为承台及其上方填土的重力。

偏心受压时，对于偏心距固定的桩基，如果桩的布置使得群桩横截面的重心与荷载合力作用点重合，桩数仍可按上式确定。否则，应将上式确定的桩数增加 10%～20%。对桩数超过 3 根的非端承群桩基础，应求得基桩承载力设计值后重新估算桩数，如有必要，还要通过桩基软弱下卧层承载力和桩基沉降验算才能最终确定。

承受水平荷载的桩基，在确定桩数时还应满足桩水平承载力的要求，此时，可粗略地以各单桩水平承载力之和作为桩基的水平承载力，这样偏于安全。

此外，在层厚较大的高灵敏度流塑黏土中，不宜采用桩距小而桩数多的打入式桩基。否则，软黏土结构破坏严重，使土体强度明显降低，加之相邻各桩的相互影响，桩基的沉降和不均匀沉降都将显著增加。

2. 桩的间距

桩的间距过大，承台体积增加，造价提高；间距过小，桩的承载力不能充分发挥，且给施工造成困难。一般桩的最小中心距应符合表 4-12 规定。对于大面积桩群，尤其是挤土桩，桩的最小中心距还应按表列数值适当加大。

表 4-12　　　　桩的最小中心距

土类与成桩工艺		桩排数≥3，桩根数＞9 的摩擦桩基础	其他情况
非挤土和部分挤土灌注桩		3.0d	2.5d
挤土灌注桩	穿越非饱和土	3.5d	3.0d
	穿越饱和软土	4.0d	3.5d
挤土预制桩		3.5d	3.0d
打入式敞口管桩和 H 型钢桩		3.5d	3.0d
钻、挖孔扩底灌注桩		1.5d_b 或 d_b+1m（当 d_b＞2m 时）	
沉管扩底灌注桩		3.0d_b	

3. 桩的布置方式

桩在平面内可布置成方形（或矩形）、三角形和梅花形，可采用单排或双排布置，也可采用不等距布置。

为了使桩基中各桩受力比较均匀，布置时应尽可能使上部荷载的中心和桩群的横截面形心重合或接近。当作用在承台底面的弯矩较大时，应增加桩基横截面惯性矩。对柱下单独桩基和整片式桩基，宜采用外密内疏的布置方式；对横墙下桩基，可在外纵墙之外布设一至二根"探头"桩。此外，在有门洞的墙下布桩应将桩设置在门洞的两侧，梁式或板式基础下的群桩，布置时应注意使梁板中的弯矩尽量减小，即多在柱、墙下布桩，以减少梁和板跨中的桩数。

4.7.4 桩身截面强度基本构造要求

预制桩的混凝土强度等级宜不小于C30，采用静压法沉桩时，可适当降低，但不宜低于C20；预应力混凝土桩的混凝土强度等级宜不小于C40。预制桩的主筋（纵向）应按计算确定并根据断面的大小形状选用4~8根直径为14~25mm钢筋。最小配筋率ρ_{min}宜不小于0.8%，一般可为1%左右，静压法沉桩时宜不小于0.4%。箍筋直径可取6~8mm，间距不大于200mm，在桩顶和桩尖处应适当加密。用打入法沉桩时，直接受到锤击的桩顶应设置3层$\Phi 6@40\sim 70$mm的钢筋网，层距50mm。桩尖所有主筋应焊接在一根圆钢上，或在桩尖处用钢板加强。主筋的混凝土保护层应不小于30mm，桩上需埋设吊环，位置由计算确定。桩的混凝土强度必须达设计强度的100%才可起吊和搬运。

灌注桩的混凝土强度等级一般应不小于C15，水下浇灌时应不小于C20，混凝土预制桩尖不小于C30。当桩顶轴向压力和水平力满足JGJ 94—2008受力条件时，可按构造要求配置桩顶与承台的连接钢筋笼。对一级建筑桩基，主筋为6~10根$\phi 12\sim 14$，$\rho_{min} \geqslant 0.2\%$，锚入承台$30d_g$（主筋直径），伸入桩身长度$\geqslant 10d$，且不小于承台下软弱土层的层底深度；对二级建筑桩基，可配置4~8根$\phi 10\sim 12$的主筋，锚入承台$30d_g$，且伸入桩身长度不小于5d，对于沉管灌注桩，配筋长度不应小于承台软弱土层的层底厚度；三级建筑桩基可不配构造钢筋。

一般ρ_g可取0.20%~0.65%（小桩径取高值，大桩径取低值），对受水平荷载特别大的桩，抗拔桩和嵌岩端承桩应根据计算确定。主筋的长度一般可取$4.0/a$，a为桩的水平变形系数。当为抗拔桩、端承桩或承受负摩阻力和位于坡地岸边的基桩应通长配置，承受水平荷载的桩，主筋宜不小于$8\phi 10$，抗压和抗拔桩应不小于$6\phi 10$，且沿桩身周边均匀布置，其净距不应小于60mm，并尽量减少钢筋接头。箍筋宜采用$\phi 6\sim 8@200\sim 300$mm的螺旋箍筋，受水平荷载较大和抗震的桩基，桩顶$(3\sim 5)d$内箍筋应适当加密；当钢筋笼长度超过4m时，每隔2m左右应设一道$\phi 12\sim 18$焊接加劲箍筋。主筋的混凝土保护层厚度应不小于35mm，水下浇灌混凝土时应不小于50mm。

轴心荷载和偏心荷载作用下，桩身截面强度可按《混凝土结构设计规范》进行验算，确定桩身截面所需的主筋面积，还需满足各类桩的最小配筋率。对于受长期或经常出现的水平荷载或上拔力的建筑物，还应验算桩身的裂缝宽度，其最大裂缝宽度不得超过0.2mm，对处于腐蚀介质中的桩基础则不得出现裂缝；对于处于含有酸、氯等介质环境中的桩基，还应根据介质腐蚀性的强弱采取专门的防护措施，以保证桩基的耐久性。

预制桩除了满足上述计算之外，还应考虑运输、起吊和锤击过程中的各种强度验算。桩在自重作用下产生的弯曲应力和吊点的数量和位置有关。桩长在20m以下者，起吊时一般采用双点吊；在打桩架龙门吊立时，采用单点吊。吊点位置应按吊点间的正弯矩和吊点处的负弯矩相等的条件确定。

用锤击法沉桩时，冲击产生的应力以应力波的形式传到桩端，然后又反射回来。在周期性拉压应力作用下，桩身上端常出现环向裂缝。设计时，一般要求锤击过程中产生的压应力应小于桩身材料的抗压强度设计值。

影响锤击拉压应力的因素主要有锤击能量和频率、锤垫及桩垫的刚度、桩长、桩材及土质条件等。当锤击能量小、频率低，采用软而厚的锤垫和桩垫，在不厚的软黏土或无密实砂夹层的黏性土中沉桩，以及桩长较小时（<12m）时，锤击拉压应力比较小，一般可不考虑。设计时常根据实测资料确定锤击拉压应力值。当无实测资料时，可按 JGJ 94—2008 建议的经验公式及表格取值。预应力混凝土桩的配筋常取决于锤击拉应力。

4.7.5 承台设计

承台的作用是将桩联合成一个整体，并把建筑物的荷载传到桩上，因而承台应有足够的强度和刚度。

承台的平面尺寸一般由上部结构、桩数及布桩形式决定。通常，墙下桩基做成条形承台，即梁式承台；柱下桩基宜采用板式承台（矩形或三角形）。其剖面形状可作成锥形、台阶形或平板形。

承台厚度应不小于 300mm，宽度不小于 500mm，承台边缘至边桩中心距离不应小于桩的直径或边长，且边缘挑出部分应不小于 150mm，对于条形承台梁应不小于 75mm。为保证群桩与承台之间连接的整体性，桩顶应嵌入承台一定长度，对大直径桩宜不小于 100mm；对中等直径桩宜不小于 50mm。混凝土桩的桩顶主筋应伸入承台内，其锚固长度宜不小于 $30d_g$，对于抗拔桩基应不小于 $40d_g$（d_g 为钢筋直径）。承台的混凝土强度等级宜不小于 C15，采用Ⅱ级钢筋时不小于 C20。承台的配筋按计算确定，对于矩形承台板，宜双向均匀配置，钢筋直径宜不小于 Φ10，间距应满足 100～200mm；对于三桩承台，应按三向板带均匀配置，最里面 3 根钢筋相交围成的三角形，应位于柱截面范围以内；台底钢筋的混凝土保护层厚度宜不小于 70mm。承台梁的纵向主筋应不小于 Φ12。

筏形、箱形承台板的厚度应满足整体刚度、施工条件及防水要求。对于桩布置于墙下或基础梁下的情况，承台板厚度宜不小于 250mm，且板厚与计算区段最小跨度之比不宜小于 1/20。承台板的分布构造钢筋可用 Φ10～12@150～200mm，考虑到整体弯矩的影响，纵横两方向的支座钢筋应有 1/2～1/3，且配筋率不小于 0.15%贯通全跨配置；跨中钢筋应按计算配筋率全部贯通。

两桩桩基的承台宜在其短向设置连系梁。连系梁顶面宜与承台顶位于同一标高，梁宽应不小于 200mm，梁高可取承台中心距的 1/10～1/15，并配置不小于 4Φ12 的钢筋。

承台埋深应不小于 600mm，在季节性冻土、膨胀土地区宜埋设在冰冻线、大气影响线以下，但当冰冻线、大气影响线深度不小于 1m，且承台高度较小时，则应视土的冻胀、膨胀性等级分别采取换填无黏性垫层、预留空隙等隔胀措施。

练 习 题

4-1 试简述桩基础的适用场合及设计原则。

4-2 试分别根据桩的承载性状和施工方法对其进行分类。

4-3 什么叫负摩阻力、中性点？

4-4 单桩水平承载力与哪些因素有关？

4-5 何谓群桩、群桩效应？群桩承载力和单桩承载力之间有什么内在联系？

4-6 某柱下桩基础，承台底面位于杂填土的下层面，其下黏土层厚6m，液性指数$I_L=0.6$，$q_{s1a}=25$kPa，$q_{p1a}=800$kPa；黏土层下面为9m厚的中密粉细砂层，$q_{s2a}=45$kPa，$q_{p2a}=1500$kPa。拟采用直径为30cm的钢筋混凝土预制桩基础，如要求单桩竖向承载力的特征值达350kN，求桩的长度。

4-7 某工程采用泥浆护壁钻孔灌注桩，桩径1.2m，桩端进入中等风化岩1.0m，中等风化岩岩体较完整，饱和单轴抗压强度标准值为41.5MPa，桩顶以下土层参数见表4-13，试算单桩极限承载力标准值。（取桩嵌岩段侧阻和端阻综合系数$\zeta_r=0.76$）

表4-13 土层参数表

层序	土名	层底深度/m	层厚/m	q_{sik}/kPa	q_{pk}/kPa
①	黏土	13.70	13.70	32	—
②	粉质黏土	16.00	2.30	40	—
③	粗砂	18.00	2.00	75	—
④	强风化岩	26.85	8.85	180	2500
⑤	中等风化岩	34.85	8.00	—	—

4-8 某地下结构拟采用预制桩，桩截面尺寸0.4m×0.4m，桩长$l=22$m，桩顶位于地面下6m，土层分布：桩顶下0~6m淤泥质土，$q_{sik}=28$kPa，抗拔系数$\lambda_i=0.75$；6~16.7m黏土，$q_{sik}=55$kPa，抗拔系数$\lambda_i=0.75$；16.7~22.0m粉砂，$q_{sik}=100$kPa，抗拔系数$\lambda_i=0.6$。试计算基桩抗拔极限承载力。

第5章 沉 井 基 础

教学提示：沉井基础在水利、桥梁、土木、铁路等工程中有着广泛的应用。本章首先介绍沉井特点、类型与构造，然后对沉井一般施工方法进行介绍，最后对沉井设计和计算方法进行阐述。

教学要求：通过沉井基础的教学，让学生理解沉井的基本概念，掌握沉井的特点、类型，了解沉井基础的设计和施工方法。

5.1 概 述

当上部结构负荷较大时，要求地基坚固、具有足够的承载力，而当这类地基距地表面较深（8～30m）、浅基础和桩基础都受水文地质条件限制时，常采用沉井基础。

沉井是一种上下开口竖向的筒形结构物，通常用混凝土或钢筋混凝土材料制成，具有设计需要的壁厚和垂直隔墙。沉井在深基础或地下结构中应用较为广泛，如桥梁墩台基础、地下泵房、水池、油库、矿用竖井以及大型设备基础、高层和超高层建筑物基础等。沉井施工过程如图5－1所示，先在地面制作一个井筒形结构，在其强度达到设计要求后，抽除刃脚垫木，对称、均匀地利用人工或机械方法清除井内土石，通过取土井孔运出井外弃之。随着井内土面逐渐下降，沉井在自重或压重等的作用下，克服刃脚土的支承力和外井壁与土的摩阻力而下沉。当第一节沉井沉到适当位置后，在其上接高第二节沉井，然后再继续下沉。通过接高、下沉、再接高、再下沉，直至达到设计高程，清理基底后进行封底、填充井孔和浇筑顶盖板沉井的井筒，在施工期间作为支撑四周土体的护壁，竣工后即为永久性的深基础。

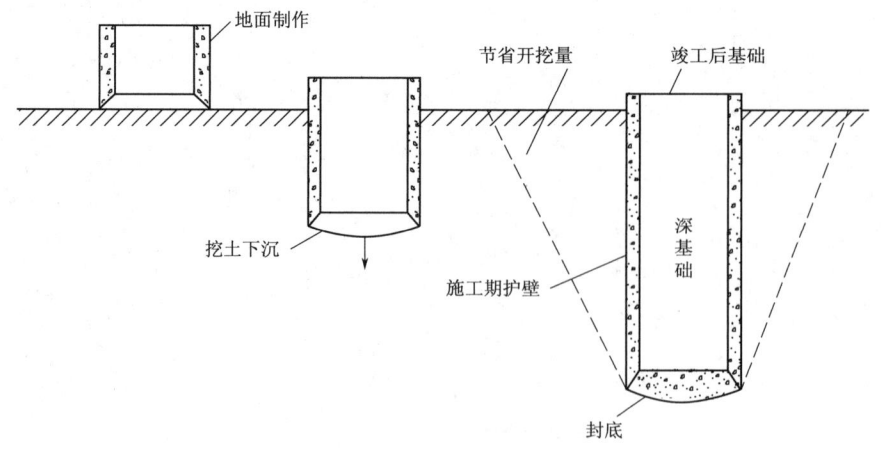

图5－1 沉井施工过程

沉井最适用于不太透水的土层，易于控制下沉方向。沉井在下沉过程中，如果所穿过的土层允许排水开挖下沉，则沉井的埋置深度很容易达到，其垂直度亦好控制。如果遇到粉砂、细砂类土时，在井内抽水开挖会出现流砂现象，往往会造成沉井歪斜。如果沉井下沉过程中遇到大孤石、倒木、溶洞及井底岩层表面倾斜过大时，将给施工带来一定的困难，需做特殊处理。

沉井的主要优点：埋深较大，具有较大的承载面积，能承受较大的垂直和水平荷载，整体性强，稳定性好；既可作为深基础，又可作为施工时的挡土和挡水围堰结构物；施工工艺简便，技术稳妥可靠，无需特殊专业设备；并可做成补偿性基础，避免过大沉降。

沉井的主要缺点：施工期较长；对粉细砂类土在井内抽水易发生流砂现象，造成沉井倾斜；沉井下沉过程中遇到的大块石、树干或井底岩层表面倾斜过大，均会给施工带来一定困难。

一般下列情况可考虑采用沉井基础：

(1) 上部结构负荷较大，浅层地基土承载力不足，而在一定深度下有较好的持力层，且与其他基础方案相比沉井基础较为经济合理。

(2) 土质虽好但冲刷大的山区河流，或河中有较大卵石不便于桩基础施工情况。

(3) 岩层表面较平坦且覆盖层较薄，但河水较深，采用扩大基础施工围堰有困难。

5.2 沉井的类型与构造

5.2.1 沉井的类型

1. 按施工方法分

(1) 一般沉井：一般沉井指直接在基础设计的位置上制造，然后挖土，依靠井壁自重下沉；若基础位于水中，则先人工筑岛、立模浇筑混凝土后，再就地挖土下沉。多采用混凝土或钢筋混凝土沉井。

(2) 浮式沉井：多为钢壳井壁，也有空腔钢丝网水泥薄壁沉井、钢筋混凝土薄壁沉井。钢筋混凝土薄壁沉井是在岸边预制，通过滑道等方法下水浮运到位下沉。还有的在船上制作成型，采用一整套吊装设备和措施，使其浮运到位下沉，或采用船运到位，用沉船方法使其入水下沉。通常在深水地区（水深大于 10m），或水流流速大、有通航要求、人工筑岛困难或不经济时采用。

2. 按沉井所用材料分

(1) 素混凝土沉井：适用于中小型工程。混凝土沉井抗压能力强，抗拉能力低，多做成圆形，在土压力与水压力作用下，以压应力为主。沉井底端的刃脚需配筋，便于下切土体，避免损伤井筒，适用于下沉深度不大（4～7m）的松软土层。

(2) 钢筋混凝土沉井：适用于大中型工程。钢筋混凝土沉井抗压抗拉能力强，下沉深度大，可根据工程需要，做成各种形状、各种规格的重型或薄壁一般沉井及薄壁浮运沉井、钢丝网水泥沉井等。

(3) 砖石沉井：这种沉井适用于深度浅的小型沉井或临时性沉井。例如，房屋纠倾工作井，即用砖砌沉井，深度为 4～5m。

(4) 竹筋混凝土沉井：在南方盛产竹材的地区，也可采用耐久性差而抗拉力好的竹筋代替部分钢筋来承受下沉阶段过程中的拉力，做成竹筋混凝土沉井。

(5) 钢沉井：钢沉井由钢材制作，强度高、质量轻、易于拼装、适于制造空心浮运沉井，但用钢量大，国内应用较少。

3. 按横截面形状分

(1) 单孔沉井：沉井只有一个井孔，这是最常见的中小型沉井。沉井的横截面形状有：圆形、正方形、椭圆形、矩形等，如图 5-2 所示。

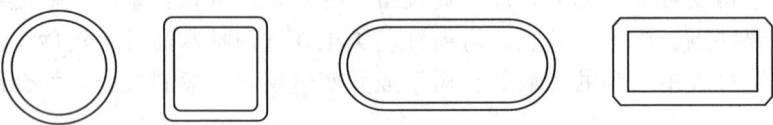

图 5-2 单孔沉井按横截面形状分类示意图

圆形沉井在下沉过程中垂直度和中线较易控制，若采用抓泥斗挖土，可比其他形状沉井更能保证刃脚均匀作用在支承的土层上。在土压力和水压力作用下，井壁只受轴向压力，即使侧压力分布不均匀，弯曲应力也不大，能充分利用混凝土抗压强度大的特点，沉井的井壁可薄些，便于机械取土作业。

矩形沉井制造方便，能更好地利用地基承载力。在土压力和水压力作用下，将产生较大的弯矩，井壁受较大的挠曲应力，长宽比越大其挠曲应力亦越大，井壁厚度要大些。通常要在沉井内设隔墙支撑，以增加刚度，改善受力条件。

为了减小沉井下沉过程中方形沉井和矩形沉井四角的应力集中，常将四角的直角做成圆角，圆端形沉井井壁受力比矩形沉井好。圆端形沉井制造时较圆形沉井和矩形沉井复杂。

(2) 单排孔沉井：这种沉井具有一个排井孔。根据工程的用途，沉井的横截面形状有矩形、长圆形等。矩形、长圆形等沉井在土压力和水压力作用下，将产生较大的弯矩，井壁受较大的挠曲应力，长宽比越大其挠曲应力也越大。通常要在沉井内设隔墙支撑，以增加沉井的刚度，改善受力条件，又便于挖土和下沉。单排孔沉井适用于长度大的工程，如图 5-3 所示。

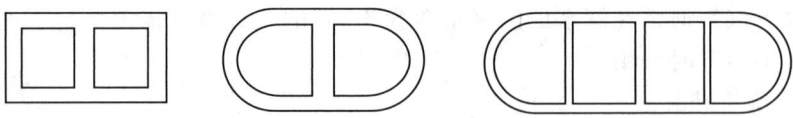

图 5-3 单排孔沉井按横截面形状分类示意图

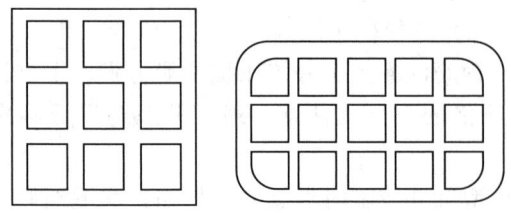

图 5-4 多排孔沉井按横截面形状分类示意图

(3) 多排孔沉井：沉井由多道纵、横墙分隔成多排井孔，如图 5-4 所示。多排孔沉井是刚度很大的空间结构，适用于大型结构物的深基础。在施工过程中，可控制各个井孔挖土的进度，从而保证沉井均匀下沉，不致发生倾斜事故。

4. 按沉井竖向剖面形状分

沉井按其竖向剖面形状的不同可分为以下3类。

(1) 柱形沉井：柱形沉井竖直剖面上下厚度均相同，为等截面柱的形状，如图5-5 (a) 所示，大多数沉井属于这一种。柱形沉井井壁受力较均衡，下沉过程中不易发生倾斜，接长简单，模板可重复利用，但井壁侧阻力较大，若土体密实、下沉深度较大时，易下部悬空，造成井壁拉裂。一般多用于入土不深或土质较松软的情况。

(2) 锥形沉井：为了减小沉井施工下沉过程中，井筒外壁与土的摩擦阻力；或为了避免沉井由硬土层进入下部软土层时，沉井上部被硬土层夹住，使沉井下部悬挂在软土中发生拉裂，可将沉井井筒制成上小下大的锥形，如图5-5 (b) 所示。锥形沉井井壁侧阻力较小，但施工较复杂，模板消耗多，沉井下沉过程中易发生倾斜，多用于土质较密实、沉井下沉深度大、自重较小的情况。通常锥形沉井外井壁坡度为1/20～1/40。

(3) 阶梯形沉井：鉴于沉井所承受的土压力与水压力，均随深度而增大。为了合理利用材料，可将沉井的井壁随深度分为几段，做成阶梯形，下部井壁厚度大，上部厚度小。这种沉井外壁所受的摩擦阻力较小，如图5-5 (c) 所示。阶梯形井壁的台阶宽为100～200mm。

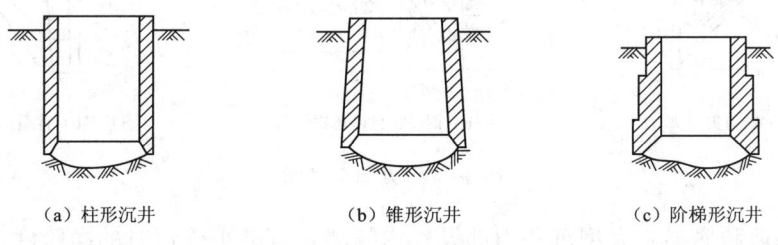

(a) 柱形沉井　　　　　(b) 锥形沉井　　　　　(c) 阶梯形沉井

图5-5　沉井按沉井竖向剖面形状分类示意图

5.2.2　一般沉井的构造

沉井一般由井筒、刃脚、隔墙、取土井孔、预埋冲刷管、顶盖板、凹槽、封底混凝土等组成，如图5-6所示。

(1) 井筒：井筒为沉井的主体。其作用是利用本身自重，克服井筒外壁与土的摩擦阻力和刃脚踏面底部土的阻力，使沉井能徐徐下沉；在沉井下沉过程中，承受四周的土压力和水压力；沉井施工完毕后，作为传递上部荷载的基础或基础的一部分。因此，井筒必须具有足够的强度和一定的厚度，并根据施工过程中的受力情况配置竖向及水平向钢筋。一般混凝土强度等级不小于C15，壁厚为0.80～1.50m，最薄不宜小于0.4m。

为满足挖土工人或挖土机械在井内工

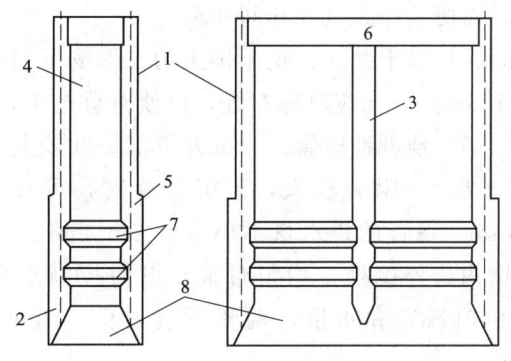

图5-6　沉井构造示意图
1—井筒；2—刃脚；3—内隔墙；4—取土井孔；
5—预埋冲刷管；6—顶盖板；
7—凹槽；8—封底混凝土

作，以及潜水员排除障碍的需要，井筒内径不宜小于 0.9m。为减小沉井下沉时的摩阻力，沉井壁外侧也可做成 1‰～2‰ 向内斜坡。为了方便沉井接高，多数沉井都做成阶梯形，台阶设在每节沉井的接缝处，错台的宽度为 5～20cm。

（2）刃脚：刃脚位于沉井的最下端，形如刀刃，在沉井下沉过程中起切土下沉的作用。刃脚并非真正的尖刃，其最底部为一水平面，称为踏面，刃脚踏面宽度一般采用 10～20cm。刃脚内侧的倾斜面的水平倾角通常 $\alpha \geqslant 45°$。刃脚的高度多为 0.7～2.0m，视其井壁厚度、便于抽除垫木而定。混凝土强度等级宜大于 C20。

沉井下沉深度较深，需要穿过坚硬土到岩层时，可用型钢制成的钢刃尖刃脚，如图 5-7（a）所示；沉井通过紧密土层时可采用钢筋加包以角钢的刃脚，如图 5-7（b）所示；地质构造清楚，下沉过程中不会遇到障碍时可采用普通刃脚，如图 5-7（c）所示。

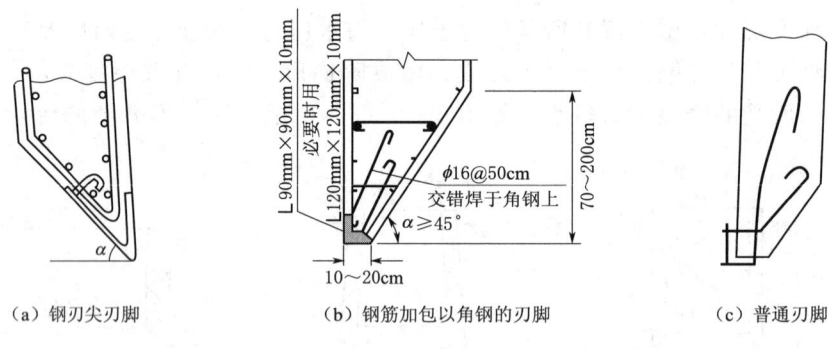

(a) 钢刃尖刃脚　　　　(b) 钢筋加包以角钢的刃脚　　　　(c) 普通刃脚

图 5-7　刃脚型式图

（3）内隔墙和底梁：大型沉井内部设置内隔墙，可减小受弯时的净跨度，增加沉井的刚度，减小井壁挠曲应力。同时，内隔墙将沉井空腔分隔成多个井孔，各井孔分别挖土，便于控制挖土下沉，防止或纠正倾斜和偏移。有时在内隔墙下部设底梁，或单独做底梁。内隔墙与底梁的底面高程，应高于刃脚踏面 0.5m 以上，避免被土搁住而妨碍沉井刃脚切土下沉。隔墙厚度一般小于井壁，为 0.8～1.2m。当人工挖土时，在隔墙下应设置过人孔，以便工作人员井孔间往来。

（4）取土井孔：挖土排土的工作场所和通道。其尺寸视取土方法而定，最小边长宜不小于 3m。井孔应对称布置，以便对称挖土，保证沉井下沉均匀。

（5）预埋冲刷管：当沉井下沉深度较大，其自重小于土的摩擦阻力，或所穿过的土层较坚硬，土阻力较大，下沉困难时，可在井壁中预埋冲刷管组。冲刷管口径为 10～12mm，每管的排水量不小于 0.2m³/min。冲刷管同空气幕一样是用来助沉的，多设在井壁内或外侧处，均匀布置，以便控制水压（冲刷管射水压力视土质而定，一般不小于 600kPa）和水量，调整下沉方向。若使用泥浆润滑套施工，应有预埋的压射泥浆管路。

（6）顶盖板：沉井封底后，若条件允许，为节省圬工量，减轻基础自重，可做成空心沉井基础，或仅填以砂石。此时井顶须设置钢筋混凝土顶板，以承托上部结构的全部荷载。顶盖板厚度为 1.5～2.0m，钢筋配置由计算确定。

(7) 凹槽：为使井筒与封底的现浇混凝土底板连接牢固，在刃脚上方井筒的内壁预先设置一圈凹槽。凹槽高约 1.0m，深度一般为 150~300mm。

(8) 封底混凝土：沉井下沉至设计标高进行清基后，应在刃脚踏面以上至凹槽处浇筑混凝土形成封底，以承受地基土和水的反力，防止地下水涌入井内。封底混凝土顶面应高出凹槽 0.5m，封底混凝土是传递墩（台）全部荷载于地基的承重结构，其厚度可由应力验算决定，根据经验也可取不小于井孔最小边长的 1.5 倍。一般混凝土强度等级不小于C15，井孔内的填充混凝土强度等级不小于 C10。

5.3 沉井的施工

5.3.1 施工前准备工作

1. 探明地质、布置探孔

沉井施工前要对沉井所要通过的地质层进行详细钻探，查明其地质构造、土质层次、深度、特性和水文情况，以便制定切实可行的沉井下沉方案和对附近构造物采取有效防护措施。

要在探明地质情况的前提下，布置探孔的位置、数量和确定孔深。每个沉井位置至少应钻 2 个探孔。一般孔位在基底范围外 2~3m 处。对于大跨径和重要的桥梁基础，每个井位最少要钻 4 个探孔，探孔深度要超过沉井预定下沉的刃脚深度。

2. 核对、补充调查气象水文资料

水文气象资料对沉井施工特别重要，在河道中或河流岸边施工前要对气象水文情况，如风向风力、雨量、水（潮）位涨落变化、洪水季节、洪峰历时、流量流速、漂浮物情况等资料进行认真核对补充。

5.3.2 旱地沉井的施工

1. 清理和平整场地

就地浇筑沉井要在施工前清除井位及附近场地的孤石、倒木、树根、淤泥及其他杂物（如北方要捞净围堰内的冰块），仔细平整施工场地，平整范围要大于沉井外侧 1~3m。对软硬不均的地表，尚应换土或在基坑处铺填不小于 0.5m 厚夯实的砂或砂砾垫层，以防沉井在混凝土浇筑之初因地面沉降不均产生裂缝。为减小下沉深度，也可挖一浅坑，在坑底制作沉井，但坑底应高出地下水位 0.5~1.0m。在极软塑土及流态淤泥、强液化土并有较大的倾斜坡的河床覆盖层上修造沉井时，为避免沉井失稳，其河床要做好处理，必要时还可采用加宽刃脚的轻型沉井。

2. 放线定位

应仔细测量好沉井的平面位置，准确地画出刃脚边线，严格控制沉井的中心位置，并经验收合格方可正式施工。

3. 沉井的原位制作

沉井的原位制作通常可采用 3 种不同的方法。

(1) 承垫木方法。承垫木方法为传统方法。在经过平整、放线定位的场地上铺一层厚 0.5m 左右的砂垫层。在砂垫层上，于沉井刃脚部位，对称、成对地铺设适当的承垫木，

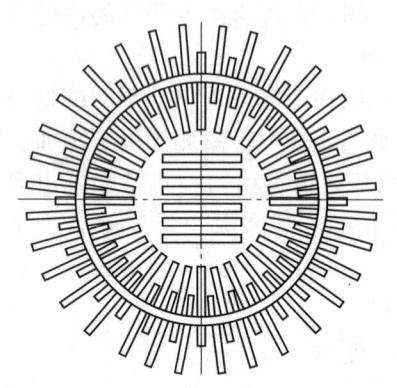

图 5-8 圆形沉井承垫木平面布置图

圆形沉井承垫木平面布置如图 5-8 所示,垫木一般为枕木或方木(200mm×200mm),其数量可按垫木底面压力不大于 100kPa 确定。然后按照设计的尺寸在刃脚位置处设置刃脚角钢,竖立内模,绑扎钢筋,再立外模,浇筑第一节沉井,如图 5-9(a)所示。沉井外侧模板要平滑,具有一定的刚度,与混凝土接触面必须刨光。

(2) 无垫木方法。在均匀土层上,可采用无垫木方法。在沉井刃脚的下方位置浇筑与沉井井壁等厚的混凝土圆环,代替承垫木和砂垫层。其目的在于保证沉井制作过程与沉井下沉开始时,处于竖直方向。如图 5-9(b)所示。

(3) 土模法。当场地土质较好,如地基为均匀的黏性土,呈可塑或硬塑状态,则可采用土模法制作沉井。在定位放线的刃脚部位,按照设计的尺寸,仔细开挖黏性土基槽。利用地基黏性土作为天然模板,以代替砂垫层、承垫木及人工制作的刃脚木模。因此,这种方法可节省时间和费用。如图 5-9(c)所示。

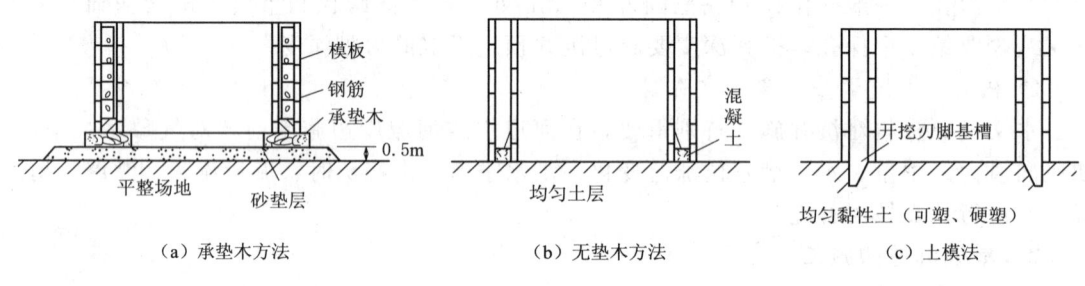

(a) 承垫木方法　　　　　　(b) 无垫木方法　　　　　　(c) 土模法

图 5-9　沉井的原位制作方法

4. 沉井下沉

(1) 材料强度要求。当沉井采取分节制作时,第一节沉井混凝土达到设计强度 70% 后,方可浇筑其上一节沉井的混凝土。当混凝土强度达 2.5MPa 以上时,方可拆除直立的侧面模板,且应先内后外;当混凝土达到设计强度 70%(或设计要求)后,方可拆除隔墙底面、刃脚斜面的支撑与模板。

当混凝土达到设计强度 100% 后,方可抽撤承垫木。当底节沉井的混凝土或砌筑的砂浆达到设计强度的 100% 以后,且其余各节混凝土或砂浆达到设计强度的 70% 后,方可下沉。

(2) 拆模和抽垫要求。拆模顺序是:井孔模板→外侧模板→隔墙支撑及模板→刃脚斜面支撑及模板。

为严格防止由于抽承垫木不当,造成沉井倾斜,沉井刃脚下的承垫木必须由两侧对称地、同步地抽出,不可由一侧顺次抽出。抽拔顺序为:先内壁下,再短边,最后长边。长边下垫木隔一根抽一根,以固定垫木为中心,由远而近对称地抽,最后抽除固定垫木,且在每次抽出承垫木以后,应立即用粗、中砂回填捣实,以免沉井开裂、移动或偏斜。

(3) 沉井下沉方法。沉井下沉主要是通过从井孔中用机械或人工方法均匀除土,削弱基底土对刃脚的正面阻力和沉井壁与土之间的摩擦阻力,使沉井依靠自重力克服上述阻力而下沉。

通常沉井在天然地面下沉。如在水面下沉,还需预先填筑砂岛或搭支架下沉。沉井在地面下沉的方法可分为排水开挖下沉法和不排水开挖下沉法两种。

排水开挖下沉法:在稳定的土层中,如渗水量不大,或者虽然土层透水性较强,渗水量较大,但排水不致产生流砂现象时,可采用排水开挖下沉法。对于场地无地下水,或地下水水量不大的小型沉井,可用人工挖土法。2人一组,1人在井下挖土,1人在井上摇辘轳提升弃土。挖土应分层、均匀、对称地进行,使沉井均匀竖直下沉,避免发生倾斜。大、中型沉井,一般采用机械挖土法。如地层土质稳定、不会产生流砂的土质地基,可先用高压水枪,把沉井底部的泥土冲散(水枪的水压力通常为 2.5~3.0MPa)并稀释成泥浆,然后用水力吸泥机吸出井外。

不排水开挖下沉法:沉井下沉通常多采用不排水除土方式,在抓土、吸泥过程中,需配备潜水工和射水松土机具。下沉除土方法选用见表 5-1。

表 5-1 下沉除土方法选用

土质	下沉除土方法	说明
砂土	抓土、吸泥	若抓土宜用两瓣式抓斗
卵石	抓土、吸泥	宜用直径大于卵石粒径的吸泥机,若抓土宜用四瓣式抓斗
黏性土	抓土、吸泥	排水开挖下沉法
风化岩	射水、放炮	排水开挖下沉法

抓土下沉是常见的一种不排水开挖下沉法。密实土使用带掘齿的抓斗;不带掘齿的两瓣式抓斗用来抓松散的砂质土;挖掘卵石宜用四瓣式抓斗。抓斗还可在沉井中实现偏抓作业,如图 5-10 所示。沉井通过粉砂、细砂等松软土层时,应保持沉井内的水位始终高于井外水位 1~2m,防止流砂向井内涌进而引起沉井歪斜并增加除土量。当地层土质不稳定、地下水涌水量较大时,采用机械抓斗,水下出土,可避免用排水开挖法而导致的流砂现象。

吸泥下沉也是一种常见的不排水开挖下沉法。吸泥机除土适用于砂、砂夹卵石、黏砂土等土层。在黏土、胶结层及风化岩层中,当用高压射水冲碎土层后,也可用吸泥机吸出碎块。吸泥机有水力吸泥机、水力吸石筒及空气吸泥机。水力吸泥机不受水深的限制,施工费用可能较节省。空气吸泥机则受水深条件的限制,在浅水中效率很低,故一般应配备向井内

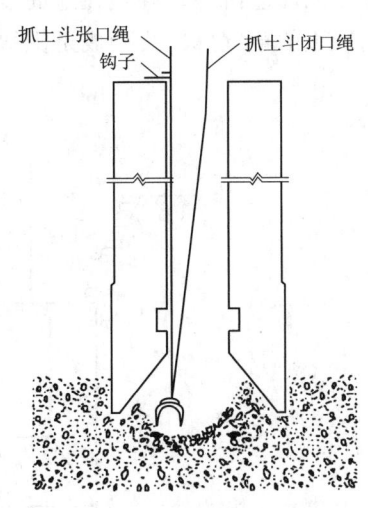

图 5-10 挂钩偏抓示意图

补水的设施，如图 5-11 所示。

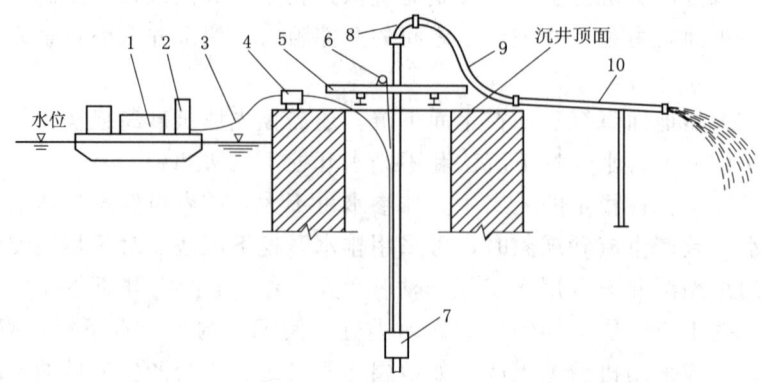

图 5-11 空气吸泥机施工布置示意图
1—空气压缩机；2—风包；3—风管；4—风包；5—吸泥机支承设备；6—吸泥机升降设备；
7—吸泥机；8—弯头异形接头；9—排泥胶管；10—排泥钢管

（4）接筑沉井。当第一节沉井下沉至一定深度（井顶露出地面 0.5m 以上或露出水面 1.5m 以上）时，刃脚不得掏空，停止挖土，凿毛顶面，立模，接筑下一节沉井，对称均匀地浇筑混凝土，并尽量纠正上节沉井的倾斜，待新浇筑沉井强度达设计要求后再拆模继续下沉。

（5）设置井顶防水围堰。鉴于通航、节省圬工量及美观的需要，沉井顶面往往置于最低水位或地面以下一定深度。为此，当最后一节沉井下沉到顶面在水面（地面）上 0.5m 时，就要在井顶接筑临时性防水（挡土）围堰，以便继续下沉到设计标高。常用的井顶围堰有土围堰（图 5-12）、圬工（砖砌、混凝土）围堰（图 5-13）和钢板桩围堰（图 5-14）。在岸滩修建沉井，井顶在地面以下 3m 以内，地层较密实，地下水量又不大时，可在井顶用装土的草（麻）袋砌成土围堰，随沉井下沉而接高。

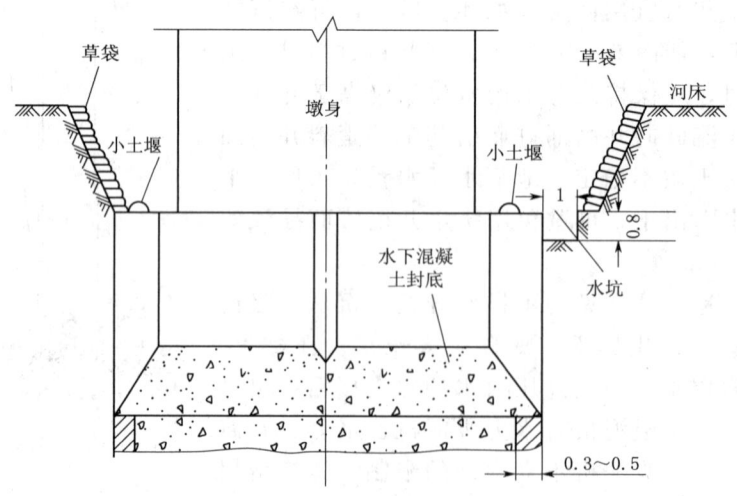

图 5-12 井顶周围开挖及土围堰示意图（单位：m）

5.3 沉井的施工

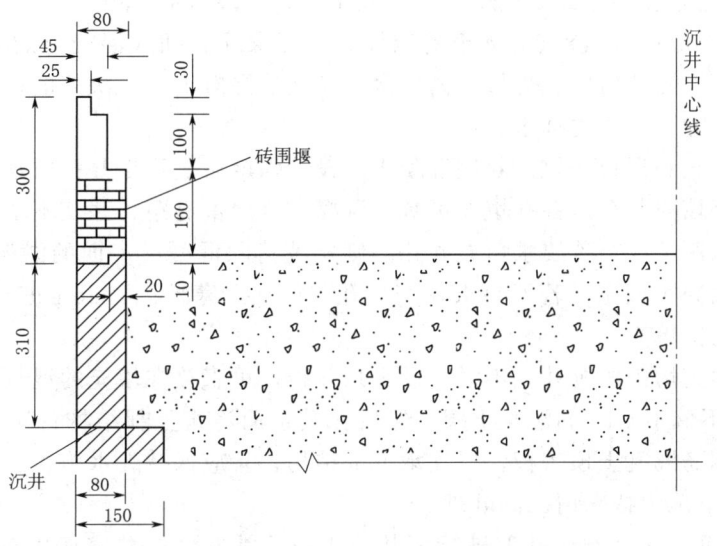

图 5-13 砖砌围堰示意图（单位：cm）

圬工（砖砌、混凝土）围堰系在浅水或岸滩处采用，其高度在 3～5m。若水深流急，围堰高在 5m 以上时，宜采用钢板桩围堰。

（6）测量监控。沉井下沉施工测量工作包括：下沉量、刃脚标高、倾斜、沉井顶面中心位移和沉井底面中心位移等。为了保证沉井均匀下沉，施工测量监控十分重要。尤其对于平面尺寸大或深度大的沉井更为关键。通常，大中型沉井要求每班至少测量 2 次。若发现沉井倾斜，应立刻通报，并迅速采取相应措施，及时进行纠倾。

（7）基底检验和处理。沉井下沉设计标高后，应对基底土质进行检验。若采用不排水开挖下沉

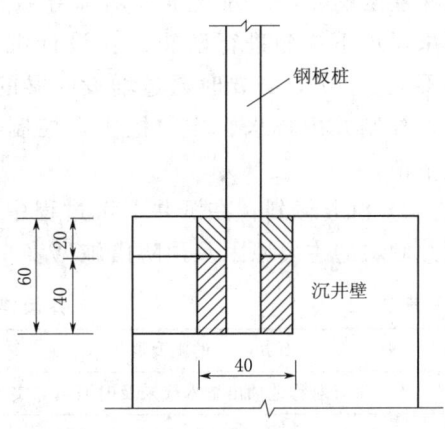

图 5-14 钢板桩围堰示意图（单位：cm）

法应进行水下检验，必要时可用钻机取样检验。若基底土质达不到设计要求，还应对基底作必要的处理：砂性土或黏性土地基，一般可在井底铺砾石或碎石至刃脚底面以上 200mm；岩石地基，应凿除风化岩层，若岩层倾斜，还应凿成阶梯形。确保井底浮土、软土清除干净，使封底混凝土、沉井与地基紧密结合。

（8）沉井封底。当沉井下沉至设计标高时，若 8h 内沉井的下沉量不大于 10mm，且基底检验合格，应及时进行封底。若采用排水下沉，渗水量上升速度不大于 6mm/min，可采用干封法封底；否则抽水时易产生流砂，宜用水下封底法封底。

1）干封法：清除井底虚土，在底部挖一个 0.5～1.0m 深的坑，作为集水井；用水泵在集水井中抽水，使地下水面下降至沉井底面以下；将集水井以外的全部底板一次浇筑入早强剂的混凝土，使底板混凝土尽快达到设计强度；最后提起水泵吸头，快速将加有速凝剂的混凝土填满集水井，仅 3～5min 混凝土即凝固不漏水。

2) 水下封底法：清除井底虚土，如为软土，则铺厚200～300mm的碎石垫层；安装直径为200～300mm水下浇筑混凝土的钢导管，要求导管插入混凝土的深度不小于1m，在沉井全部底面上先外后内、先低后高依次连续浇筑混凝土、一次完成；待水下混凝土达到设计强度后，方可从井内抽水。

(9) 井孔填充和顶板浇筑。封底混凝土达设计强度后，排尽井孔中水。根据受力或稳定要求确定是否填充井孔。井孔填充可减小混凝土合力偏心距，井孔不填充可减小基底压力，节省材料和用工量。若要求填充井孔，则刷洗清除混凝土表面的淤泥、浮浆等杂质，按设计要求分层夯实填充。若不要求填充井孔，但在严寒地区，低于冻结线0.25m以上部分，仍须用圬工填实。

对于井孔填充圬工的沉井，不需要设置顶盖板，可直接在填充的混凝土或砂石顶部浇筑1～2m厚，不低于C15的混凝土层，然后在其顶面浇筑上部结构；对于井孔不填充的沉井则需浇筑钢筋混凝土顶盖板，以支承上部结构，且应保持无水施工。

(10) 沉井下沉中特殊情况的处理。

1) 沉井突沉：在软土地基上进行沉井施工时，常发生沉井突然大幅度下沉的现象。引起突沉的主要原因是沉井井筒外壁土的摩擦阻力较小，在井内排水过多或刃脚附近挖土太深甚至挖除，沉井支承削弱而导致剧烈下沉。这种突沉容易使沉井发生倾斜或超沉，可采用以下措施进行防止：在设计沉井时增大刃脚踏面宽度，并使刃脚斜面的水平倾角不大于60°，必要时通过增设底梁的措施提高刃脚阻力。在软土地基上进行沉井施工时，控制井内排水、均匀挖土，控制刃脚附近挖土深度，刃脚下土不挖除，让刃脚切土下滑。

2) 沉井倾斜：在沉井下沉过程中，特别是沉井下沉不深时，常发生沉井倾斜现象。沉井倾斜的主要原因及预防措施见表5-2。

表5-2　　　　　　　　　　沉井倾斜的主要原因及预防措施

序号	沉井倾斜的主要原因	预 防 措 施
1	没有对称地抽出垫木或未及时回填夯实	认真制订和执行抽垫细则，注意及时回填砂土夯实
2	土层或岩面倾斜较大，沉井沿倾斜面滑动	在倾斜面低的一侧填入挡御，刃脚到达倾斜岩面后，应尽快使刃脚嵌入岩层一定深度，或对岩层钻孔以桩（柱）锚固
3	在软塑至流动状态的淤泥土中，沉井易于偏斜	可采用轻型沉井，踏面宽度宜适当加宽，以免沉井下沉过快而失去控制
4	排水开挖时井内大量翻砂	刃脚处应适当留有土台，不宜挖通，以免在刃脚形成翻砂涌水通道，引起沉井偏斜
5	沉井刃脚下土层软硬不均	随时掌握地层情况，多挖土层较硬地段，对土质较软地段少挖，多留台阶，或适当回填和支垫
6	刃脚一角或一侧被障碍物搁住没有及时发现	当刃脚遇障碍物（如树根、大孤石或钢料铁件）时，须先清除再下沉。对未被障碍物搁住的地段，应适当回填或支垫
7	除土不均匀对称，使井内土面高低相差过大，刃脚下掏空过多，下沉时有突沉和停沉现象	除土时严格控制井内土面高差和刃脚下除土量，增大刃脚踏面宽度，并使刃脚斜面的水平倾角不大于60°，必要时增设底梁

续表

	沉井倾斜的主要原因	预 防 措 施
8	刃脚制作质量差，井壁与刃脚中线不重合	提高刃脚制作质量。若中心偏移则先除土，使井中心向设计中心倾斜，然后在对侧除土，使沉井恢复竖直，如此反复至沉井逐步移近设计中心
9	井外弃土或河床高低相差过大，偏土压对沉井造成的水平推移	井外弃土应远弃或弃于水流冲刷较大的一侧，高侧集中除土、加重物，对河床较低的一侧可抛土（石）回填
10	筑岛表面松软，被水流冲坏或沉井一侧的土被水流冲击掏空等导致沉井受力不对称	事先加强对筑岛的防护，对受水流冲刷的一侧可抛卵石或片石防护

3）难沉：有时在沉井井内挖土后下沉过慢或停沉，甚至将刃脚底掏空也难沉。其主要原因有：井壁侧阻大于沉井自重；井壁无减阻措施或泥浆套、空气幕等遭到破坏；开挖面深度不够，正面阻力大；倾斜，或刃脚下遇障碍物或坚硬岩层和土层。

解决难沉的措施主要是增加压重、减少井壁侧阻、增大开挖面深度和清除刃脚下遇到的障碍物。其中，增加压重的方法有：提前接筑下节沉井，增加沉井自重；在井顶加压沙袋、钢轨等重物；若为不排水下沉时，在保证土体不产生流砂现象的前提下，从井内抽水，减少浮力，增大自重。减小井壁侧阻的方法有：将沉井设计成阶梯形或使外壁光滑；井壁内埋设高压射水管组，射水辅助下沉；利用泥浆套或空气幕辅助下沉。

4）流砂：用排水下沉法在粉、细砂层中下沉沉井，常因土中动水压力的水力梯度大于临界值而出现流砂现象，并可能造成沉井严重倾斜。沉井施工中常采用以下措施防止流砂：向井内灌水，采取不排水除土，减小水力梯度；在沉井四周采用井点降水，降低地下水位，减小水力梯度。

5.4 沉井的设计与计算

沉井的设计计算包括沉井作为整体深基础的计算和施工过程中的结构计算两部分，本节介绍沉井作为整体深基础的计算方法。

1. 沉井的高度

沉井底面标高，可根据沉井的用途、上部或下部结构尺寸要求，基础设计荷载大小，结合水文地质资料（如设计水位、施工水位、冲刷线或地下水位标高，地基土层分布，土的物理力学性质，地基承载力）及施工方法来确定。沉井顶面，一般要求埋入地面以下0.2m，或在地下水位以上0.5m。沉井的顶面与底面高差为沉井的高度。

2. 沉井的平面形状与顶面尺寸

沉井的平面形状应根据上部结构物的平面形状和荷载大小来确定。当上部建筑物的平面面积不大时，用单孔沉井；否则应用多排孔大型沉井，或用多个沉井组合。沉井顶面尺寸每边至少应大于上部结构20cm，以适应沉井下沉过程中可能发生的少量偏差。

3. 沉井的井壁厚度

通常沉井井壁的厚度，由强度和沉井自重下沉要求计算确定。一般大中型沉井井壁厚度为 0.5～1.0m，内隔墙的厚度为 0.5m 左右。小型沉井井壁厚度为 0.3～0.4m。

4. 沉井的地基承载力验算

沉井作为地下结构物时，荷载较小，而基底支承于坚实土层或岩层上，故地基的强度和变形通常不会存在问题。但沉井作为建筑物的深基础时，荷载较大，必须验算地基承载力，一般要求地基强度满足以下条件：

$$F+G \leqslant R_j + R_f \tag{5-1}$$

式中：F 为作用于沉井顶面的竖向荷载，kN；G 为沉井的自重，kN；R_j 为沉井底面地基承载力总和，kN；R_f 为沉井侧面的滑动摩阻力总和，kN。

沉井底面地基承载力总和 R_j 等于该处土的承载力设计值 f 与沉井底部面积 A 的乘积，即

$$R_j = fA \tag{5-2}$$

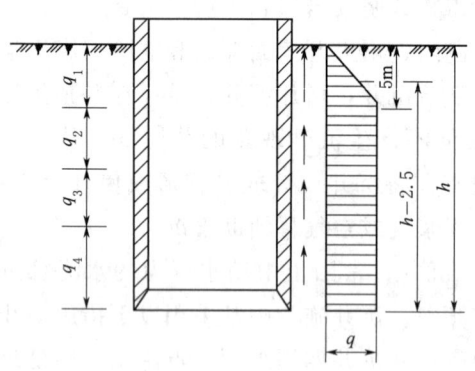

图 5-15 井侧摩擦阻力分布假定

考虑沉井四周地表土被松动，则此部分土的摩擦力不计。简化计算：可假定 5m 范围的摩擦力可按三角形分布，5m 以下为矩形分布，如图 5-15 所示。故沉井侧面的滑动摩阻力总和为

$$R_f = u_p \sum \overline{q_{si}} h_i \tag{5-3}$$

式中：u_p 为沉井的周长，m；h_i 为沉井高度范围内，各土层的厚度，m；q_{si} 为第 i 层土对井壁的摩擦阻力，按实际资料或表 5-3 选用；$\overline{q_{si}}$ 为第 i 层土对井壁的平均摩擦阻力，kPa。

表 5-3　　　　　　　　　　　土对井壁的摩擦阻力 q_s 经验值

土 的 名 称	土井壁的摩擦阻力 q_s/kPa	土 的 名 称	土井壁的摩擦阻力 q_s/kPa
砂卵石	18～30	软塑、可塑黏性土、粉土	12～25
砂砾石	15～20	硬塑黏性土、粉土	25～50
砂土	12～25	泥浆润滑套	3～5
流塑黏性土、粉土	10～12		

注　1. 本表适用于深度不超过 30m 的沉井。
　　2. 泥浆润滑套为灌注在井壁外侧的膨润土泥浆，是一种助沉材料。

5. 沉井的基底应力和横向抗力验算

根据埋置深度的不同，沉井基础的计算方法也不同。当沉井埋置深度在最大冲刷线以下较浅仅数米时，可以不考虑基础侧面土的横向抗力影响，而按浅基础设计计算。当沉井基础埋置深度较大时，由于埋置在土体内较深，不可忽略沉井周围土体对沉井的约束作用，因此在验算地基应力、变形及沉井的稳定性时，需要考虑基础侧面土体弹性抗力的影响。

5.4 沉井的设计与计算

后一种计算方法的基本假定条件是：①地基土作为弹性变形介质，水平向地基系数随深度成正比例增加；②不考虑基础与土之间的黏结力和摩擦力；③沉井基础的刚度与土的刚度之比可认为是无限大。由以上假定条件可得，沉井基础在横向外力作用下只能发生转动而无挠曲变化，因此，可按刚性桩柱（刚性杆件）计算内力和土抗力。以下仅用后一种计算方法讨论非岩石地基上沉井基础的计算。

如图 5-16 所示，在非岩石地基上高为 l 的沉井基础受到水平力 H 及偏心距为 e 的竖向力 ($V=\sum F+G$) 作用。可把这两个力转化为距基底 λ 的水平力 H 及轴心竖向压力 ($V=\sum F+G$)。

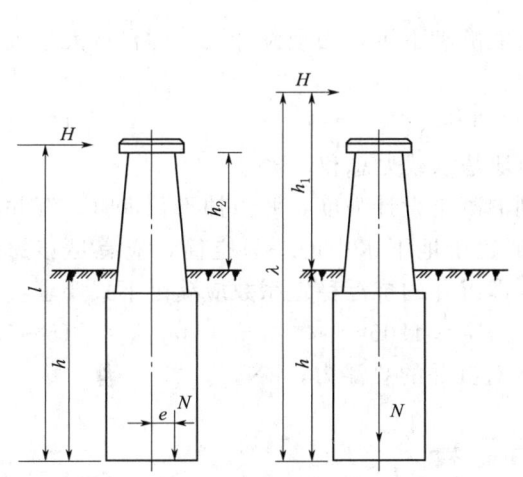

图 5-16 荷载作用与简化情况

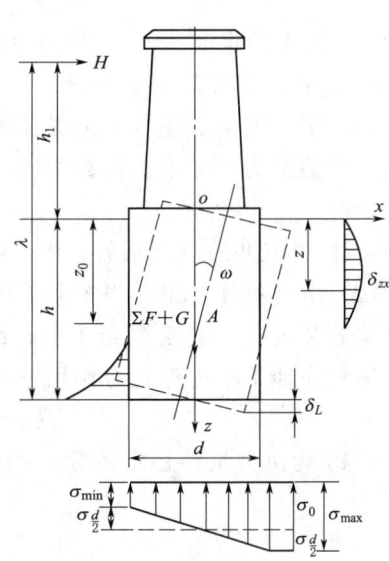

图 5-17 荷载作用下应力分布

$$\lambda=(Ve+Hl)/H=(\sum M)/H \tag{5-4}$$

理论计算表明沉井围绕地面下深度 z_0 处的 A 点转动 ω 角，如图 5-17 所示地面下深度为 z 处沉井受到土的横向抗力 σ_{xz} 为

$$\sigma_{xz}=6H_z(z_0-z)/\eta h \tag{5-5}$$

式中：$\eta=(\beta b_1 h^3+18W_0 d)/2\beta(3\lambda-h)$，$\beta=C_h/C_0=mh/C_0$；$\beta$ 为深度 h 处沉井侧面的水平向地基系数与沉井底面的竖向地基系数比值；b_1 为基底计算宽度；d 为沉井基底偏心方向几何宽度；W_0 为基底抗弯截面模量。

$$z_0=\frac{\beta b_1 h^2(4\lambda-h)+6dW_0}{2\beta b_1 h(3\lambda-h)} \tag{5-6}$$

基底边缘处压应力：

$$\sigma_{\min}^{\max}=\frac{V}{A_0}\pm\frac{3Hd}{\eta\beta} \tag{5-7}$$

式中：A_0 为基底面积；其余符号意义同前。

基底最大压应力应小于或等于沉井底面处地基土的承载力设计值 f，即

$$\sigma_{\min}^{\max} = \frac{V}{A_0} \pm \frac{3Hd}{\eta\beta} \leqslant f \qquad (5-8)$$

当要求井侧水平压应力 σ_{xz} 应小于沉井周围土的极限抗力值,计算时可认为沉井在外力作用下产生位移时,深度 z 处沉井一侧产生主动土压力 E_a,而另一侧受到被动土压力 E_p 作用,故井侧水平压应力应满足:

$$\sigma_{xz} = E_p - E_a \qquad (5-9)$$

其中
$$\sigma_{xz} = H_z(h-z)/Dh$$

由朗肯土压力理论可导得

$$\sigma_{xz} \leqslant 4(\gamma z \tan\varphi + c)/\cos\varphi \qquad (5-10)$$

式中:γ 为土的重度;φ、c 分别为土的内摩擦角和黏聚力。

6. 沉井自重验算

(1) 沉井的下沉系数。为保证沉井施工时能顺利下沉,必须设计沉井的自重大于沉井外壁的摩擦阻力,即下沉系数应满足下式要求:

$$k_1 = G/R_f \geqslant 1.1 \sim 1.25 \qquad (5-11)$$

式中:k_1 为沉井的下沉系数;R_f 为沉井底面地基承载力总和,kN。

(2) 沉井抗浮稳定。当沉井封底后,达到混凝土设计强度。井内抽干积水时,沉井内部尚未安装设备或浇筑混凝土前,此沉井类似置于地下水中的一只空筒,应有足够的自重,避免在地下水的浮托力作用下沉井上浮。即沉井的抗浮稳定系数应满足下式要求:

$$k_2 = (G + R_f)/P_W \geqslant 1.05 \qquad (5-12)$$

式中:k_2 为沉井抗浮稳定系数;P_W 为地下水对沉井的总浮力,kN。

练 习 题

5-1 按施工方法、所用材料、横截面形状和竖向剖面形状沉井可分别分为哪些类型?

5-2 沉井主要有哪些主要的优缺点?一般什么情况下可考虑采用沉井基础?

5-3 简述一般沉井主要由哪几部分组成以及各部分的作用。

5-4 沉井下沉对材料强度有何要求?沉井在地面下沉有哪几种方法?

第6章 软基处理

教学提示：本章主要介绍软土地基处理常用的方法及相关设计方面的基本知识，首先介绍软土地基处理的垫层及砂桩置换法，然后重点介绍基于软土固结理论的排水固结法，最后介绍软基处理的强夯法。

教学要求：本章要求重点掌握排水固结法，熟悉软基的换填垫层法和强夯法；了解地基处理的砂桩处理法。

水工建筑物软土地基处理的目的是改变地基的性能，以满足强度、耐久性、抗渗性和整体性等要求。在水利工程施工中，必须十分重视地基处理，以确保水工建筑物的安全运行。软土地基处理的方法很多，例如换填垫层法、强夯法、砂井预压法、深孔爆破加密法、混凝土灌注桩、排水固结法、石灰桩加固法等。本书介绍水利工程中几种常用的软基加固设计方法。

6.1 换填垫层设计

6.1.1 砂（砂砾、碎石）垫层设计

砂垫层的设计原则是既要有足够的厚度以置换可能受剪切破坏的软弱土层，又要有足够的宽度以防止砂垫层向两侧挤出（图 6-1）。作为排水垫层还要求形成一个排水层面，以利于软土的排水固结。

1. 垫层厚度确定

垫层厚度应根据垫层底部软弱下卧层的承载力确定，并满足下式：

$$p_z + p_{cz} \leqslant f_{az} \tag{6-1}$$

式中：p_z 为垫层底面处的附加应力值，kPa；p_{cz} 为垫层底面处的自重压力值，kPa；f_{az} 为垫层底面处经修正的地基承载力特征值，kPa。

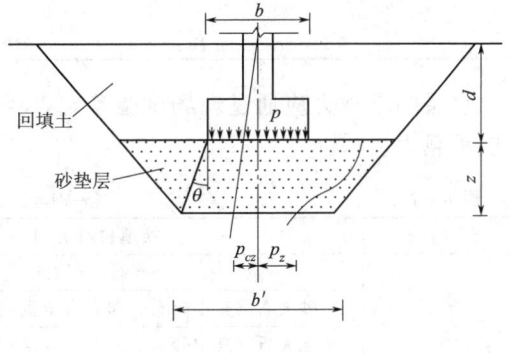

图 6-1 垫层内应力分布

$$f_{az} = f_{ak} + \eta_d \gamma (b-3) + \eta_d \gamma_0 (d-0.5) \tag{6-2}$$

式中：f_{ak} 为软弱下卧地层地基承载力特征值，kPa；η_b、η_d 为基础宽度和埋深的承载力修正系数；γ 为垫层底面下土的重度，地下水位以下取浮重度，kN/m³；b 为基础底面宽度，m，基宽小于 3m，按 3m 考虑，大于 6m 时按 6m 考虑；γ_0 为基础底面以上土的加权平均重度，kN/m³；d 为基础埋置深度，m，小于 0.5m 时取 0.5m。

砂垫层厚度一般为 0.5～3m。垫层太厚施工较困难，太薄作用不显著。砂垫层底面处的附加应力值 p_z，通常可按简化的压力扩散角法求得。即假定压力按某一扩散角向下扩散，在作用范围内假定为均匀分布，则 p_z 可按以下两式计算：

条形基础：
$$p_z = \frac{b(p_k - p_c)}{b + 2z\tan\theta} \tag{6-3}$$

矩形基础：
$$p_z = \frac{bl(p_k - p_c)}{(b + 2z\tan\theta)(l + 2z\tan\theta)} \tag{6-4}$$

式中：p_k 为基础底面平均压力值，kPa；p_c 为基础底面处土的自重压力值，kPa；b 为矩形（或条形）基础底面的宽度，m；l 为矩形基础底面的长度，m；z 为砂垫层的厚度，m；θ 为砂垫层的压力扩散角，可按表 3-5 选用。

在具体计算时，可先假设一个厚度，然后按式（6-1）验算，如果不能满足，应重新假定一个厚度进行验算，直到满足要求为止。

2. 垫层宽度的确定

垫层宽度 b' 应满足基础底面应力扩散的要求，其宽度要根据当地实际情况确定。对条形基础可按下式计算，

$$b' \geqslant b + 2z\tan\theta \tag{6-5}$$

垫层顶面宽度一般宜超出基础底不小于 300mm，或从垫层底面两侧向上按当地基坑开挖经验的要求放坡，向上延伸至地表面。当垫层两侧土质较好时，垫层顶部与底部可以等宽，其宽度可沿基础两边各放出 300mm，侧面土质较差时，应增加垫层底部的宽度，具体计算时可根据侧面土的承载力按表 6-1 中的规定计算。

表 6-1　　　　　　　　软土地基垫层加宽的规定

垫层侧面土承载力特征值/kPa	垫层底部宽度/m	备　注
$f_{ak} \geqslant 200$	$b' = b + (0\sim0.6)z$	b——基础宽度
$120 \leqslant f_{ak} < 200$	$b' = b + (0.6\sim1.0)z$	z——垫层厚度
$f_{ak} < 120$	$b' = b + (1.6\sim2.0)z$	

垫层的承载力应通过现场试验确定，当无实验资料时，可按表 6-2 选用，并验算下卧层承载力。

表 6-2　　　　　　　　各种垫层的承载力

施工方法	换填材料类别	压实系数 λ_c	承载力特征值/kPa
碾压或振密	碎石、卵石	0.94～0.97	200～300
	砂夹石（其中碎石、卵石占全重的 30%～50%）		200～250
	土夹石（其中碎石、卵石占全重的 30%～50%）		150～200
	中砂、粗砂、砾砂		150～200
	黏性土和粉土（8<IP<14）		130～180
	灰土	0.93～0.95	200～250
重锤夯实	土或灰土	0.93～0.95	150～200

注　1. 压实系数小的垫层，承载力特征值取低值，反之取高值。
　　2. 重锤夯实土的承载力标准值取低值，灰土取高值。
　　3. 压实系数 λ_c 为土的控制干密度 ρ_d 与最大干密度 $\rho_{d\max}$ 的比值，土的最大干密度宜采用击实实验确定，碎石或卵石的 $\rho_{d\max}$ 可取 2000～2200kg/m³。

6.1 换填垫层设计

砂垫层断面确定后，对比较重要的建筑物还要验算基础的沉降，沉降值应小于建筑物的容许沉降。建筑物基础的沉降包括：一部分是砂垫层的沉降；另一部分是在砂垫层下压缩层范围内的软弱土层的沉降。

砂垫层自身的沉降仅考虑其压缩变形，垫层的压缩模量，应由荷载试验确定。下卧土层的变形值可由分层总和法求得。

对于超出原地面标高的垫层或换填材料的密度高于天然土层密度的垫层，宜早换填并应考虑附加荷载对建筑物及邻近建筑沉降的影响。

6.1.2 土垫层设计

素土、灰土、二灰土垫层总称土垫层，适用于处理 1～4m 厚的软弱土层。

灰土垫层中石灰和土的体积比一般以 2：8 或 3：7 为最佳。垫层强度随含灰量的增加而提高。但含灰量超过一定值后，灰土强度增加很慢。

二灰垫层是将石灰和粉煤灰两种材料按 2：8 或 3：7 体积比加适当水拌和均匀后分层夯实。其强度比灰土垫层高得多，常用于处理湿陷性黄土的湿陷性。

1. 垫层厚度确定

软土地基上土垫层厚度的确定与砂垫层相同。

对非自重湿陷性黄土地基上的垫层厚度应保证天然黄土层所受的压力小于其湿陷性起始压力值。根据试验结果，当矩形基础的垫层厚度为 0.8～1.0 倍基底宽度，条形基础的垫层厚度为 1.0～1.5 倍基底宽度时，能消除部分至大部分非自重湿陷性黄土地基的湿陷性。当垫层厚度为 1.0～1.5 倍柱基基底宽度或 1.5～2.0 倍条基基底宽度时，可基本消除非自重湿陷性黄土地基的湿陷性。

在自重湿陷性黄土地基上，垫层厚度应大于非自重湿陷性黄土地基上垫层的厚度，或控制剩余湿陷量不大于 20cm 才能取得好的效果。

2. 垫层宽度确定

灰土垫层的宽度确定可取 $b'=b+2.5z$，素土垫层的宽度可按下列方法之一确定：

(1) 当垫层厚度小于 2m 时，宽度可取 $b'=b+2z/3$，且 $b'\geqslant(b+0.6)$m；当垫层厚度大于 2m 时，应考虑基础宽度的影响，可适当加宽，且 $b'\geqslant(b+1.4)$m。

(2) 每边按 $0.2b\sim0.3b$ 加宽，但不得小于 30cm 和不得大于 70cm。

(3) 按 $b'\geqslant b+2z\tan\theta$ 计算，素土取 $\theta=22°$，灰土取 $\theta=28°$。

3. 平面处理范围

素土垫层或灰土垫层可分为局部垫层和整片垫层。

整片素土垫层宽度可取 $b'\geqslant(b+3)$m，当 $z>2$m 时，b'可适当加宽。

在湿陷性黄土场地，若仅要求消除基底下处理土层的湿陷性时，宜采用局部或整片素土垫层；当还要求提高土的承载力或水稳定性时，宜采用局部或整片灰土垫层。局部垫层的平面处理范围，其宽度可按下式计算：

$$b'\geqslant b+2z\tan\theta+c \quad (b'\geqslant z/2) \tag{6-6}$$

式中：c 为考虑施工机具影响而增加的附加宽度，宜为 200mm。

整片垫层的平面处理范围，每边超出建筑物外墙基础外缘的宽度不应小于垫层的厚度，并不应小于 2m。

6.1.3 粉煤灰垫层

粉煤灰和天然土中的化学成分具有很大的相似性，其主要化学成分为硅、铝、铁等的氧化物，其中硅、铝氧化物总量超过 70% 以上。经有关研究证实，粉煤灰具有火山灰的特性，在潮湿条件下具有凝硬性，且在碱性物质激发作用下，与 SiO_2、Al_2O_3 等物质进行水化反应，生成水化产物，使碾压密实的粉煤灰颗粒胶结固化形成块体结构，提高粉煤灰的强度，降低压缩变形，增强抗渗性和水稳定性。

粉煤灰具有良好的物理、化学性能，是一种良好的换填材料。其压实曲线与黏性土相似，具有相对较宽的最优含水量区间，即其干密度对含水量的敏感性比黏性土小。因此，粉煤灰在换填施工中达到最大干密度时，所对应的最优含水量易于控制。

粉煤灰压实垫层遇水后强度会降低，降低幅度为 20%～30%，压缩变形量增大约 10%。

粉煤灰的内摩擦角、黏聚力、压缩模量、渗透系数等随粉煤灰的材质和压实密度而变化，应通过室内土工实验确定。

粉煤灰垫层的设计可参照砂垫层设计方法和有关的技术要求进行。在缺少资料和没有工程经验的情况下采用粉煤灰垫层，应对使用的材料进行物理、化学和力学性质试验，为设计提供资料及技术参数。

在确定粉煤灰垫层厚度时，可取其压力扩散角为 22°，计算方法同砂垫层。

粉煤灰垫层的承载力一般应通过现场试验确定，当无试验资料时，可参考以下数据：①经过人工压实（夯实）的粉煤灰垫层，当压实系数控制在 0.90 及其干密度为 $0.9\rho_{d\max}$（kg/m³）时，其承载力可达 120～150MPa；②当压实系数控制在 0.95 及其干密度为 $0.95\rho_{d\max}$（kg/m³）时，其承载力可达 300MPa，但应进行下卧层强度验算。

6.2 砂 桩

砂桩是指用振动或冲击荷载在软弱地基中成孔后，再将砂挤压入土中，形成大直径的密实柱体。

砂桩适用于松散砂土、人工填土、粉土和杂填土等地基，以提高地基的强度，减少地基的压缩性，或提高地基的抗震能力，以防止饱和松散砂土地基的振动液化。对加固饱和软弱土地基则应慎重，对以变形为控制条件的建筑物地基，砂桩处理后的软弱地基需经预压，消除沉降后才可作为建筑物地基，否则难以满足建筑物对沉降的要求。

根据国内外的使用经验，砂桩适用于散料堆场、码头、路堤、油罐等工程的地基加固。

6.2 砂　　桩

6.2.1 砂桩的加固机理

1. 松散砂土层中的砂桩加固机理

砂土属单粒结构，可分为疏松和密实两种极端状态。密实的单粒结构，颗粒间的排列已接近最稳定状态，在动（静）荷载作用下，一般不再产生大变形。疏松的单粒结构，颗粒间孔隙大，颗粒位置不稳定，在动（静）荷载作用下容易产生位移，因而会产生较大的沉降，特别在动荷载作用下更为显著，体积可减少20%，因此必须经过人工处理后才可作为建筑物的地基。

砂桩在成桩过程中，因采用振动或冲击方法，桩管对周围砂土产生很大的横向挤压力，将地基中等于桩管体积的砂挤向周围的砂层，这种强制挤密使砂土的相对密实度增加，孔隙比降低，干密度和内摩擦角增大，土的物理学性能得到改善，地基承载力大幅度提高，一般可提高2~5倍。当砂土地基被挤密到临界孔隙比以下时，还可防止砂土振动液化。

2. 软弱黏土层中的砂桩加固机理

砂桩在软弱黏性土地基中主要起置换作用和排水作用，这样形成的复合地基，可提高地基的承载力和整体稳定性。

（1）置换作用。黏性土多为蜂窝结构，在成桩过程中受扰动后，比具有相同密实度和含水量的原状土的力学性质会降低，不仅很难起到挤密加固作用，还会使桩周土地强度出现暂时降低。所以砂桩加固软弱地基主要是利用砂桩本身的强度形成复合地基，提高地基的承载力和整体稳定性。

（2）排水作用。一般软弱地基土的渗透性很小，渗透系数多为 1×10^{-7}~1×10^{-4} cm/s。在软弱地基中设置砂桩后，减少了软弱地基土的排水距离，加快了固结速率，有助于地基土强度的提高。

6.2.2 砂桩的设计与计算

1. 加固范围确定

加固范围是根据建筑物的重要性和场地条件确定，通常砂桩挤压地基的宽度应超出基础的宽度。每边放宽不应少于1~3排；当砂桩用于防止砂层液化时，每边放宽不宜小于处理深度的1/2(并不应小于5m)。当可液化层上覆盖有厚度大于3m的非液化层时，每边放宽不宜小于液化层厚度的1/2(并不小于3m)。

2. 桩位布置

砂桩最常用的布置方式有等边三角形和正方形两种。对于砂土地基，砂桩主要起挤密作用，采用等边三角形更有利，可使地基挤密，且较为均匀。对于软黏土地基。采用正方形或等边三角形均可。

3. 砂桩直径

可根据成桩方法、施工机械能力和置换率确定，多采用300~800mm。对饱和黏性土地基宜选用较大的直径。

4. 砂桩长度

砂桩长度应根据软弱土层的性能、厚度或工程要求按下列原则确定：

（1）当软弱土层厚度不大时，砂桩应穿过软弱土层，以减少地基变形。

（2）当软弱土层厚度较大时，对按稳定性控制的工程，砂桩长度应不小于最危险滑动面以下 2m 深度；对按变形控制的工程，砂桩长度应满足砂桩复合地基沉降量不超过建筑物地基容许沉降量的要求，并满足地基软弱下卧层强度的要求。

（3）在可液化地基中，桩长应穿透可液化层。

（4）桩长不宜小于 4m。

5. 桩距计算

砂桩在砂性与软弱黏性土中作用机理不同，桩距计算方法也有差别，通常桩距是通过现场试验确定，如无现场试验资料，也可采用计算方法进行估算。

（1）砂性土地基中桩距设计。当前砂性土地基中桩距设计方法主要有两种：第一种方法假定挤密后土体中土颗粒增多而面积不变，由加固后要求的孔隙比计算出砂桩的间距；第二种方法是以灌砂率为参数，绘出天然地基标贯值、砂桩地基桩土间标贯值之间关系曲线，借以求出砂桩间距和灌砂量。

1）根据孔隙比要求设计。设砂桩的布置如图 6-2 所示。假定在松散沙土中打入砂桩能起到 100% 的挤密效果，即成桩过程中地面没有隆起或下沉现象，被加固的砂土没有流失。设一根砂桩所分担的加固面积为 A，桩截面积为 A_p，桩距为 L，单位深度灌砂量为 q，原砂土地基单位深度的平均体积为 V_0，其中砂颗粒体积为 V_s，见图 6-3。图中 V_v 为天然地基中单位深度加固区的孔隙体积，V_v' 为加固挤密后的孔隙体积。

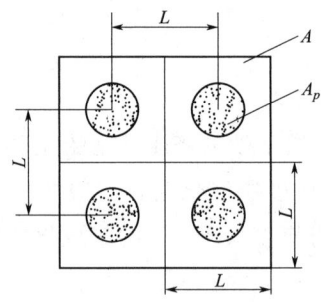

图 6-2 正方形布置

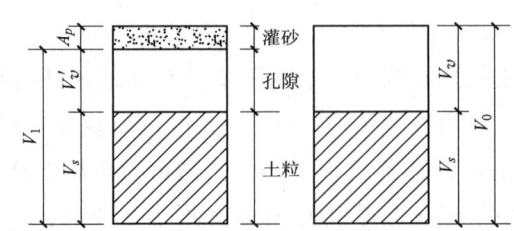

图 6-3 孔隙比变化图

当桩平面布局按正方形布置时：

处理前体积 $$V_0 = L^2 \times 1 = V_s(1+e_0) \tag{6-7}$$

处理后体积 $$V_1 = V_s(1+e_1) = V_0 - q = V_0 - A_p \times 1 \tag{6-8}$$

式中 $e_0 = V_v/V_s$，$e_1 = V_v'/V_s$。

由式（6-7）、式（6-8）可得

6.2 砂 桩

$$\frac{V_1}{V_0} = \frac{1+e_1}{1+e_0} = \frac{V_0 - A_p}{V_0} \tag{6-9}$$

$$A_p = \frac{e_0 - e_1}{1+e_0} V_0 = \frac{e_0 - e_1}{1+e_0} L^2 \tag{6-10}$$

设桩体直径为 d，则 $A_p = \pi d^2/4$。

当砂桩按正方形布置时：

$$L = 0.89 \xi d \sqrt{\frac{1+e_0}{e_0 - e_1}} \tag{6-11}$$

当砂桩按等边三角形布置时：

$$L = 0.95 \xi d \sqrt{\frac{1+e_0}{e_0 - e_1}} \tag{6-12}$$

式中：ξ 为修正系数，当考虑震动下沉密实作用时，可取 1.1～1.2；不考虑时，可取 1.0。

地基挤密后要求达到的孔隙比 e_1 可由两种方法确定：

(a) 根据工程对地基承载力的要求，结合设计规范，给出砂土要求的密实度，从而推算出加固后的孔隙比 e_1。砂土密实度的划分可参考表 6-3。

表 6-3　　　　　　　　　砂土密实度参考表

土类＼状态	密 实	中 密	稍 密	松 散
砾砂、粗砂、中砂	$e < 0.60$	$0.60 \leqslant e \leqslant 0.75$	$0.75 < e \leqslant 0.85$	$e > 0.85$
细砂、粉砂	$e < 0.70$	$0.70 \leqslant e \leqslant 0.85$	$0.85 < e \leqslant 0.95$	$e > 0.95$

(b) 根据工程的抗震要求，确定加固后地基的相对密实度 D_r，再按下式求得

$$e_1 = e_{\max} - D_r(e_{\max} - e_{\min}) \tag{6-13}$$

式中：$e_{\max}$、$e_{\min}$ 分别为砂土的最大和最小孔隙比；D_r 为相对密实度，可取 0.70～0.85。

2) 根据灌砂率设计。砂桩单位深度的平均灌砂率可由下式计算：

$$F_v = q/A \tag{6-14}$$

式中：q 为砂桩单位深度的灌砂量，m^3/m；A 为单根砂桩分担的加固面积，m^2。

(a) 用试算法求 F_v，先假定一个灌砂率为 F_v，由图 6-4 和图 6-5 分别查得处理后砂桩中心处的标贯值 N_p 和桩间土的标贯值 N_1'，把 N_p 与 N_1' 代入下式即可求得地基处理后的平均标贯值 $\overline{N_1}$。

如果 $\overline{N_1}$ 与设计要求的标贯值 N_1 不一致，重新取一个 F_v 值，直至计算出的 $\overline{N_1}$ 与设计要求的 N_1 相等，这个 F_v 就是要求的值，然后再由图 6-6 和图 6-7 查得所求桩距。

$$\overline{N_1} = F_v N_p + (1 - F_v) N_1' \tag{6-15}$$

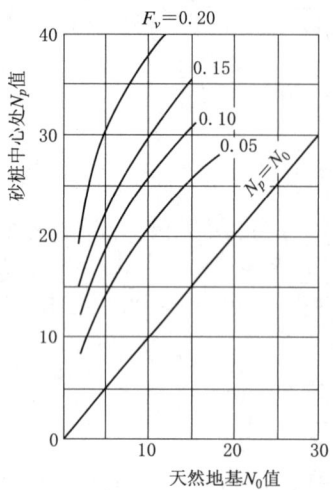
图 6-4 N_0 值和砂桩中心 N_p 值关系

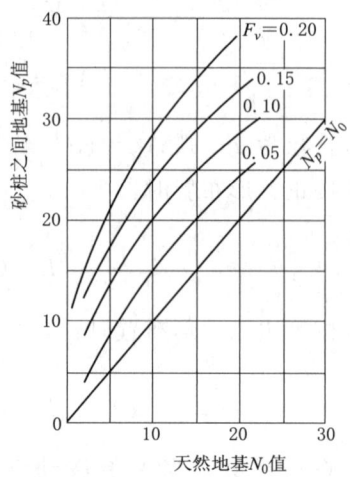
图 6-5 N_0 值和砂桩之间地基 N_1 值关系
（引自中崛和英等）

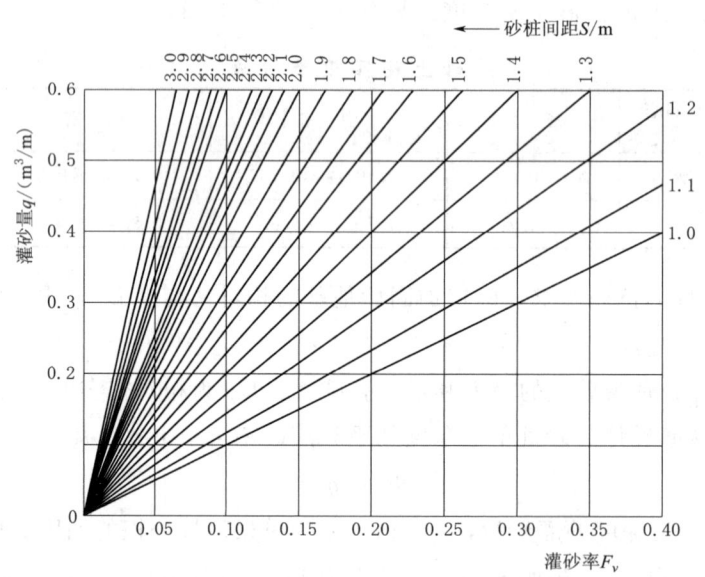
图 6-6 砂桩间距（正方形布置）和灌砂率及灌砂量关系

图 6-6 和图 6-7 是根据一些实际工程的资料作出的，只有当采用的施工方法与这些实例相同时，才可使用这些曲线设计桩距。

(b) 由诺谟图求灌砂率 F_v。先假定一个 F_v 值，由图 6-8 求出处理后的平均标贯值 $\overline{N_1}$。如果所查出的 $\overline{N_1}$ 与设计要求的标贯值 N_1 不符时，可改变 F_v，直到 $\overline{N_1}$ 与 N_1 相等。这时的 F_v 就是要求的值，再由图 6-6 或图 6-7 确定桩距。

6.2 砂　桩

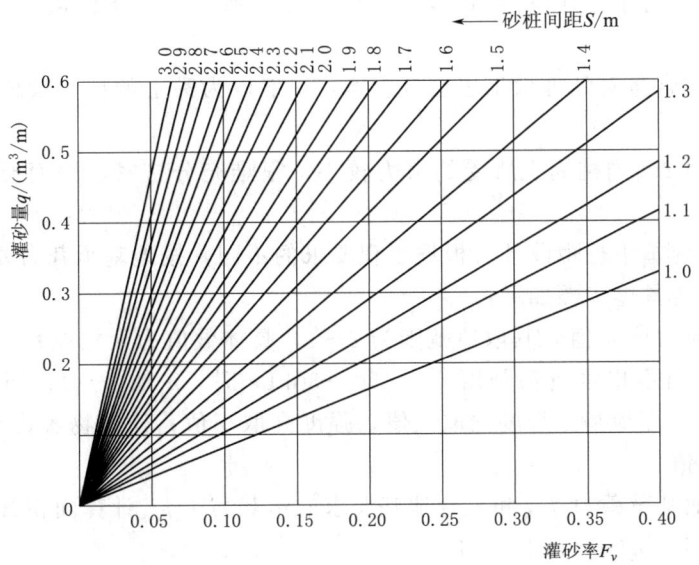

图 6-7　砂桩间距（三角形布置）和灌砂率及灌砂量关系

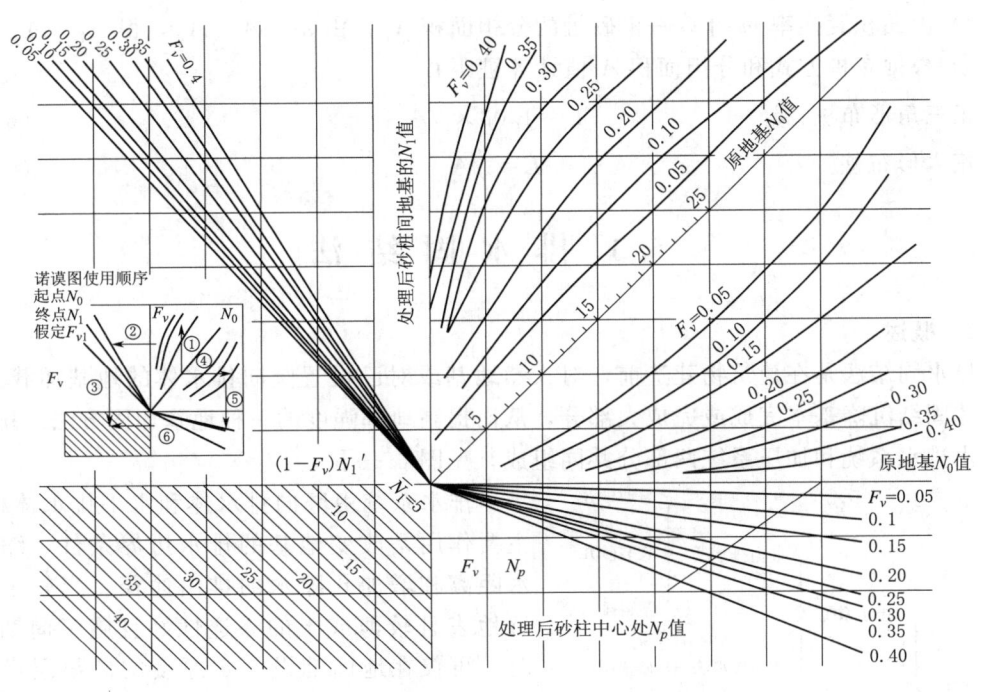

图 6-8　砂性土中砂桩设计所用诺谟图

根据灌砂率设计桩距应注意事项：

a）确定天然地基的平均标贯击数 N_0 时，应考虑砂土密实度分布的不均匀性。地基含水量对处理效果有很大影响。当砂土处于完全干燥或饱和状态时才可能获得最大的振动

113

密实度。如果砂土含水但并不饱和时,由于毛细压力作用,砂土的振动荷载作用难以获得好的挤密效果。

b) 黏土颗粒含量对处理效果也会有影响,一般以为黏土颗粒含量超过20%,挤压效果明显降低。

c) 地表层约2m内桩周土所受约束力较小,很难充分挤密,因而要用其他表层压实方法进行处理。

(2) 黏性土地基中桩距设计。根据工程要求的不同,按地基承载力要求,黏性土地基中桩距设计方法的具体步骤如下:

1) 选定桩应力比 n 值,其取值范围为 $2\sim4$,具体数值为天然地基土强度或建筑物的容许变形而定。当不排水抗剪强度 $C_u=20\sim30\text{kPa}$ 时,n 取 $3\sim4$;当 $C_u=30\sim40\text{kPa}$ 时,n 取 $2\sim3$。天然地基土强度低取大值,强度高取小值;建筑物容许变形值小取低值,容许变形大取高值。

2) 由天然地基承载力 f_{ak} 和复合地基要求的承载力 $f_{ak,p}$ 计算面积置换率 m 值。由 $f_{ak,p}=[1+m(n-1)]f_{ak}$ 得

$$m=\frac{f_{ak,p}/f_{ak}-1}{n-1} \tag{6-16}$$

3) 选定砂桩直径 d,计算砂桩面积 $A_p(A_p=\pi d^2/4)$。

4) 由面积置换率 m 计算一根砂桩的分担面积 A_e,由 $m=A_p/A_e$,得 $A_e=A_p/m$。

5) 根据布桩方式和分担面积 A_e 值计算桩距 L。

正三角形布桩: $$L=1.08\times\sqrt{A_e} \tag{6-17}$$

正方形布桩: $$L=\sqrt{A_e} \tag{6-18}$$

6.3 排水固结法

6.3.1 概述

排水固结法是在建筑物建造前,对天然地基或对已设置竖向排水体的地基加载预压,使土体固结沉降基本完成或完成大部分,从而提高地基强度的一种地基加固方法。排水固结法由排水系统和加压系统两部分共同组成,见图 6-9。

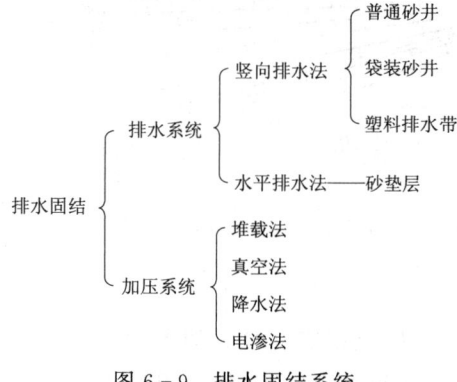

图 6-9 排水固结系统

排水系统由竖向排水体和水平排水体构成,主要作用是改变地基的排水边界条件,缩短排水距离和增加孔隙水的排出途径。当软土层靠近地表且较薄或土的渗透性好且施工周期较长时,可仅在地面铺设一定厚度的砂垫层而不设竖向排水通道,使土中的孔隙水在荷载作用下向上排至砂垫层而产生固结沉降。若软土层较厚时,为加快排水固结,应在地基中设置砂井等竖向排水体,与水平砂垫层一起构成排水系统。

加压系统是指对地基施加荷载的装置。

排水系统与加压系统总是联合使用的。如果只设置排水系统，不施加固结压力，土中的孔隙水没有压差，不会自然向外排出，强度也无法提高。如果只施加固结压力，不设置排水体，孔隙水很难排出来，地基土的固结沉降需要较长的时间。

目前，实际工程中应用较多的排水固结法有砂井（塑料排水板）加载预压和砂井（塑料排水板）真空预压。

排水固结法一般适用于饱和软黏土、吹填土、松散粉土、新近沉积土、有机质土及泥炭土地基，应用范围包括吹填码头、路堤、仓库、罐体及飞机跑道等。

6.3.2 排水固结的原理

饱和软黏土地基在荷载作用下，孔隙水中形成压差，从而使孔隙水由排水通道缓慢排出，土体孔隙体积减少，土中有效应力增加，地基发生固结沉降，地基土强度逐渐增长。这一原理可由图 6-10 来说明。当土中的固结压力为 σ_0'，其孔隙比为 e 时，$e-\sigma_c'$ 在坐标上对应于 a 点，当压力增 $\Delta\sigma'$，其孔隙比减少 Δe，对应于曲线上 c 点，曲线 $\overparen{abc}$ 称为压缩曲线。同时，在坐标中，抗剪强度成比例增长，由 a 点提高到 c 点。如果卸除固结压力，土样发生膨胀，由 c 点回到 e 点，曲线 $\overparen{cde}$ 为卸荷曲线。若对土样再施加压力，土样发生再压缩，由 f 点沿虚线变化到 c 点，曲线 $\overparen{efc}$ 称为再压缩曲线。

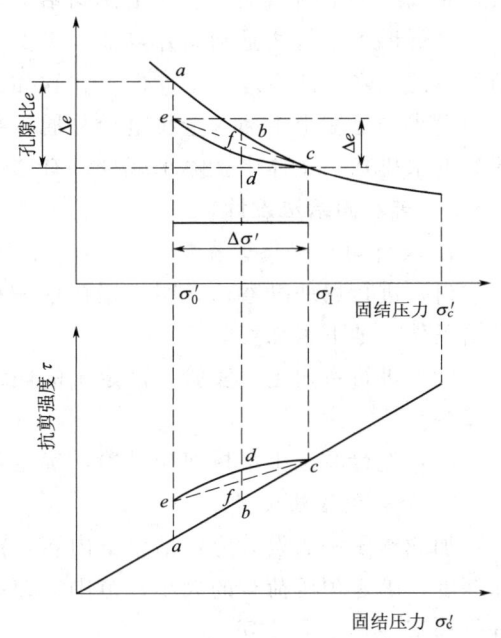

图 6-10 排水固结法原理图

从两条压缩曲 $\overparen{abc}$ 和 $\overparen{efc}$ 可看出，施加同样的压力，孔隙比的变化量却不一样，土样在被再压缩时的孔隙比减小值比初压缩时的孔隙比减小值要小得多。

排水固结法就是运用上述原理来对软土地基进行处理。在建筑物建造前，预先对地基施加荷载，使地基完成大部分沉降，抗剪强度也得到提高。卸荷后，再建造建筑物时，在建筑物荷载作用下产生的沉降将大大减少。

排水固结法的关键在于排出孔隙水，使孔隙减少及有效应力增加，从而产生沉降固结。根据固结理论，固结时间与排水距离的平方成正比，缩短排水距离可大大缩短固结时间。在地基中设置砂垫层及砂井等（见图 6-11）的目的就是为了增加排水途径，缩短排水距离，从而加快软弱土层的排水固结。

排水固结法的加荷方式既可采用上述的直接堆载法，也可采用真空抽吸、预压，降低地下水位及电渗法。

真空预压法是将不透气的薄膜铺设在需要加固的软土地基表面的砂垫层上，通过土体中设置的竖向排水体及埋设于砂垫层中的滤水管道，将薄膜下土体中的水、气抽出，从而

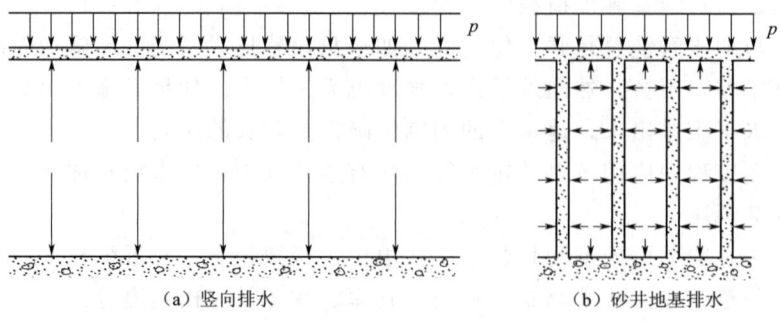

图 6-11 地基土排水原理

在土体与砂垫层及砂井等竖向排水体之间形成压差,发生渗流,使土中孔隙水压力不断降低,有效应力不断增加,促使土体固结沉降。

降低地下水位法是利用井点抽水降低地下水位以增加土的有效应力,从而达到加速固结的目的。降水法最适用于砂性土和软黏土层中存在砂或粉土的情况。

电渗法是在土中插入金属电极并通以直流电,使土中水分由阳极流向阴极。如将阳极积集的水排除,土体中孔隙水减少、有效应力增大从而产生沉降固结。

6.3.3 排水固结法设计

1. 设计前应取得的资料

(1) 进行场地勘察,查明土层在水平和竖直方向的分布和变化、透水层的位置及水源补给条件、地下水深度等。

(2) 进行室内土工实验,确定土的固结系数、孔隙比和固结压力关系、三轴试验抗剪强度等。

(3) 进行原位十字板剪切试验,确定各土层十字板抗剪强度。

2. 加载预压法设计

加载预压法的设计应包括以下内容:选择竖向排水体,确定其尺寸、间距、排列方式和深度;确定预压荷载的大小、范围、速率和预压时间;计算地基的固结度、强度增长;进行稳定性和变形计算。

(1) 预压荷载计算。预压荷载的大小应根据设计要求确定,通常取建筑物的基底压力值,对于沉降要求严格的建筑,应采用超载预压法,即预压荷载大于建筑物的基底压力值。

由于软黏土地基抗剪强度低,不能快速加载,必须分级施压,待上一级荷载作用下地基强度可承受下一级荷载时,才能施加下一级荷载。在进行具体计算时,可先拟定一个初步加载计划,然后校核这一加荷计划下地基的稳定性和沉降。加载预压的计算步骤如下:

1) 利用天然地基土的抗剪强度,计算第一级容许施加的荷载 p_1。一般可采用以下几个公式估算:

(a) Skempton 极限荷载半经验公式。

$$p_1 = \frac{5}{k} C_u (1+0.2B/A)(1+0.2D/B) \gamma D \tag{6-19}$$

式中:k 为安全系数,取 1.1~1.5;C_u 为天然地基土的不排水抗剪强度,kPa;D 为基础埋置深度，m；A、B 分别为基础的边长和短边，m；γ 为基底标高以上土的重度，kN/m^3。

(b) 对饱和软黏土，可采用下式：

$$p_1 = \frac{5.14C_u}{k} + \gamma D \tag{6-20}$$

(c) 对长条形填土，可采用 Fellenius 公式：

$$p_1 = \frac{5.52C_u}{k} \tag{6-21}$$

2) 计算第一级荷载作用下地基强度增长值（在 p_1 作用下，经过一段时间预压，地基强度将提高）：

$$\tau_{f1} = \eta(\tau_{f0} + \Delta\tau_{fc}) \tag{6-22}$$

式中：τ_{f1} 为 p_1 作用下，经过一段时间后地基中某点的抗剪强度；τ_{f0} 为地基土的天然抗剪强度，由十字板剪切试验测定；$\Delta\tau_{fc}$ 为该点由于固结而增长的强度，通常取固结度为 70% 时的强度增长值；η 为由于剪切蠕动而引起土体强度衰减的折减系数，可取 0.75～0.90，剪切力大取低值，反之取高值。

3) 计算 p_1 作用下达到设计要求的固结度所需时间。达到某一固结度所需的时间可根据固结度与时间的关系求得，时间求出来后，就可确定第二级荷载开始施加的时间。

4) 根据第一级荷载作用下得到的地基强度，计算第二级所能施加的荷载 p_2。p_2 可近似按下式估算：

$$p_2 = \frac{5.52\tau_{f1}}{k} \tag{6-23}$$

求出 p_2 作用下，地基固结度达 70% 时的强度及所需时间，然后计算第三级荷载的开始施加时间及荷载大小，依次计算出各级荷载的开始施加时间及荷载大小。

5) 以上步骤就形成一个初步加荷计划，应对每一级荷载下地基的稳定性进行验算，若不满足稳定性要求，应调整加荷计划。

6) 计算预压荷载作用下地基的最终沉降量和预压期间的沉降量。这样就可确定预压荷载的卸除时间。经预压后所剩余的沉降量，应在建筑物的容许沉降量范围内。

(2) 超载预压。超载预压的超载量应根据预定时间内要求消除的变形量通过计算确定，并宜使预压荷载下受压土层各点的有效竖向压力大于或等于建物荷载引起的相应点的压力。超载范围不应小于建筑物基础外缘所包围的范围。

采用超载预压可缩短预压时间（图 6-12），在建筑物荷载作用下地基不会产生主固结变形，

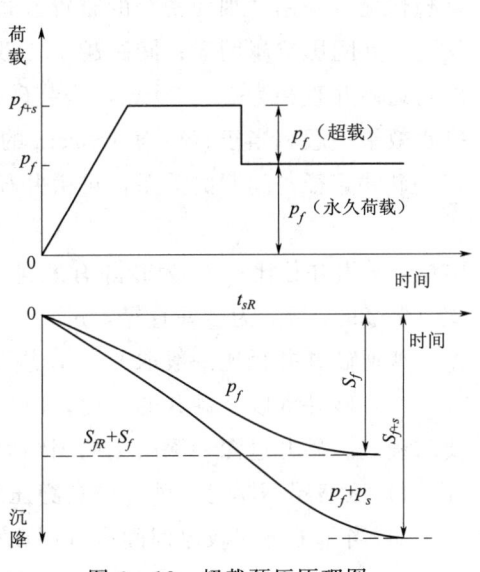

图 6-12 超载预压原理图

而且可减少次固结变形。超载大小应使地基主固结度满足下式：

$$\bar{u} = S_f / S_{s+f} \quad (6-24)$$

式中：S_f 为地基土在设计永久荷载作用下主固结最终沉降量；S_{s+f} 为地基土在永久荷载和超载作用下主固结最终沉降量。

对于双面排水黏土层，在超载作用下即使地基固结度达到 $\bar{u}_R$，但由于黏土渗透性不好，地基土中还存在孔隙水压力。卸荷后，在建筑物作用下，还将继续固结沉降。因此，为消除超载卸荷后继续发生固结沉降，应使超载维持到土层中间固结度满足下列要求：

$$u_{(1/2)} = \frac{p_f}{p_f + p_s} \quad (6-25)$$

式中：$u_{(1/2)}$ 为土层中间固结度；p_f 为设计永久荷载；p_s 为超载，一般超载量 p_s 为设计荷载的 10%～20%。

对于有机质黏土、泥炭土等，次固结沉降较大，采用超载法有助于消除次固结沉降，这时固结度应满足下式：

$$u_R = (S_f + S_s) / S_{s+f} \quad (6-26)$$

式中：S_s 为有机质土次固结沉降量，mm。

6.3.4 排水固结砂井设计计算

常用的砂井有普通砂井、袋装砂井和塑料排水板，三者都属于竖向排水体，加固机理相同，都采用普通砂井的设计方法。

1. 砂井设计

砂井设计内容包括砂井的直径、间距、深度、排列方式及砂料的选择等。

（1）砂井的直径及间距。砂井直径及间距应根据地基土的固结特性，预定时间所要求达到的固结度以及施工影响等因素综合考虑。根据砂井理论，对不考虑井阻和涂抹作用的理想情况，采用"细而密"的布置方式，效果较好。但是直径越小，施工越容易出现质量问题，井阻影响越明显；间距越小，砂井施工对土结构的扰动越大。根据工程实践，常用的普通砂井直径为 30～50cm，袋装砂井为直径 7～12cm。塑料排水板生产已标准化，其排水效果一般相当于直径为 6～7cm 的袋装砂井。

砂井直径与间距的关系，可由井径比来反映，井径比按下式确定：

$$n = d_e / d_w \quad (6-27)$$

式中：n 为井径比；d_e 为砂井有效排水范围等效圆直径，mm，其计算见式（6-28）和式（6-29）；d_w 为砂井直径，mm。

普通砂井井径比一般取 6～8，袋装砂井或塑料排水板井径比一般取 15～22。

（2）砂井深度。砂井的深度，应根据压缩土层的厚度以及建筑物对地基稳定性和变形要求确定。砂井过深，深层土的固结效果较差。砂井深度一般按下列原则确定：

1）压缩层不厚时，砂井应贯穿压缩土层。

2）当压缩土层较厚但间有砂层或砂透镜体时，砂井应尽量打到砂层或透镜体。

3）无砂层或砂透镜体的深厚压缩层，应根据地基稳定性及建筑物在地基中产生的附

6.3 排水固结法

加应力与自重应力之比确定（一般为 0.1～0.2）。

4) 以地基抗滑稳定性控制的工程，砂井深度应超过最危险滑动面 2m。

(3) 砂井排列。砂井平面排列方式多采用正方形和正三角形，当砂井排列为正方形时，砂井的有效排水范围为正方形；当砂井排列为正三角形时，有效排水范围为正六边形（图 6-13）。在有效排水范围内的水是通过砂井排出的，在实际计算时，每个砂井的有效影响范围简化作一个等体积的等效圆柱体，等效圆柱体的直径 d_e，与砂井间距 S 的关系如下：

正方形排列时： $$d_e = 1.13S \tag{6-28}$$

正三角形排列时： $$d_e = 1.05S \tag{6-29}$$

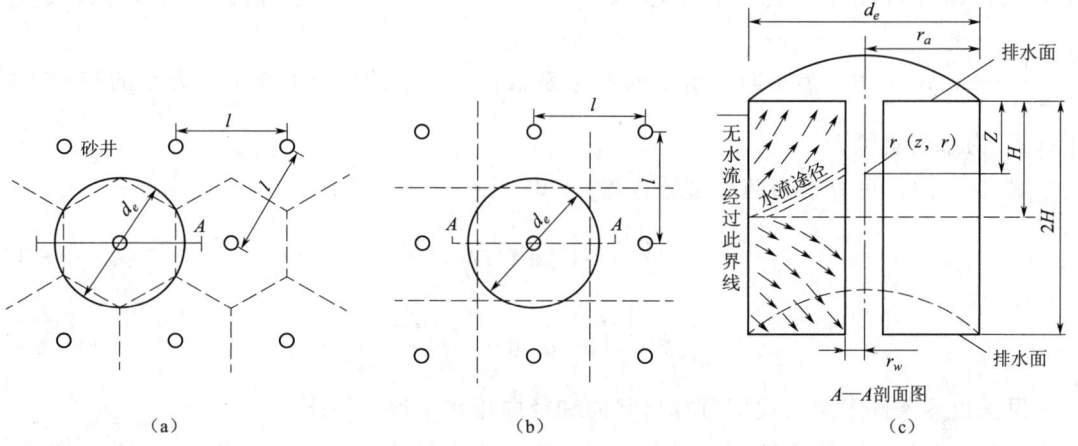

图 6-13 砂井平面布置及有效影响圆柱体剖面

(4) 砂井布置范围及砂垫层。砂井布置范围一般比建筑物基础外缘扩大 2～4m 或更大，并在砂顶面铺设砂垫层，以形成一个连续的有一定厚度的砂垫层，厚度不应小于 50cm；水下施工时，可取 0.8～1.0m。砂垫层过厚施工困难，太薄易渗入黏土颗粒而产生堵塞。

2. 砂井地基固结度计算

砂井地基的固结度计算一般先假设荷载是瞬间施加的，然后根据实际情况进行修正。

(1) 瞬时加荷条件下砂井地基固结度的计算。当软土地基中没有设置排水砂井时，孔隙水只能竖向渗透，属一维固结问题。当地基中设置砂井后，土中水向最近的排水面流动[图 6-13 (c)]。发生径向和竖向渗流，属三维固结轴对称问题。

砂井固结理论基本假设：

1) 每个砂井的有效影响范围为一圆柱体。

2) 砂井地基表面受连续均布荷载作用下，地基中的附加应力分布不随深度而变化，故地基上只产生竖向压密变形。

3) 外荷载是一次施加上去的，加荷开始时外荷载由孔隙水压力负担。
4) 在整个压密过程中，地基上的渗透系数保持不变。
5) 井壁土面受砂井施工所引起的涂抹作用（可使渗透性发生变化）的影响不计。

根据上述假定，如以圆柱坐标表示，设任意点（r,z）处的孔隙水压力为 U 时，固结微分方程为

$$\frac{dU}{dt}=C_v\left(d^2U/dr^2+\frac{1}{r}\frac{dU}{dr}+d^2U/dz^2\right) \tag{6-30}$$

当水平向渗透系数 K_h 和竖向渗透系数 K_v 不等时，上式应改为

$$\frac{dU}{dt}=C_v d^2U/dz^2+C_h\left(d^2U/dr^2+\frac{1}{r}\frac{dU}{dr}\right) \tag{6-31}$$

式中：t 为时间；C_v 为竖向固结系数，$C_v=\frac{K_v(1+e)}{a\gamma_w}$；$C_h$ 为径向固结系数，$C_h=\frac{K_h(1+e)}{a\gamma_w}$；$K_v$、$K_h$ 为竖向、水平向渗透系数；a 为土的压缩系数；e 为土的初始孔隙比；γ_w 为水的重度。

式（6-31）可分解为两个微分方程：

$$\frac{dU_z}{dt}=C_v d^2U_z/dz^2 \tag{6-32}$$

$$\frac{dU_r}{dt}=C_h\left(d^2Ur/dr^2+\frac{1}{r}\frac{dU_r}{dr}\right) \tag{6-33}$$

根据边界条件求解两式即可算出竖向和径向排水平均固结度。

(2) 竖向排水平均固结度。对于土层为双面排水条件或土层中的附加压力为均布荷载时，某一时间竖向固结度的计算公式为

$$\overline{U}_z=1-\frac{8}{\pi^2}\sum_{m=1}^{\infty}\frac{1}{m^2}e^{-m^2\frac{\pi^2}{4}T_v} \tag{6-34}$$

$$T_v=C_v t/H^2 \tag{6-35}$$

式中：$\overline{U}_z$ 为竖向排水平均固结度，%；m 为正奇数（1，3，5，…）；T_v 为竖向时间因数；H 为土层的竖向排水距离，cm，双面排水时 H 为土层厚度的一半，单面排水时 H 为土层厚度；t 为固结时间，s，如果荷载是逐渐施加的，则从加荷历时的一半起算。

当 $\overline{U}_z>30\%$，可简化为

$$\overline{U}_z=1-\frac{8}{\pi^2}e^{-\frac{\pi^2}{4}T_v} \tag{6-36}$$

为了计算方便，根据不同边界条件绘出 $\overline{U}_z-T_v$ 关系曲线，见图 6-14、图 6-15 和表 6-4。具体计算时求出时间因素后，再根据边界条件查图 6-14、图 6-15 和表 6-5 即可求得 $\overline{U}_z$。

6.3 排 水 固 结 法

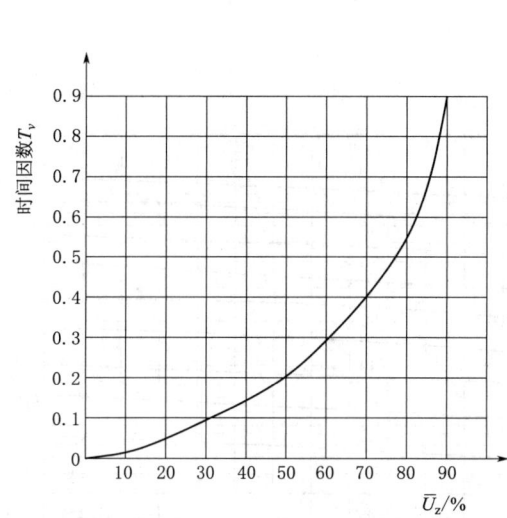

图 6-14 双面排水或附加应力为矩形的
单面排水 $\overline{U}_z - T_v$ 曲线

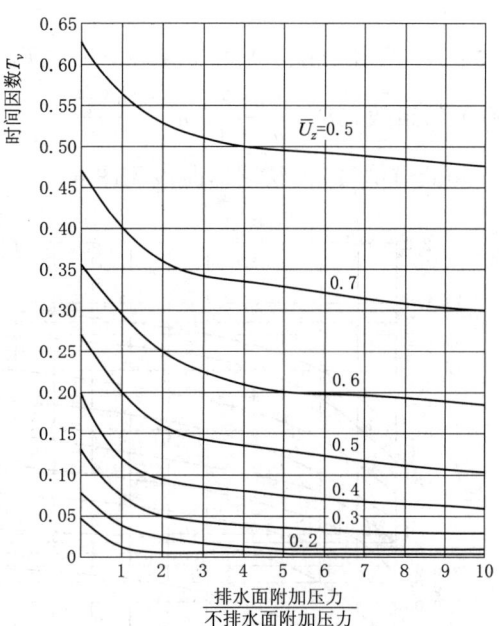

图 6-15 各种边界条件下
$\overline{U}_z - T_v$ 曲线

表 6-4 $\overline{U}_z$ 和 T_v 关系表

σ \ T_v $\overline{U}_z$	0.1	0.2	0.3	0.4	0.5	0.6	0.7	0.8	0.9
0	0.049	0.100	0.154	0.217	0.290	0.380	0.500	0.660	0.950
0.2	0.027	0.073	0.126	0.186	0.260	0.350	0.460	0.630	0.920
0.4	0.016	0.056	0.106	0.164	0.240	0.330	0.440	0.600	0.900
0.6	0.012	0.042	0.092	0.148	0.220	0.310	0.420	0.580	0.880
0.8	0.010	0.036	0.079	0.134	0.200	0.290	0.410	0.570	0.860
1.0	0.008	0.031	0.071	0.126	0.200	0.290	0.400	0.560	0.850
1.5	0.006	0.024	0.058	0.107	0.170	0.260	0.380	0.540	0.830
2.0	0.005	0.019	0.050	0.095	0.160	0.240	0.360	0.520	0.810
3.0	0.004	0.016	0.041	0.082	0.140	0.220	0.340	0.500	0.790
4.0	0.004	0.014	0.040	0.080	0.130	0.210	0.330	0.490	0.780
5.0	0.003	0.013	0.034	0.069	0.120	0.200	0.320	0.480	0.770
7.0	0.003	0.012	0.030	0.065	0.120	0.190	0.310	0.470	0.760
10.0	0.003	0.011	0.028	0.060	0.110	0.180	0.300	0.460	0.750
20.0	0.003	0.010	0.026	0.060	0.110	0.170	0.290	0.450	0.740

（3）径向排水固结度计算。径向排水固结度由 Barron 解答给出。

$$\overline{U}_r = 1 - e^{-\frac{8}{F} \cdot T_h} \tag{6-37}$$

式中：$\overline{U}_r$ 为径向排水平均固结度，%；T_h 为径向排水固结度的时间因素；F 为与井径比 n 有关的系数，$F = \frac{n^2}{n^2-1}\ln n - \frac{3n^2-1}{4n^2}$。

由式（6-37）绘制的曲线见图6-16。

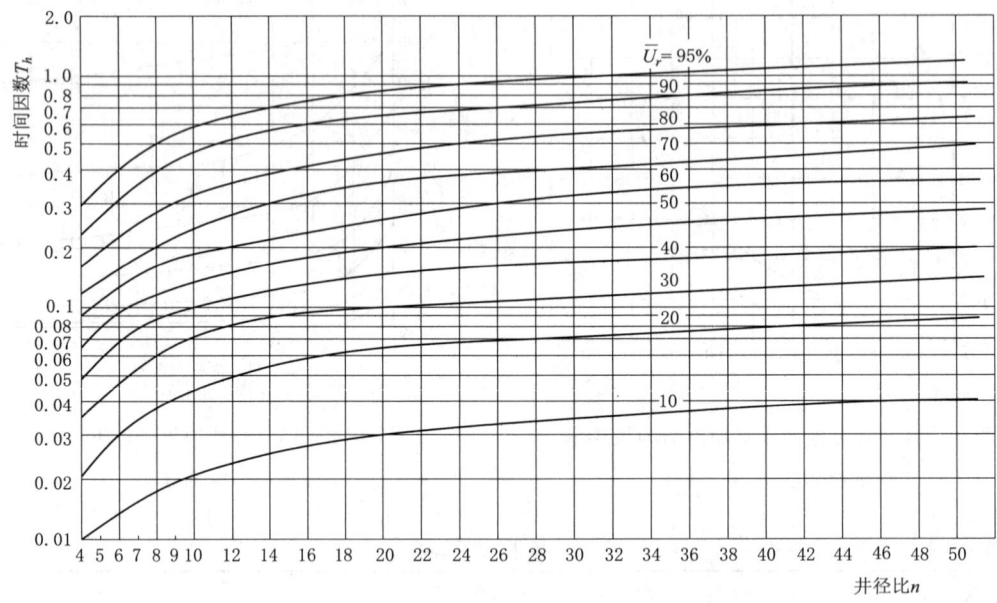

图6-16　径向固结度 $\overline{U}_r$ 与时间因素 T_h 及井径比 n 的关系

在进行计算时，由径向固结系数 C_h、固结时间 t、砂井间距 l、砂井直径和砂井排列方式，求出井径比 n 和时间因素 T_h，然后查图6-16就可得到 $\overline{U}_r$。

（4）总固结度 $\overline{U}_{rz}$。砂井地基总平均固结度是由竖向排水和径向排水引起的，总平均固结度按下式计算：

$$\overline{U}_{rz} = 1 - (1-\overline{U}_z)(1-\overline{U}_r) \tag{6-38}$$

把 $\overline{U}_z$ 和 $\overline{U}_r$ 的表达式代入得

$$\overline{U}_{rz} = 1 - \pi^2 e^{-\beta t} \tag{6-39}$$

$$\beta = \frac{8C_h}{Fd_e^2} + \frac{\pi^2 C_v}{4H^2} \tag{6-40}$$

也可表示为

$$t = \frac{1}{\beta} \ln \frac{8}{\pi^2(1-\overline{U}_{rz})} \tag{6-41}$$

3. 砂井地基固结度计算修正

（1）砂井未打穿软土层时固结度的计算。在实际工程中，当软土层很厚时，砂井常常未打穿整个受压层，如图6-17所示。在这种情况下，砂井部分的固结度不能代表整个受压层的固结度。这时,可分别计算砂井部分地基的固结度$\overline{U}_{rz}$和砂井以下受压层部分的固结度$\overline{U}_z$,然后按下式计算整个受压层的平均固结度:

$$\overline{U} = Q\overline{U}_{rz} + (1-Q)\overline{U}_z \qquad (6-42)$$

式中:$\overline{U}_{rz}$为砂井部分土层的平均固结度;$\overline{U}_z$为砂井以下部分土层的平均固结度,把砂井底面看作排水面;Q为砂井深度与整个受压层厚度的比值,即$Q = \dfrac{H_1}{H_1 + H_2}$;$H_1$、$H_2$为分别为砂井深度和砂井以下受压层范围内土层的厚度。

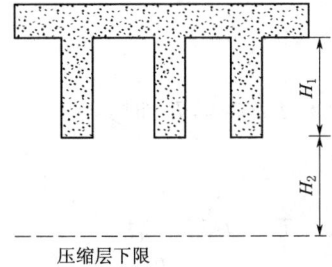

图 6-17 砂井未打穿受压层的情况

(2) 逐渐加荷条件下地基固结度计算。以上推导固结度的计算公式时,假设荷载瞬时一次施加,实际上荷载一般是逐级加上去的。因此,要根据加荷情况,对上述公式进行修正,修正方法有改进太沙基法和改进高木俊介法。

1) 改进太沙基法。对于分级加荷的情况,太沙基修正方法作了以下假定:

(a) 每一级荷载增量Δp_i所引起的固结过程是单独进行的,与上一级荷载增量所引起的固结度无关。

(b) 总固结度等于各级荷载增量作用下固结度的叠加。

(c) 每一级荷载增量Δp_i是在加荷起止时间的中点一次瞬时加足的。

(d) 在每级荷载Δp_i加荷起止时间t_n-1和t_n以内任意时间t时的固结状态相同。

(e) 对本级荷载而言的固结度,还得按占总荷载的比例进行修正。

对二级等速加载,各不同时刻的固结度计算过程见图 6-18。

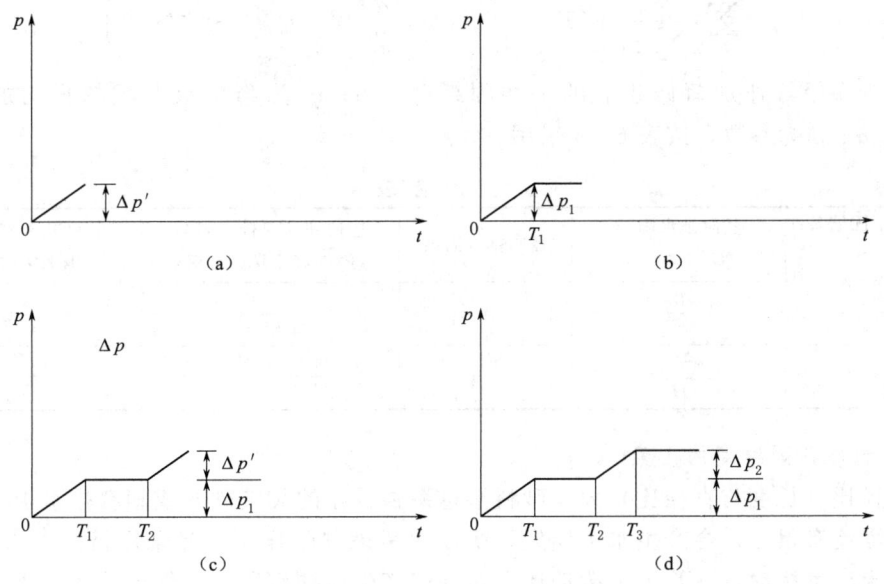

图 6-18 二级等速加荷过程

a) $t \leqslant T_1$ 时：

$$\overline{U}'_t = \overline{U}_{rz}(t/2) \frac{\Delta p'}{\Delta p_1 + \Delta p_2}$$

b) $T_1 < t \leqslant T_2$ 时：

$$\overline{U}'_t = \overline{U}_{rz}(t - T_1/2) \frac{\Delta p'}{\Delta p_1 + \Delta p_2}$$

c) $T_2 < t \leqslant T_3$ 时：

$$\overline{U}'_t = \overline{U}_{rz}(t - T_1/2) \frac{\Delta p'}{\Delta p_1 + \Delta p_2} + \overline{U}_{rz}(t - T_2/2) \frac{\Delta p''}{\Delta p_1 + \Delta p_2}$$

d) $t > T_3$ 时：

$$\overline{U}'_t = \overline{U}_{rz}(t - T_1/2) \frac{\Delta p'}{\Delta p_1 + \Delta p_2} + \overline{U}_{rz}\left(t - \frac{T_2 + T_3}{2}\right) \frac{\Delta p_2}{\Delta p_1 + \Delta p_2}$$

对多级等速加荷，可依此类推，并归纳如下式：

$$\overline{U}'_t = \sum_1^n \overline{U}_{rz}\left(t - \frac{T_{n-1} + T_n}{2}\right) \frac{\Delta p_n}{\sum \Delta p} \tag{6-43}$$

式中：$\overline{U}'_t$ 为多级等速加荷平均固结度修正值，%；T_{n-1}、T_n 分别为每级等速加荷的起点和终点（第一级荷载起始时间从 0 算起）；Δp_n 为第 n 级荷载增量，kPa；$\sum \Delta p$ 为各级荷载的累积值，kPa。

2) 改进高木俊介法。该方法的特点是不必先算出瞬时加荷条件下的固结度，再根据加荷条件修正，而是将两者合并，然后直接计算出修正后的平均固结度。

改进高木俊介法表示式如下：

$$\overline{U}'_t = \sum_1^n \frac{q'_n}{\sum \Delta p}\left[(T_n - T_{n-1}) - \frac{\alpha}{\beta} e^{-\beta t}(e^{\beta \cdot T_n} - e^{\beta \cdot T_{n-1}})\right] \tag{6-44}$$

式中：$\overline{U}'_t$ 为多级等速加荷修正后的平均固结度，%；q'_n 为第 n 级荷载的平均加荷速率（kPa/d）；α、β 为参数，按表 6-5 采用。

表 6-5 α、β 值表

参　数 \ 排水固结条件	竖向排水固结 ($U_z > 30\%$)	径向排水固结	竖向和径向排水固结（砂井贯穿受压土层）	砂井未贯穿受压土层的固结
α	$\dfrac{8}{\pi^2}$	1	$\dfrac{8}{\pi^2}$	$\dfrac{8}{\pi^2}Q$
β	$\dfrac{\pi^2 C_v}{4H^2}$	$\dfrac{8C_h}{Fd_e^2}$	$\dfrac{\pi^2 C_v}{4H^2} + \dfrac{8C_h}{Fd_e^2}$	$\dfrac{8C_h}{Fd_e^2}$

4. 影响砂井固结度的因素

对长径比（长度与直径比）大、砂料渗透系数较小的袋装砂井或塑料排水板，砂井中的砂料对渗流有阻力，会产生水头损失，所以应考虑井阻作用。当采用挤土方式施工时，会对周围土产生扰动，井管上下拨动还会对井壁产生涂抹作用，降低土的径向渗透性。当考虑井阻、涂抹和扰动影响时，应对砂井地基的平均固结度进行折减，一般按式（6-44）计算的固结度取折减系数 0.80～0.95。对砂井长度和间距较大、土层中无透水夹层、砂

料渗透系数较小等情况，取小值，否则取大值。

6.3.5 真空预压法设计

1. 设计内容

真空预压法的设计内容包括：竖向排水体的设计，要求达到的膜下真空度和土层的固结度、预压区面积和分块大小、地基变形计算、真空预压后地基土强度的增长计算等。

（1）竖向排水体设计。一般采用袋装砂井和塑料排水板。竖向排水体将负压由砂垫层传到土体中，将土体中水抽至砂垫后排出。

（2）真空度及平均固结度。真空预压的膜下真空度应保持在 650mmHg（约 80kPa）以上；压缩土层的平均固结度应大于 80%。

（3）预压面积及分块大小。真空预压总面积不得小于基础外缘所包围的面积，一般边缘应超出建筑物基础外缘 2~3m；另外，每块预压的面积应尽可能大，根据加固要求彼此间可搭接或有一定间距。

（4）地基变形计算。根据土层的固结度计算出有效应力，然后从室内固结试验得到的 $e-p$ 关系曲线查出相应的孔隙比，利用分层总和法进行计算。

2. 地基土强度增长计算

在预压荷载作用下，地基土产生排水固结，抗剪强度逐渐增长。荷载的施加必须与地基土抗剪强度的增长相适应，若加荷过大过急，则地基土得不到充分固结，一旦地基土承受的荷载超过其抗剪强度，就可能导致地基破坏。

地基中某一时刻土的抗剪强度可用下式表示：

$$\tau_{ft} = \tau_{f0} + \Delta\tau_{fc} - \Delta\tau_{fs} \tag{6-45}$$

式中：τ_{ft} 为地基土某一时刻的抗剪强度，kPa；τ_{f0} 为天然地基抗剪强度，kPa，由十字板剪切试验确定；$\Delta\tau_{fc}$ 为该点由固结而增长的抗剪强度，kPa；$\Delta\tau_{fs}$ 为由于剪切蠕变而引起的抗剪强度衰减量，kPa。

目前常用的预估抗剪强度增长的方法有有效应力法和有效固结压力法。

（1）有效应力法。由于剪切蠕变而引起的抗剪强度衰减量难以推算，故将式（6-45）改写为

$$\tau_{ft} = \eta(\tau_{f0} + \Delta\tau_{fc}) \tag{6-46}$$

式中：η 为综合折减系数，根据有些地区的实测反算结果，可取 0.75~0.90，剪应力大取低值，反之取高值。

强度增长值的估算可采用下式

$$\tau_{fc} = KU_T\Delta\sigma_1\varphi' \tag{6-47}$$

式中：K 为有效内摩擦角的函数；U_T 为地基中某点固结度，可用平均固结度代替；$\Delta\sigma_1$ 为荷载引起地基中某点的最大主应力增量；φ' 为土的有效内摩擦角，由三轴固结不排水试验确定，一般为 24°~30°。

故地基土某点强度可表示为

$$\tau_{ft} = \eta(\tau_{f0} + KU_T\Delta\sigma_1\varphi') \tag{6-48}$$

（2）有效固结压力法。有效固结压力法采用只模拟压力作用下的排水固结过程，不模拟剪力作用下的孔隙水压力变化（附加压缩），这对于预计地基抗剪强度以及对荷载面积

相对于土层厚度比较大的预压工程，应用此式来预估强度增长是合理的，并且它可以直接用十字板剪切试验结果来检验计算值的准确性。

对于正常固结饱和软黏土，其抗剪强度为

$$\tau_f = \sigma'_c \tan\varphi_{cu} \qquad (6-49)$$

式中：σ'_c 为有效固结压力，kPa；φ_{cu} 为由固结不排水剪切试验测定的内摩擦角。

由于固结而增长的强度可表示为

$$\Delta\tau_f = \Delta\sigma'_c \tan\varphi_{cu} = \Delta\sigma_z U_T \tan\varphi_{cu} \qquad (6-50)$$

式中：$\Delta\tau_f$ 为由固结而增长的强度，kPa；$\Delta\sigma_z$ 为预压荷载引起的该点的附加竖向应力，kPa。

3. 沉降计算

预压荷载作用下地基最终沉降量 S_f 由三部分组成：瞬时沉降 S_d、固结沉降 S_c 和次固结沉降 S_s，即

$$S_f = S_d + S_c + S_s \qquad (6-51)$$

瞬时沉降是指荷载施加后立即发生的沉降量，由剪切变形引起。对于软黏土这部分沉降较大。当软土很厚，荷载为均布时，S_d 可按下式估算：

$$S_d = c_d p b \left(\frac{1-v^2}{E}\right) \qquad (6-52)$$

式中：p 为均布荷载；b 为荷载面积的直径或宽度；c_d 为考虑荷载面积形状和沉降计算点位置的系数，见表 6-6；E、v 为土的弹性模量和泊松比，v 小于 0.5，E 可取 $(250\sim500)(\sigma_1-\sigma_3)_f$；$(\sigma_1-\sigma_3)_f$ 为不排水压缩试验中试样破坏时的主应力差。

表 6-6　　　　半无限弹性体表面各种均布荷载面积上的 c_d 值

形　状		中心点	角点或边点	短边中点	长边中点	平　均
圆形		1.0	0.64	0.64	0.64	0.35
圆形（刚性）		0.79	0.79	0.79	0.79	0.79
方形		1.12	0.56	0.76	0.76	0.95
方形（刚性）		0.99	0.99	0.99	0.99	0.99
矩形（长宽比）	1.5	1.36	0.67	0.89	0.97	1.15
	2	1.52	0.76	0.98	1.12	1.30
	3	1.78	0.88	1.11	1.35	1.52
	5	2.10	1.05	1.27	1.68	1.83
	10	2.53	1.26	1.49	2.12	2.25
	100	4.00	2.00	2.20	3.60	3.70
	1000	5.47	2.75	2.94	5.03	5.15
	10000	6.90	3.50	3.70	6.50	6.60

固结沉降是地基的排水固结引起的沉降，是地基沉降中最主要的部分，可由分层总和法计算。

次固结沉降是由土骨架在持续荷载作用下发生蠕变而引起，一般泥炭土、有机质土或高塑性黏土层较大，其他土可忽略。

6.4 强 夯 法

强夯法又称为动力固结法或动力压密法。这种方法是将100～400kN的重锤（最重达2000kN），以6～40m的落距落下给地基以冲击和振动，从而达到提高土的强度，降低其压缩性，改善土的振动液化条件，消除湿陷性黄土的湿陷性等目的。

强夯法由法国Menard技术公司于1969年首创，当时仅用于加固砂土和碎石土地基，但随着施工方法的改进，其应用范围已扩展到细粒土地基。由大量工程实践证明，强夯法适用于处理碎石土、砂土、低饱和度的粉土与黏性土、湿陷性黄土、杂填土和素填土等地基。对高饱和度的粉土与黏性土地基，尤其是淤泥质土，处理效果较差，使用要慎重。若在夯坑内回填块石、碎石或其他粗颗粒材料进行强夯置换时，应根据现场试验确定其适用性。

由于强夯法施工方法简单、快速经济，目前被广泛地应用于工业与民用建筑、仓库、油罐、储仓、公路和铁路路基、飞机场跑道及码头等工程。

6.4.1 强夯加固机理

强夯法虽然在工程中得到广泛应用，但由于其加固机理比较复杂，至今还没有一套成熟的理论和设计计算方法。根据工程实践和试验研究成果，对不同的土质条件和施工工艺，其加固机理有所不同。目前，强夯法加固机理概括来有3个方面，即动力固结、动力夯实和动力置换。

1. 动力固结

Menard根据饱和土经强夯后瞬时沉降数十厘米这一事实，对传统的固结理论提出不同看法，认为饱和土是可压缩的，并提出了一个新的动力固结模型。图6-19为静力固结理论与动力固结理论的模型对比图，表6-7为两种模型对比表。

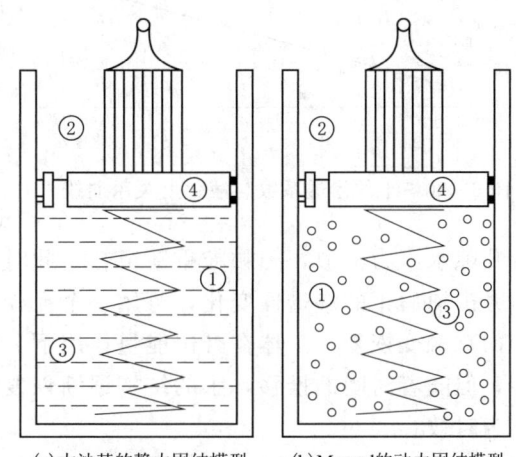

图6-19 静力固结理论与动力固结理论的模型比较

表6-7 两种模型对比表

静力固结模型	动力固结模型
① 不可压缩液体； ② 固结时液体排出时孔径不变； ③ 弹簧刚度为常数； ④ 无摩擦活塞	① 含有少量气泡的可压缩液体； ② 固结时液体排出时孔径是变化的； ③ 弹簧刚度为变量； ④ 有摩擦活塞

动力固结理论可概括为以下几方面：

（1）饱和土的压缩性。传统的固结理论认为孔隙水的排出是饱和细颗粒土出现沉降的前提条件。但在进行强夯施工时，在瞬时荷载作用下，孔隙水不能迅速排出，显然这就无法解释强夯时立即发生沉降这一现象。

Menard以为，由于土中有机物的分解，第四纪土中大多数都含有微气泡形式出现的气体，其含气量大约在1%～4%，强夯时气体压缩、孔隙水压力增大，随后气体有所膨胀，孔隙水排出，液相、气相体积减小，即饱和土具有可压缩性。根据试验，每夯击一遍，气体体积可减少40%。

强夯时，含气孔隙水不能立即消散而具有滞后现象，气相体积不能立即膨胀，这一现象由动力固结模型中活塞与筒体间存在摩擦来模拟。

（2）局部液化。强夯时，土体被压缩，夯击能越大，沉降越大，孔隙水压力也不断增加，当孔隙水压力达到上覆土压力时，土体产生液化，这时土中吸着水变为自由水，土的强度下降到最小值，即土体的压缩模量是可变的，在动力固结模型中由可变弹簧刚度来模拟。

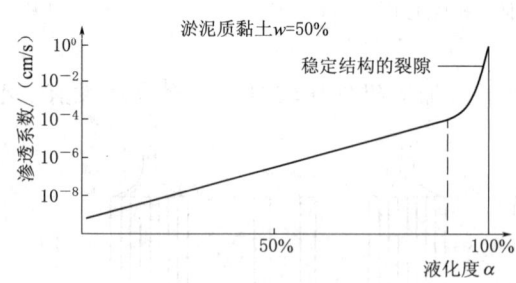

图6-20　土的渗透系数与液化度关系曲线

（3）渗透性变化。在强夯的冲击能量作用下，当土中的超静孔隙水压力大于土颗粒间的侧身压力时，土颗粒间会出现裂隙并形成树枝状排水通路，使土的渗透性变好，孔隙水能顺利排出。图6-20为土的渗透系数与液化度关系曲线。

当液化度小于临界液化度α_i时，渗透系数成比例增长，当液化度超过α_i时，渗透系数骤增，夯坑周围出现冒气冒水现象。随着孔隙水压力消散，土颗粒重新组合，此时土中液体又恢复到正常状态。

夯击前后土的渗透性变化，可用一个孔径可变的排水孔进行模拟。

（4）触变恢复。土体在夯击能量作用下，结构被破坏，当出现液化时，抗剪强度几乎为零，但随着时间的推移，土的结构逐渐恢复，强度逐渐增长，这一过程称为触变恢复，也称为时效。

地基土强度增长规律与土体中孔隙水压力有关。液化度为100%时，土的强度降到零；但随着孔隙水的消散，土的强度逐渐增长，存在一个触变恢复阶段，这一阶段能持续几个月，据实测资料，夯击6个月后所测得的强度比一个月所测得的强度增长20%～30%，而变形模量增长30%～80%。

2. 动力夯实

强夯加固多孔隙颗粒、非饱和土是基于动力夯实的机理。夯锤夯击地面的冲击能量是以振动波的形式在地基中传播，其中对地基加固起作用的主要是纵波和横波。纵波使土体受拉、压作用，使孔隙水压力增加，导致土骨架解体；横波使解体的土颗粒处于更密实的状态。因此，土体在冲击能量作用下，被挤密压实，强度提高，压缩性降低。

根据工程实践，非饱和土夯击一遍后，夯坑可达0.6～1.0m深，坑底形成一层厚度为夯坑直径 1.0~1.5 倍的硬壳层，承载力可提高 2~3 倍。

3. 动力置换

动力置换是指在冲击能量作用下，强行将砂、碎石等挤填到饱和软土层中，转换饱和软土，形成密实的砂、石层或桩柱。

目前，动力置换有 3 种形式。

(1) 动力转换砂柱：当地基表层为适当厚度的砂覆盖层，其下卧层为高压缩性淤泥质软土时，采用较低的夯击能将表层砂夯挤入软土层中，形成一根根砂柱。

(2) 动力转换碎石桩：先在软土表面堆铺一层碎石料，利用夯锤击成孔，向夯坑中填料后再夯击，直至夯实成桩。

(3) 动力转换挤淤：在厚度不是很大的淤泥质软土层上抛填石块，利用抛石自重和夯锤冲击力使块石沉到持力硬土层，将大部分淤泥挤走，少量留在石缝中，利用块石之间的相互接触，提高地基的承载能力。

6.4.2 强夯法设计计算

1. 强夯参数选择

(1) 有效加固深度。强夯法的有效加固深度是指自夯面以下，经强夯加固后，土的物理力学指标已达到或超过设计值的深度。根据地层类型和加固目的的不同，有效加固深度的判别标准和检验方法也不相同。对软土地基，主要是提高地基承载力和减少沉降量；对饱和砂土和粉土，主要是消除液化趋势；对黄土及新近堆积黄土主要是消除湿陷性、提高承载力。对不同的土质条件和不同的工程，应采用不同的标准。

强夯法的有效加固深度应根据现场试夯或当地经验确定，在缺少资料或经验时可按表 6-8 预估。

表 6-8　　　　　　　　强夯法的有效加固深度　　　　　　　　单位：m

单击夯击能/(kN·m)	碎石土、砂土系	粉土、黏性土、湿陷性黄土等
1000	5.0~6.0	4.0~5.0
2000	6.0~7.0	5.0~6.0
3000	7.0~8.0	6.0~7.0
4000	8.0~9.0	7.0~8.0
5000	9.0~9.5	8.0~8.5
6000	9.5~10.0	8.5~9.0
8000	10.0~10.5	9.0~9.5

另外，也可按修正后的 Menard 公式进行预估：

$$H = a\sqrt{\frac{Mh}{10}} \quad (6-53)$$

式中：H 为加固深度，m；M 为锤重，kN；h 为落距，m；a 为小于 1 的修正系数，变动范围为 0.35~0.8，饱和软土取 0.45~0.5，一般黏土取 0.5，砂性土取 0.7，填土取 0.6~0.8，黄土取 0.35~0.5。

(2) 夯击能。夯击能包括单击夯击能、单位夯击能和最佳夯击能。

1) 单击夯击能。单击夯击能为夯锤重 M 与落距 h 的乘积。单击夯击能越大，加固效果越好。单击夯击能一般根据加固土层的厚度、土质情况和施工条件等确定。

2) 单位夯击能。整个加固场地的总夯击能量（即锤重×落距×总夯击次数）除以加固面积称为单位夯击能。强夯的单位夯击能，应根据地基土类别、结构类型、荷载大小和要求处理的深度等综合考虑并通过试夯确定。一般对于粗粒土取 1000～3000 (kN·m)/m²，细颗粒土取 1500～4000(kN·m)/m²。在缺乏试验资料的条件下，可参照表 6-9 选取。

表 6-9 单位夯击能参考表

土 层	有效影响深度/m	单位夯击能/(kN·m/m²)
软土	5～6	2000～2500
	8～10	3300～3800
液化砂土	5～6	1700～2200
	8～10	2700～3200
黄土	5～6	2200～2700
	8～10	3500～4200

3) 最佳夯击能（及最佳夯击数）。由动力固结理论，使地基中产生的孔隙水压力达到覆盖压力时的夯击能称为最佳夯击能。当单击夯击能一定时，与最佳夯击能相对应的夯击次数称为最佳夯击数。

最佳夯击能（及最佳夯击数）的确定可采用以下方式：

(a) 由孔隙水压力确定。对于黏性土地基，由于孔隙水压力的消散慢，当夯击能逐渐增大时，孔隙水压力可以叠加，因此可根据有效影响深度内孔隙水压力的叠加值来确定最佳夯击能。对砂性土地基，由于孔隙水压力的增长与消散很快，孔隙水压力不能叠加。当孔隙水压力增量随夯击次数的增加而趋于稳定时，可以为该砂土所能接受的能量达到饱和状态，这时所对应的能量（夯击次数）为最佳夯击能（夯击次数），因此，可根据最大孔隙水压力增量与夯击次数的关系曲线来确定最佳夯击数，见图 6-21。

(b) 由夯沉量与夯击次数关系曲线确定。确定原则为：夯坑的压缩量最大，同时夯坑的隆起最小。

在试夯过程中对每一夯点每一击的夯沉量进行量测，并绘出夯沉量与夯击次数关系曲线，见图 6-22，图中有两条曲线一条为单击夯沉量曲线，另一条是累计夯沉量曲线。

当 S-N 曲线趋于稳定，接近常数，且同时满足以下条件时，可取相应夯击次数为最佳夯击次数。

a) 最后两击的平均夯沉量不大于下列数值：当单击夯击能小于 4000kN·m 时为 50mm；当单击夯击能为 4000～6000kN·m 时为 100mm；当单击夯击能大于 6000kN·m 时为 200mm。

6.4 强 夯 法

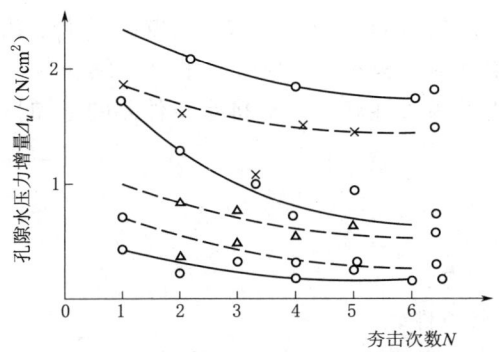

图 6-21 孔隙水压力增量与夯击次数关系

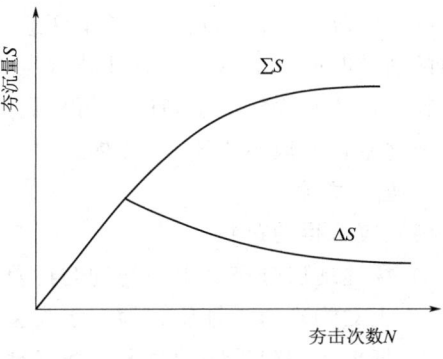

图 6-22 夯沉量与夯击次数关系曲线

b) 夯坑周围地面不应发生过大隆起。

c) 不因夯坑过深而发生起锤困难。

当地面隆起过大时，应适当减少夯击次数。一般实践工程中夯击次数多为 4～15。

(3) 夯击点布置及间距。

1) 夯击点布置。夯击点平面位置可根据建筑结构类型进行布置。对于某些基础面积较大的建筑物或构筑物，可按等边三角形或正方形布置；对于办公楼、住宅建筑等，可根据承重墙位置布置夯点，一般可采用等腰三角形布置；对于工业厂房可按柱网布置夯击点。

2) 夯击点间距。夯击点间距一般根据地基土的性质和加固深度确定。第一遍夯击点间距可取夯锤直径的 2.5～3.5 倍，对处理深度较深或单击夯击能较大的工程，第一遍夯击点间距应适当增大。第二遍夯击点位于第一遍夯击点之间，见图 6-23。以后各遍夯击点间距可与第一遍相同，也可适当减小。

3) 夯击点布置范围。考虑到基础的应力扩散作用，夯击点范围应大于建筑物基础范围，具体放大范围可根据建筑结构类型

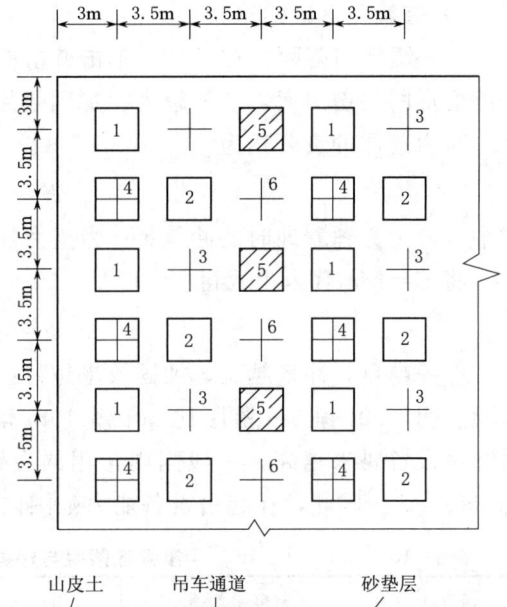

图 6-23 夯点布置图

和重要性等因素确定。对于一般建筑物，每边超出基础外缘的宽度宜为设计加固深度的 1/2～2/3，且不应小于 3m。

(4) 夯击遍数。夯击遍数是指将整个强夯场地中同一编号的夯击点，夯完后算作一遍。夯击遍数应根据地基土的性质确定，可采用点夯 2～3 遍，最后以低能量满夯两遍，

锤印搭接。渗透性弱的细颗粒土，必要时可适当增加遍数。

（5）间歇时间。间歇时间是指两遍夯击之间的时间间隔。间歇时间取决于土中孔隙水压力的消散时间。对砂性土，孔隙水压力的消散时间只有 3~4min，故可连续作业；对于细颗粒土，当缺少实测资料时，可根据地基土的渗透性确定；对排水条件差的饱和粉土和黏性土地基，一般不少于 3~4 周。

2. 施工方案的制定

（1）应取得的资料。

1）场地地层分布、土层的均匀性及承载能力。

2）土的物理力学性质、地下水类型及埋藏条件。

3）场地周围建筑物的情况，离场地的距离以及场地内各种地下管线的位置及标高。

（2）拟定初步施工方案。

1）根据加固目的、土质情况及建筑物的变形要求，确定处理深度。再由处理深度结合表 6-10 或下式估算单击夯击能 E：

$$E = Mh = \left(\frac{H}{a}\right)^2 \times 10 \tag{6-54}$$

2）夯锤与落距的选择：

（a）锤重与落距：对于某一单击夯击能，夯锤在接触土体瞬间冲量的大小是影响土体压缩变形的关键因素，冲量越大，加固效果越好。

自由落体冲量公式为

$$F = mh\sqrt{2gh} \tag{6-55}$$

式中：F 为夯锤着地时的冲量；g 为重力加速度；m 为夯锤质量；h 为落距。

将 $E=Mh$ 代入上式得

$$F = \sqrt{2EM/g} \tag{6-56}$$

夯锤越重，冲量越大，加固效果越好。根据有关单位在湿陷性黄土地基上进行的对比试验表明，20t 锤 5m 落距比 10t 锤 10m 落距加固效果要好，见表 6-10。但锤重越大，对起吊设备要求越高，一般国内常用的夯锤有 8t、10t、12t、16t、20t、25t 几种，落距为 8~20cm。因此，在起吊设备能力范围内可选质量大的锤。

表 6-10　　　　　　　重锤低落距与轻锤高落距加固效果对比

锤重/t×落距/m	干密度平均值/(g/cm³)	孔隙比平均水平/%	压缩模量平均值/MPa	湿陷系数
20×5	1.657	66.8	13.38	0.0032
10×10	1.584	72.0	12.3	0.0041
改善幅度	4.6%	7.2%	8.8%	22%

（b）夯锤的选择。夯锤的材料可采用铸钢，也可采用钢板壳内填混凝土。

夯锤的形状有方柱体和圆台状等，常用的锤体结构见图 6-24。根据实践，一般锥底锤、球底锤的加固效果更好，适用于加固较深层土体，而平底锤适用于浅层及表层地基加固。为了减少起锤时的吸力及夯锤着地时的瞬时气垫上托力，夯锤应对称设置上下贯通的排气孔，孔径可取 250～300mm。

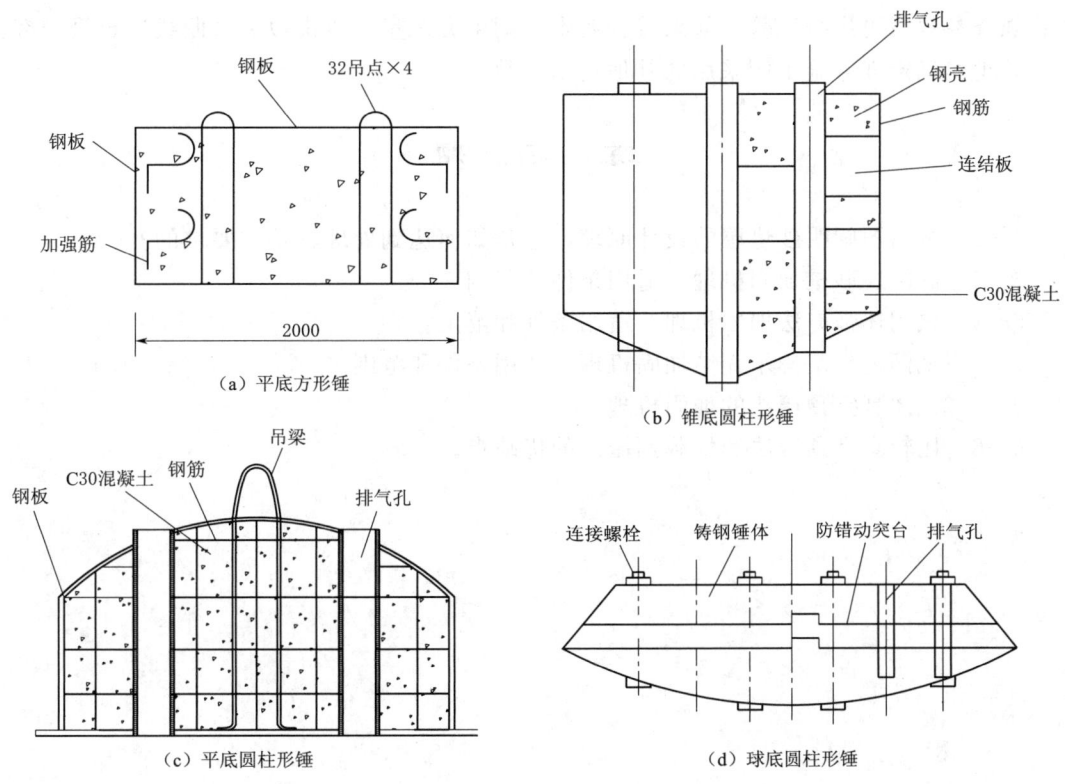

图 6-24 夯锤形状

夯锤的底面积对加固效果也有直接的影响，对同样的锤重，当锤底面积太小时，静压力就大，夯锤对地基土的作用以冲切力为主；若锤底面积过大，静压力就太小，达不到加固效果。锤底面积应按土的性质确定，一般锤底静压力可取 25～40kPa，对饱和细颗粒土宜取较小值。对砂土，锤底面积一般为 2～4m^2，对黏性土一般为 3～4m^2，淤泥质土可取 4～6m^2。

3）初步确定夯击点间距、布置方式及夯击次数、夯击遍数等。

4）根据初步确定的强夯参数，提出一组或几组试验方案，并根据实际情况，确定机具类型和数量。

（3）试夯。

在施工场地选取一个或几个地质条件有代表性的试验区，平面尺寸不小于 20m×20m。

在试验区内进行详细的原位测试，采取原状土样测定有关数据。

根据拟定的一组或几组实验方案进行现场试夯施工。

施工中应做好现场测试和记录。测试内容包括：夯点沉降观测（以测出每个夯点的每一击夯沉量及总夯沉量）、夯坑周围隆起、振动影响范围、饱和软黏土孔隙水压力的增长和消散情况等。

夯击结束后1~4周进行试夯效果检验,并与试夯前的数据进行对比。

检验试夯前后的测试资料,分析试夯效果是否符合要求。如果不符合要求,应补夯或调整强夯参数后再进行试验。如果符合要求,则由夯沉量与夯击数关系曲线确定最佳夯击数,并正式确定强夯施工所采用的其他技术参数。

练 习 题

6-1 试用图阐明砂垫层的设计原理,它是如何达到处理软基的要求的?
6-2 试阐述砂桩加固机理、适用条件和范围。
6-3 试阐述强夯法加固机理、适用条件和范围。
6-4 试阐述软基排水固结加固机理、适用条件和范围。
6-5 试述真空预压法的加固机理。
6-6 比较真空预压法和堆载预压法的优缺点。

第 7 章 水工建筑物地基处理与设计

教学提示：本章是本教材的核心内容之一，主要学习重力坝、土石坝、拱坝、水闸和重力式码头等典型水工建筑物地基设计及处理的相关知识和方法。

教学要求：本章要求学生重点掌握重力坝、土石坝、拱坝和重力式码头地基开挖设计以及地基排水设计方法；熟悉常见软弱闸基及坝基的处理技术。

7.1 概　　述

实践表明，大部分水工建筑物的破坏或失事是由于地基缺陷或基础设计不妥而造成的。建在软弱地基上的水闸、泵房或渡槽等建筑物，如果不采取适当的地基处理措施，可能产生较大的地基沉陷和不均匀沉陷，轻则混凝土结构产生裂缝，闸门不能正常开启、水泵不能正常运用，重则建筑物滑移、倾倒。建在砂砾石地基或粉细砂地基上的水闸、泵房、堤坝建筑物，如果不采取适当的防渗排水措施，就可能发生渗透变形，使地基淘空而引起建筑物倾覆或堤坝塌陷、滑坡。因此在水工建筑物设计中，对地基与基础的设计应给予足够的重视，要结合建筑物的上部结构情况、运用条件及地基土的特点，选择适当的基础设计方案和地基处理措施。

地基处理主要目的与内容应包括：提高地基土的抗剪强度，以满足设计对地基承载力和稳定性的要求；改善地基的变形性质，防止建筑物产生过大的沉降和不均匀沉降以及侧向变形等；改善地基的渗透性和渗透稳定，防止渗流过大和渗透破坏等；提高地基上的抗振（震）性能，防止液化，隔振和减小振动波的振幅等；消除黄土的湿陷性，膨胀土的胀缩性等。

针对上述各类地基问题，发展了多种地基处理技术与方法。随着现代科学技术日新月异的发展，地基处理的途径越来越多。考虑的问题逐渐深入，老的办法不断改进，新的方法不断涌现，从古至今，地基处理的方法是十分丰富的，常见的有数十种。这些方法都有明确的针对性和特殊性，即针对某一类工程的处理方法，没有一种方法是万能的、普遍适用的。

7.2 重力坝地基处理与设计

7.2.1 坝基开挖设计

坝基开挖就是清除天然岩基以上的覆盖层，将岩基中承载力和抗剪强度不能满足要求的风化层、软弱岩层、卸荷带、强溶蚀夹泥带、破碎带和节理裂隙密集区等予以挖除，使坝基岩体强度满足坝基应力要求，保持坝体和岩基稳定，同时满足重力坝对坝基整体性和均匀性的要求。

坝基建基面选择原则：混凝土重力坝的建基面应根据大坝稳定、坝基应力、岩体物理力学性质、岩体类别、基础变形和稳定性、上部结构对基础的要求、基础加固处理效果及施工工艺、工期和费用等技术经济比较确定。坝高或坝段高超过150m时，宜建在新鲜、微风化基岩上；坝高为100～150m时，宜建在新鲜、微风化至弱风化下部基岩上；坝高为50～100m时，可建在微风化至弱风化中部基岩上；坝高小于50m时，可建在弱风化中部至上部基岩上。两岸地形较高部位的坝段，可适当放宽。

重力坝基坑形状要求：在保证开挖边坡稳定的基础上力求平顺、规则。各坝段地基面的上、下游高差不宜过大，并应尽可能略向上游倾斜。如天然基岩面高差过大或向下游倾斜，则宜开挖成大台阶状，每个台阶的高差不宜过大（如高差不大于5m），并以缓坡（不陡于1：0.6）连接。台阶的位置应与坝体分缝的位置相协调，并和坝趾处的坝体混凝土厚度相适应。为了避免岩基台阶处高差引起坝体内过大的应力集中，应把台阶的棱角去掉。开挖出的基岩面应避免有高低悬殊的突变，以免造成坝体内应力集中。在坝踵或坝趾处可开挖齿槽以利稳定。当岩基在坝轴线方向上的岩体质量有较大变化，可能产生较大不均匀沉降时，宜在坝体内相应的部位设置沉降横缝。

在平行坝轴线方向上，两岸岸坡坝段基础的形状，如岩坡平缓则开挖要求与河床坝段相同；如岸坡较陡，因坝段有侧向稳定问题，宜开挖成有足够宽的台阶状，台阶高差一般为15m，水平段宽度不小于坝段横向宽度的1/3～1/2。原则上，岸坡坝段应做到独立保持侧向稳定，而不依靠相邻坝段的侧向支承。难以做到时，也可对横缝做灌浆处理，形成整体受力状态，保持坝体侧向稳定。

7.2.2 坝基固结灌浆设计

坝基固结灌浆的目的是增强基岩的整体性，减少不均匀变形，提高基岩的变形模量和强度，降低基岩的渗透性，增强基岩抗渗透破坏的能力。

固结灌浆的范围根据地基内的应力分布以及基岩的条件确定。当高坝及坝基岩体完整性较差时，固结灌浆可在整个坝基范围内进行；坝基岩体质量较好、地质构造不发育时，也可仅在坝基上、下游各1/3～1/4范围内进行。为了减少坝基的变形和增强坝肩岩体的稳定性，有时要把固结灌浆范围扩大到坝基以外。图7-1、图7-2是固结灌浆孔布置的示意图。对断层破碎带及其两侧影响范围内也应加强固结灌浆。岩基下部埋藏的溶洞、溶槽等除进行回填处理外，还应对其顶部和周围岩石加强固结灌浆。固结灌浆孔的深度应根据坝基应力分布情况、坝高和开挖以后的地质条件确定，一般采用5～8m；局部地段及坝基应力较大的高坝基础，可加深至8～15m，甚至更深，帷幕上游区宜根据帷幕深度采用8～15m。

固结灌浆的钻孔一般是按一定的孔距、排距和布孔形式分区均匀布置。固结灌浆孔的布设常采用的形式，一般多为方格形、梅花形和六角形，如图7-3～图7-5所示，也有采用菱形或其他各种形式的。方格形的主要优点是便于补加灌浆孔，在地质条件复杂、岩体破碎、多裂隙部位多采用这种形式。梅花形布孔主要的缺点是不便于补加灌浆孔，所以在地质条件较好、预计灌完浆后不需补加灌浆孔的地区多采用此形式。

7.2 重力坝地基处理与设计

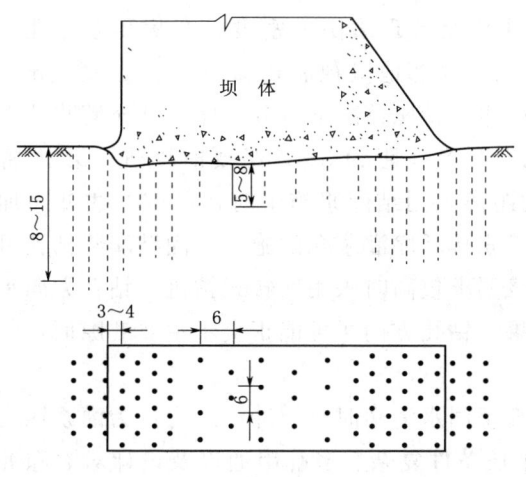

图 7-1 固结灌浆孔布置
（单位：m）

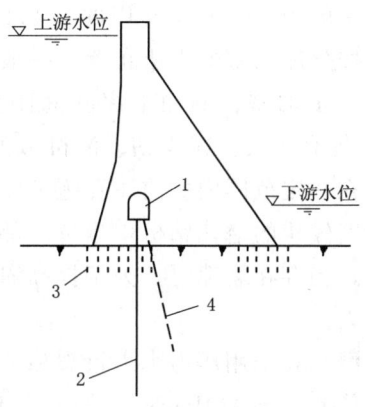

图 7-2 固结灌浆孔布置
1—灌浆廊道；2—灌浆帷幕；3—固结灌浆孔；4—排水孔

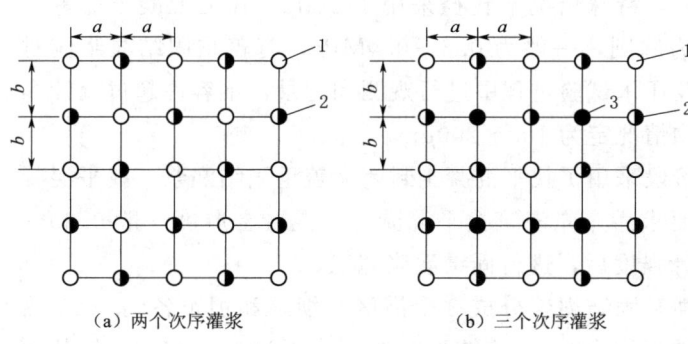

(a) 两个次序灌浆　　　　(b) 三个次序灌浆

图 7-3 方形格布孔图
a—孔距；b—排距
1—第Ⅰ次序孔；2—第Ⅱ次序孔；3—第Ⅲ次序孔

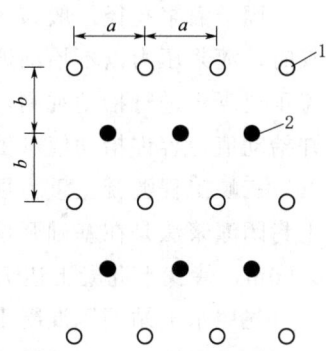

图 7-4 梅花形布孔图
a—孔距；b—排距
1—第Ⅰ次序孔；2—第Ⅱ次序孔

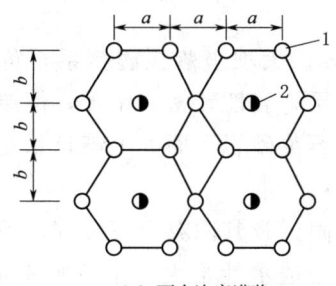
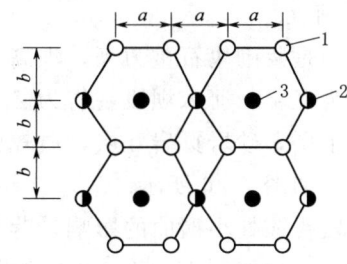

(a) 两个次序灌浆　　　　(b) 三个次序灌浆

图 7-5 六角形布孔图
a—孔距；b—排距
1—第Ⅰ次序孔；2—第Ⅱ次序孔；3—第Ⅲ次序孔

钻孔的孔距、排距取决于基岩的条件，主要是节理裂隙的密度、产状和渗透性，孔距、排距一般为 2～4m，常用的是 2.5～3.0m，局部地段视需要加密至 1.5～2.0m。固结灌浆孔按分序加密的方法布置，一般分为两序，特殊情况下可分三序或补充灌浆孔作为后序孔进一步加密。例如 Ⅰ 序孔间距为 6m，Ⅱ 序孔距为 3m，必要时则进一步加密至 1.5m。为提高工效，减少钻、灌机械的移动距离，固结灌浆施工时，可按上述分序加密的原则，在一定范围内的前序孔施工完成后，安排后序灌浆孔的施工。固结灌浆钻孔可采用钻孔速度较快的潜孔钻机，当特殊部位灌浆要求较高时采用回转式钻机。钻孔方向垂直于基岩面，当存在裂隙时，为了提高灌浆效果，钻孔方向尽可能正交于主要裂隙面，但倾角不能太大。

固结灌浆孔采用压力水进行裂隙冲洗，直至回水清净时止。冲洗压力可为灌浆压力的 80%，该值若大于 1MPa 时，采用 1MPa。地质条件复杂、多孔串通以及设计对裂隙冲洗有特殊要求时，冲洗方法通过现场灌浆试验或论证确定。固结灌浆孔灌浆前的压水试验应在裂隙冲洗后进行，灌前压水试验孔数不少于总孔数的 5%。在泥质充填物的岩溶洞穴和遇水性能易恶化的岩层中，灌浆前可不进行裂隙冲洗。

固结灌浆孔径一般为 46～76mm，特殊情况下孔径采用 110mm。在无混凝土盖重灌浆时，灌浆压力以不抬动地基岩石为原则，一般为 0.2～0.4MPa，有盖重固结灌浆应对盖重混凝土进行抬动观测，在灌浆及压水试验过程中进行观测和记录，不容许超过设计容许抬动值，容许抬动值可根据建筑物情况定为 100～200μm。

三峡工程混凝土重力坝在施工阶段采用了找平混凝土封闭无盖重固结灌浆。找平混凝土封闭灌浆法是在基础开挖达设计要求后，先浇筑找平混凝土，混凝土厚度一般 0.30～0.50m，待找平混凝土达 70% 的设计强度后，进行固结灌浆施工。

光照水电站碾压混凝土重力坝坝基固结灌浆分成 3 个灌区。坝踵和坝趾各约 0.25 倍坝底宽度范围内，固结灌浆孔距、排距均为 3m，梅花形布置，孔深为 12～15m；坝基中部约 0.50 倍坝底宽度范围内，固结灌浆孔距、排距均为 3m，梅花形布置，孔深为 8～10m。固结灌浆在有压重下进行，最大灌浆压力为 1.5MPa。

7.2.2.1 朱庄水库大坝深孔固结灌浆

1. 坝基地质简况

朱庄水库大坝是浆砌块石重力坝，坝高 100m。大坝坐落在震旦系石英砂岩上。石英砂岩自下而上分为九层。河床坝段基岩为 Z_1-Ⅱ 层，岩性致密、坚硬，但层理发育，多裂隙。其下为 Z_1-Ⅰ 层，砂岩页岩互层，质较软。石英砂岩下面为上震旦系花岗片麻岩，两者呈不整合接触，如图 7-6 所示。

河床第 9 坝段受该处小褶曲的影响，背斜轴附近及其两翼岩石破碎，裂隙张开，并有架空现象。裂隙中充填有黏土。Z_1-Ⅱ 层石英砂岩透水性很大，单位吸水量由 10 个勘探孔压水试验资料统计，平均值为 1.3L/(min·m·m)，最大值达到 4～5L/(min·m·m) 以上。

2. 固结灌浆设计

(1) 深层固结灌浆范围。第 9 坝段全部及其向两侧扩展到第 8、第 10 坝段各 15～

7.2 重力坝地基处理与设计

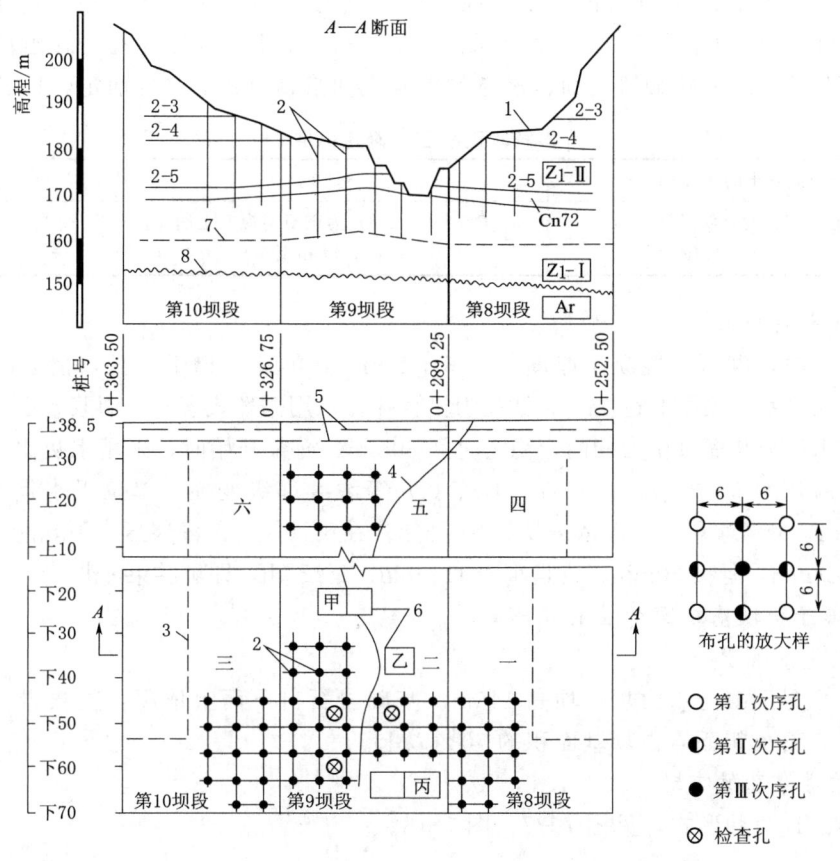

图 7-6 固结灌浆孔平面布置和立面图

1—基岩面线；2—固结灌浆孔；3—深孔固结灌浆范围线；4—小褶曲背斜轴；5—灌浆帷幕线；
6—灌浆试验区；7—岩层分界线；8—不整合接触

Z_1-Ⅱ—第Ⅱ层，石英砂岩；Z_1-Ⅰ—第Ⅰ层，砂岩页岩互层；Ar—花岗片麻岩；2-3、
2-4、2-5、Cn72—Z_1-Ⅱ层中的泥化夹层；甲、乙、丙—灌浆试验区代号；一、
二、……、六—区段段号（深孔固结灌浆分为六个区段）

20m 宽的地段，约计 9000m²，划分为六个区段进行固结灌浆。固结灌浆质量要求的间接标准为：单位吸水量小于 0.05L/(min·m·m)，认为合格。

(2) 灌浆孔布设型式。采用 6m×6m 方格形布孔。

(3) 钻孔深度。一般为 32~40m 深（岩石中 15~27m）。一般钻孔深度钻至泥化夹层 Cn72 以下 2~3m，最下一段单位注入量如仍很大时，则再加深一段，即钻至石英砂岩 Ⅱ 层底部；背斜轴附近，顺河方向的三排钻孔，钻至石英砂岩 Ⅱ 层底部；河床深槽部位钻孔，在岩石中钻进的深度不小于 10m。

(4) 灌浆次序。灌浆分为三个次序，采用自上而下的灌浆方法。先灌注边排孔，后灌中间部位的孔。

(5) 灌浆材料。使用 500 号普通硅酸盐水泥。

（6）灌浆压力。灌浆压力值如下：在浆砌块石与混凝土中，当其厚度小于10m时，灌浆压力采用0.2MPa；大于10m时，采用0.3MPa；第Ⅰ、Ⅱ次序孔的接触段灌浆，所采用的灌浆压力P，依接触段上面已浇筑的混凝土和浆砌块石的厚度而定，见表7-1。

表7-1　　　　　　　　　接触段灌浆压力确定标准

砌石与混凝土的厚度/m	<10	10～15	15～20
第Ⅰ、Ⅱ次序孔的接触段采用的灌浆压力 P (0.1MPa)	$P=3+0.2h$（h为砌石与混凝土的厚度，以m计）	6	7

3. 固结灌浆施工

灌浆施工时，砌石与混凝土厚度已有6～14m。在河床深槽部位处，覆盖的砌石与混凝土厚度更大一些，最厚的达24m。钻孔为铅直孔。采用循环式灌浆法灌浆。灌浆前进行简易压水，压水压力与灌浆压力相同，稳定时间30min。灌浆开始时，采用水灰比为10∶1的水泥浆，以后依照5、3、2、1.5、1、0.8、0.6等浓度逐级变换。单位吸水量大于0.5L/(min·m·m)的灌浆段，浆液浓度从5∶1开始。在设计规定的灌浆压力下，灌浆段的注入率小于0.4L/min，延续30min；或是小于1L/min，延续1h，即可结束灌浆。

7.2.2.2　田子仓坝基础固结灌浆（日本）

1. 坝基地质简况

田子仓坝是混凝土重力坝，坝高145m。基础岩石自下而上依序：凝灰岩、松脂岩和石英粗面岩，石英粗面岩占坝基面积的70％以上。

2. 固结灌浆孔的布置

采用A、B两种形式，见图7-7、图7-8。

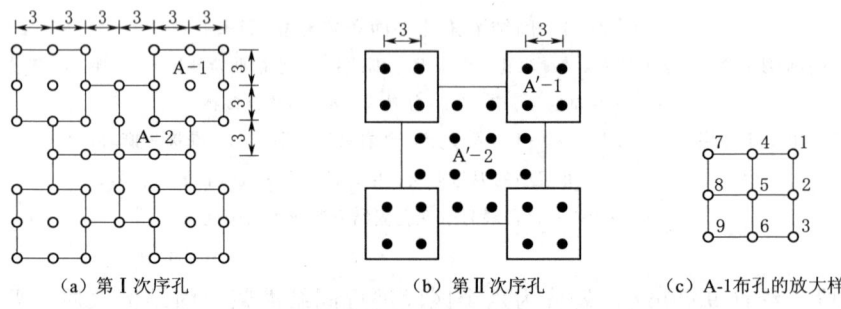

(a) 第Ⅰ次序孔　　　(b) 第Ⅱ次序孔　　　(c) A-1布孔的放大样

图7-7　固结灌浆A型布孔（长度单位：m）

在第16～24坝段，石英粗面岩细小裂隙发育，有夹层部分已风化变质，在此地区曾进行钻孔冲洗试验，孔距6m，各孔之间可以相互串通，用水冲洗24h，冲出的水仍不见清。这类地区采用A型布孔。从第16坝段往左直到左岸坝肩，岩石比较好，采用B型布孔。

3. 固结灌浆的施工

固结灌浆依照逐渐加密的原则施工。灌浆方法采用循环式，钻孔深度一般为10m，一次钻完，一次灌浆，灌浆压力为0.5MPa。超过10m的深孔，采用分段灌浆方法，第二段灌浆压力适量增加。施工顺序如下：

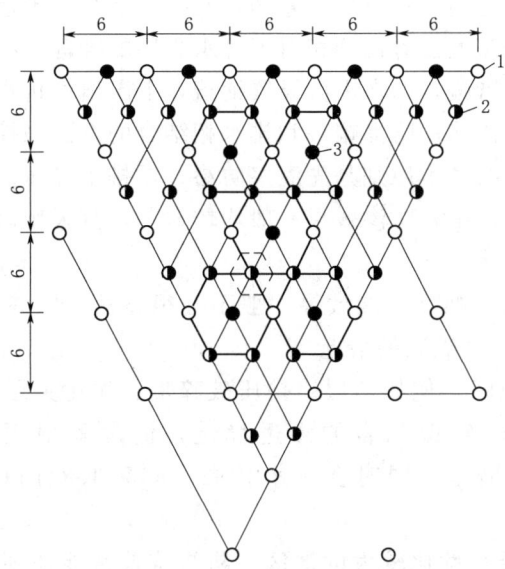

图 7-8 固结灌浆 B 型布孔
1—第Ⅰ次序孔；2—第Ⅱ次序孔；3—第Ⅲ次序孔

(1) 按照 A 型钻孔，孔距为 3m。首先钻 A-1 组孔，经冲洗灌浆后，再进行 A-2 组钻孔。灌浆完毕后经过检查，如果没有达到要求，再进行 A′-1 和 A′-2 组的钻孔。

A 型钻孔的冲洗方法：向第 1 孔、第 7 孔中压水。向第 4 孔中压气，留出第 5 孔，封闭其余的 5 个钻孔，进行气、水联合冲洗，直到返流出来的水完全清净时止。然后，改换为向第 1 孔、第 7 孔中压气，第 4 孔中压水，仍留出第 5 孔，进行冲洗，冲洗要求与前相同。这一小组 4 个钻孔冲洗完毕后，依同样方法，在第 1 孔、第 2 孔、第 3 孔、第 5 孔，第 3 孔、第 6 孔、第 9 孔、第 5 孔……轮流地重复进行，全组 9 个钻孔均冲洗完毕后，9 个钻孔尽可能同时灌浆。冲洗压力与灌浆压力相同，最大不超过 0.5MPa。

(2) B 型钻孔，孔距为 6m 和 3m。每个钻孔单独进行灌浆，灌浆完毕，经过检查没有达到要求时，再行加密。

(3) 灌浆开始采用稀浆，灌浆过程中逐级加浓，浆液浓度变化范围为 20∶1～1∶1（水∶水泥）。灌浆直至岩层中不再吸浆时，即停止灌注。

7.2.3 坝基防渗帷幕灌浆设计

防渗帷幕的定义为坝基岩体中建造的一道连续的、完整的、较大坝基岩渗透性低的、平面上呈条带状、立面上形似舞台上的帷幕的防渗结构。设计防渗帷幕的目的是减少大坝基岩渗漏量。防渗帷幕多采用灌浆方法建造，简称"灌浆帷幕"。

防渗帷幕形式有封闭式帷幕和悬挂式帷幕两种。封闭式帷幕，灌浆帷幕深入基岩的相对不透水岩层，基本上全部截断渗流的，称为封闭式帷幕。这种帷幕的防渗效果好，在可能的条件下，大坝基岩宜采用这种形式的灌浆帷幕。研究表明：对于均质透水岩层，即使帷幕深度达到透水岩层厚度的 90%，而经过其余 10%透水岩层厚度的渗漏量，仍然高达相当于完全未处理（即没设帷幕时）时渗漏量的 35%。这说明帷幕深度应该深入到相对不透水岩层，才能收到显著的防渗效果。悬挂式帷幕，在相对不透水岩层埋藏较深或分布无规律的坝址区，其帷幕深度没有达到相对不透水岩层的帷幕，称为悬挂式帷幕。悬挂式帷幕常需配合其他的防渗措施，如在上游设置铺盖，下游增设排水设施等。

重力坝等坝基工程通常采用防渗帷幕和排水相结合的方法来控制坝基扬压力。

防渗帷幕和排水设计的基本原则是先灌浆防渗，后排水降压。一般可分为3种情况：

（1）透水性强的地区，帷幕防渗效果一般均较显著，宜采用以"阻"为主，结合排水的措施。

（2）透水性弱的地区，帷幕防渗效果一般不会很显著，因渗漏量不大，故宜采用以"排"为主，结合少量的帷幕灌浆的措施。

（3）特殊地质条件地区，例如断层、挤压破碎带、泥化夹层等，有时岩石透水性虽不大，但为了防止管涌，确保基岩的渗透稳定，仍常采用"阻""排"并重，或以"阻"为主，结合排水的措施。同时在排水孔中，应采取专门措施，以防止细颗粒土流出。

根据实践经验，在透水性比较大的地区，防渗帷幕常能使坝基幕后扬压力降低到约 $0.5H$（H 为水头）；防渗帷幕结合排水措施，常可使坝基扬压力在帷幕后主排水孔处降低到 $(0.2 \sim 0.3)H$。

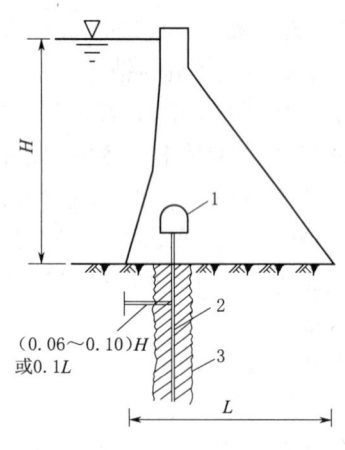

图 7-9　混凝土重力坝基岩
灌浆帷幕的位置

1—灌浆廊道；2—灌浆帷幕的钻孔；
3—浆液扩散范围

帷幕灌浆的目的包括：减少坝基和坝肩的渗漏；在帷幕和排水的共同作用下，使帷幕后坝基面的渗透压力降低，以提高坝体稳定和坝肩岸坡的稳定性；防止在软弱夹层、断层破碎带、基岩裂隙充填物及抗渗性能差的岩层中产生渗透破坏；具有可靠的连续性和足够的抗渗性和耐久性。

灌浆帷幕的位置在坝踵附近（图 7-9），应尽可能设置在靠近上游坝面处，一般设置在离坝踵 $(1/10 \sim 1/15)H$（坝高）处，自河床向两岸延伸。钻孔和灌浆常在坝体内靠上游面 $(0.06 \sim 0.10)H$ 的部位设置的基础灌浆廊道内进行，靠近岸坡处也可在坝顶、岸坡或平洞内进行。基础灌浆廊道同时可作为排水、监测和帷幕补强用。平洞还可以起排水作用，有利于岸坡的稳定。如果坝踵处存在拉应力区域，则帷幕应避开拉应力区，设置在受压区内。

防渗帷幕的深度根据作用水头和基岩的工程地质、水文地质情况确定。当地基内的透水层厚度不大时，帷幕可穿过透水层深入相对隔水层 3~5m。如相对隔水层埋藏较深，则帷幕深度可根据渗流计算，并结合工程地质条件、地层的透水性、坝基扬压力、排水以及工程经验等因素研究确定，采用悬挂式帷幕，深度一般为 $(0.3 \sim 0.7)H$。

为了防止坝肩发生绕坝渗漏，防渗帷幕伸入岸坡内的深度以及帷幕轴线方向，应根据工程地质和水文地质条件来确定，原则上应到达相对隔水层。对能接到相对隔水层的帷幕，帷幕线延伸至正常蓄水位与需要接到的岩层的相交处 A 即可；不能接到相对隔水层的帷幕，一般延伸至正常蓄水位与两岸蓄水前地下水位的交点 B 处，如图 7-10 所示，在 BC′以上设置排水，以降低水库蓄水后库岸的地下水位。

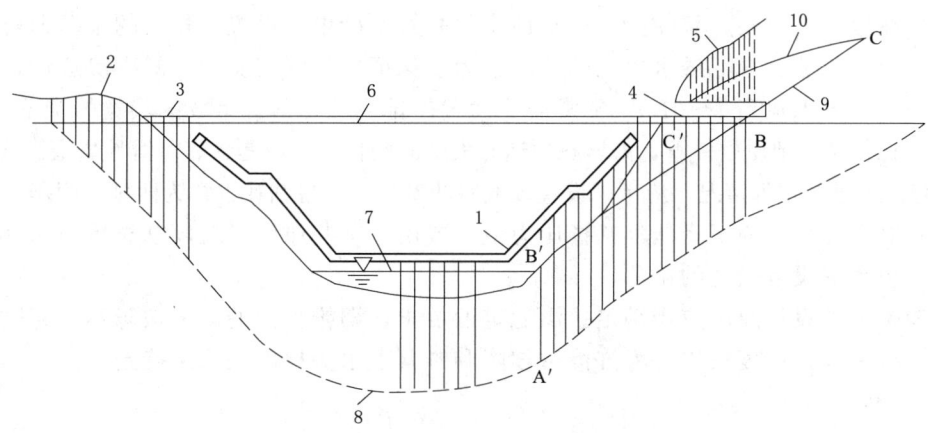

图 7-10 帷幕设置关系图
1—灌浆廊道；2—山坡钻孔；3—坝顶钻孔；4—灌浆平洞；5—排水孔；6—正常蓄水位；
7—原河水位；8—防渗帷幕底线；9—原地下水位线；10—蓄水后地下水位线

一般情况下，当帷幕钻孔深度超过 100m 后，施工比较困难，钻孔容易偏斜，影响帷幕的连续性和完整性，工程造价也高，很不经济，所以坝基帷幕钻孔深度以不超过 100m 为宜。

当坝基的相对不透水岩层埋藏很深，需要设置较深的帷幕时，为了施工方便而又不使钻孔深度过大，常常在两岸专门开挖几层平洞，在平洞内进行钻孔灌浆。这样，由两岸各层平洞中所钻的灌浆孔，构成上下相互衔接的帷幕，见图 7-11 和图 7-12。一般讲，上层灌浆平硐灌浆孔的孔深应达到下层灌浆平硐底板高程以下 5m。

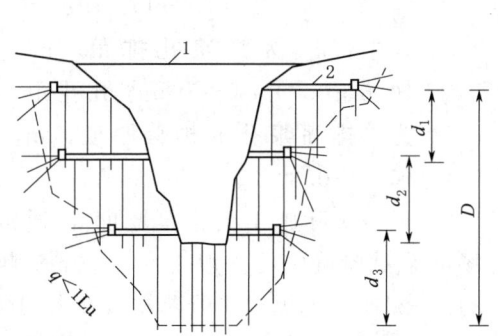

图 7-11 钻孔上下相互衔接情况下的帷幕深度
d_1、d_2、d_3—各层平洞内钻孔的深度；D—帷幕深度；
1—坝顶；2—灌浆平洞；q—透水率

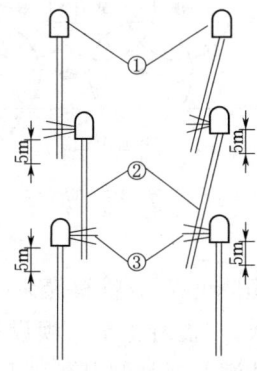

图 7-12 上下帷幕相互衔接剖面图
①—灌浆廊道；②—灌浆帷幕；
③—衔接帷幕

国内较高的混凝土重力坝在两岸经常采用开挖平洞的方法,在平洞内进行钻孔和灌浆。

帷幕厚度主要是根据地质条件,帷幕允许的水力坡降,大坝基础的防渗标准和幕体本身的密实性、稳定性而决定的。设计帷幕厚度应遵循的几项原则:

(1) 在致密、坚硬、裂隙少、透水性小的岩石基础中,设置一排孔的帷幕即可。在岩石破碎、节理裂隙发育、透水性大的地区,为了保证幕体的密实性,减少渗透性,使岩石透水率按设计要求达到 1~3Lu,常常需要设置二排或三排钻孔组成的较宽的帷幕。

(2) 在复杂的地质条件下,如岩石中遇有大的断裂构造,或是含有可溶性岩层,或是岩溶强烈发育、大量漏水等情况,应考虑设置较宽厚的帷幕,帷幕钻孔也常为两排或两排以上。

(3) 对于高坝,为了降低坝基扬压力值,或由于某些原因,对坝基岩体防渗性要求很高时,也应考虑设置较宽的帷幕。

防渗帷幕的设计厚度应当满足抗渗稳定的要求,即帷幕内的渗流坡降不应超过规定的容许值。帷幕设计厚度按帷幕容许渗透坡降和帷幕上水头梯度关系来确定:

$$T' = \frac{1-\alpha}{[i]} \Delta H \tag{7-1}$$

式中:T' 为帷幕厚度,m;α 为扬压力计算中的折减系数;$[i]$ 为帷幕容许的渗透坡降,其值可按表 7-2 选取;ΔH 为上、下游水位差,m。

表 7-2   防渗帷幕容许渗流坡降

坝 高/m	帷幕的透水率/Lu	渗透系数 K/(cm/s)	容许渗透坡降 $[i]$
>100	1~3	$2 \times 10^{-5} \sim 6 \times 10^{-5}$	20~15
50~100	3~5	$6 \times 10^{-5} \sim 1 \times 10^{-4}$	15~10
<50	5	1×10^{-4}	10

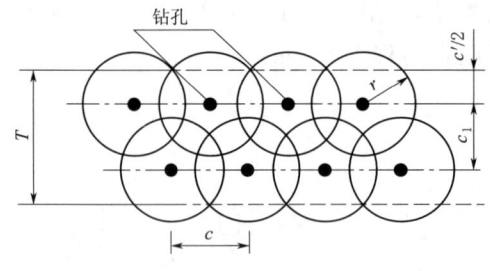

图 7-13 防渗帷幕厚度

岩基灌浆所能得到的帷幕厚度 T 与灌浆孔排数有关。由图 7-13 可见,若有 n 排灌浆孔时,T 可按式 (7-2) 计算:

$$T = (n-1)c_1 + c' \tag{7-2}$$

式中:c_1 为灌浆孔排距,m,一般取 $(0.6 \sim 0.7)c$(c 为灌浆孔孔距,m);c' 为单排灌浆孔的帷幕厚度,m,一般取 $(0.7 \sim 0.8)c$。

实际施工的帷幕厚度 T 通常应大于设计帷幕厚度 T'。帷幕灌浆孔距 c 应由现场灌浆试验确定,一般 1.5~3.0m。帷幕灌浆孔的排数,《混凝土重力坝设计规范》(SL 319—2018) 中规定:帷幕排数在考虑帷幕上游区的固结灌浆对加强基础浅层的防渗作用后,坝高 100m 以上(含 100m)的坝可采用 2 排,坝高 100m 以下的坝可采用 1 排;对地质条件较差、岩体裂隙特别发育或可能发生渗透变形的地段或经研究认为有必要加强防渗帷幕时,可适当增加帷幕排数。

当帷幕由几排灌浆孔组成时,一般仅将其中的一排孔钻到设计深度,其余各排的孔深可取设计深度的 1/2~2/3。因为在帷幕深处，帷幕两侧的水头差已相对减小。此外，在地基深处灌浆压力也可加大，从而灌浆影响范围也可扩大。

在施工中，灌浆孔距是逐步加密的，开始的孔距一般约为 6m，然后中间加孔，孔距为 3m，如在中孔中试验的透水率（Lu）值已达到要求，对中间孔进行灌浆后即可不再加孔，如透水率值仍大于要求。则在灌浆后应再在中间加孔，孔距为 1.5m，并在钻孔中试验透水率值，如此逐步加密，直至中间孔中试验所得的透水率值达到要求为止。

帷幕灌浆压力在帷幕顶部不宜小于 1.0~1.5 倍坝上游最大水头，在孔底段，灌浆压力宜提高到 2~3 倍坝上游水头。在灌浆孔深处采用较高压力不致引起岩体上抬，但是在帷幕顶部，用 1.0~1.5 倍坝上游水头的灌浆压力可能会把岩层抬起，所以帷幕灌浆一定要在浇筑 20~30m 高的混凝土作为压重后才开始灌浆。

钻孔孔径一般为 50~80mm，一般用回转式钻机钻孔。近代趋向于采用小灌孔、高灌浆压力，以节省钻孔费用，提高灌浆效果。钻孔通常是铅直的，在有近乎铅直分布的裂隙地段，钻孔宜为倾斜的，以便尽可能多地与裂隙相交；帷幕灌浆孔方向略向上游倾斜，对减小坝下渗透压力有利，但倾角不宜大于 10°，以便于施工。对于深帷幕灌浆孔的钻孔方向，在施工中必须严格控制。因为如果相邻钻孔的方向有误差，则在钻孔的下方将相互错开，而形成帷幕缺口，成为漏水通道。

7.2.3.1 潘家口水库大坝基岩帷幕灌浆（1974—1978 年）

1. 地质简况

潘家口水库大坝为低宽缝混凝土重力坝，最大坝高 107.5m，坝长 1024m。大坝基岩主要为角闪斜长片麻岩，坚硬、宽大裂缝不多。坝基在河谷地段全部置于微风化岩石上，抗压强度为 70MPa，静弹性模量为 12~15GPa。

坝基下有较大的断层 F_{12}，其他断层均较小。基础岩石透水性小，属弱透水性。从勘探孔的压水试验资料来看，约 80% 孔段的单位吸水量值小于 0.05L/(min·m·m)，见表 7-3。F_{12} 断层两侧透水性大，连同其他一些断层如 F_2、F_{22} 等部位以及断层交汇区岩石破碎带，均为防渗重点地段，需着重处理。

表 7-3　　　　　　　　　　坝基岩石的渗透性情况

地貌单元	坝段	勘探孔数/个	压水试验段数/段	深度（自岩面起算）/m	单位吸水量/[L/(min·m·m)]					
					>1	1~0.5	0.5~0.1	0.1~0.05	0.05~0.01	<0.01
					区间段数					
河床及漫滩	18~29号	9	44	0~10			1	1	4	5
				10~20				1	3	7
				20~30				1	2	5
				30~40				1		6
				40~50						5
				50~60						1
				60~70						1
				合计			1	4	9	30
				%			2.3	9.1	20.4	68.2

第7章 水工建筑物地基处理与设计

续表

地貌单元	坝段	勘探孔数/个	压水试验段数/段	深度（自岩面起算）/m	单位吸水量/[L/(min·m·m)]					
					>1	1~0.5	0.5~0.1	0.1~0.05	0.05~0.01	<0.01
					区间段数					
一级阶地	30~35号	8	80	0~10			1		4	
				10~20			2	1	6	4
				20~30	1		3	1	4	5
				30~40			3	2	4	7
				40~50			1	3	3	5
				50~60					4	2
				60~70					3	1
				合计	1		10	7	38	24
				%	1.4		14.3	10	40	34.3
一级阶地及二级阶地后缘	36~44号	7	62	0~10			2		3	3
				10~20				1	5	7
				20~30					5	6
				30~40					3	7
				40~50					2	7
				50~60					4	3
				60~70					1	3
				合计			2	1	23	36
				%			3.3	1.6	37.1	58

2. 帷幕方案设计

帷幕设计原则：岩石透水性小，地质条件良好的部位，采用阻排结合、以排为主的措施；在特殊地质条件，例如断层和破碎带等部位，采用以阻为主，结合排水的措施。

(1) 帷幕线的确定。两岸基础岩石相对不透水岩层埋藏较深，地下水位更低，水库正常高水位与其相交处比较远，约有200~300m。根据水文地质和水位观测资料，左岸帷幕自坝肩暂定向外延伸65m，右岸的帷幕延伸45m，故帷幕线全长为1150m。

大坝基础防渗帷幕在灌浆廊道内施工，廊道上游壁距上游坝面大于6m，廊道的底板厚度一般为4~7m。廊道断面尺寸为3m×4.2m。

(2) 帷幕深度。帷幕深度主要根据下述原则综合考虑而定：

(a) 高水头坝段，帷幕孔深度在相对隔水层（$\omega<0.01$）线以下10m左右；低水头的坝段，在5m左右。

(b) 帷幕深度 = $\dfrac{H_0}{3} + C$（H_0为坝前最大水深，C值取10）。

(c) 高水头坝段帷幕孔深度不小于$0.5H$（H为坝上下游水位差）。

(d) 根据国内一些高坝实践经验，帷幕深度平均值约为坝高的45%，据此，综合选定各坝段基岩面以下帷幕深度见表7-4。向左右两岸坝肩外延伸的帷幕，暂定孔深为30m。

表 7-4　　　　　　　　　　　各坝段的帷幕深度

坝段编号	1~12	13~17	18~30	31~37	38~44	45~50	51~56
帷幕深度/m	28~35	40 左右	40 左右	50~55	35~40	45~50	35~40

（3）帷幕灌浆孔排数、排距和孔距的选定。根据勘测阶段的资料，灌浆试验成果，结合坝前最大水深，以及水工建筑物设计要求等条件，将帷幕设计分为四类：左、右岸建基高程在 200m 以上，坝前最大水深小于 30m 的部位和两岸坝肩外帷幕的延长部分，帷幕孔暂布设一排孔，孔距 2m；特殊地质条件部位，例如 35~37 号坝段，因有 F_{12} 通过，46~48 号坝段，岩石特别破碎，在这几个坝段帷幕设计为三排孔，排距 0.6~0.8m、孔距 2m。三排钻孔灌浆完毕后，如仍不能满足设计的要求，预计将中排孔加密或进行化学灌浆；透水性小，岩石又比较完整且良好的部位，帷幕仍设计为两排孔，第一排帷幕孔达到设计深度，第二排帷幕孔视岩石地质条件和第一排孔的灌浆情况，可考虑减少孔深。孔距则视承受水头大小而定，水头高的坝段，定为 2m；水头较低的坝段，定为 3m；其他部位原则上均布设两排灌浆孔，孔距 2~3m。

（4）灌注次序。为保证灌浆质量和减少工程量，要求严格按照灌注次序施工。

（a）为进一步取得数据与经验，先选择有代表性的坝段，即先在岩石良好，透水性小，承受水头高的 28 号坝段及 35 号坝段（F_{12} 通过坝段）进行生产性的试验灌浆。验证灌浆技术要求是否合宜，取得经验后全面展开。

（b）首先钻进下游排中的导孔，其间隔为 12~15m，自上而下分段做压水试验并灌浆。若最后一段的压水试验的 $\omega>0.01$ 时，再延长一段，直至达到 $\omega<0.01$ 时止。据此确定本坝段相对不透水层（$\omega<0.01$）的界限。

（c）其次是钻进下游排的其他各孔，分为两个次序。各孔深度原则上均应达到设计深度。自上而下分段做简易压水和灌浆，主要作用是查明在此深度范围内有无集中渗流和透水性较大的部位。同时了解岩石的透水性、水泥灌浆的可灌性及灌浆效果。

如果钻灌完 2~4 个 Ⅰ 序孔，结合导孔的钻灌情况，确认本坝段可以采用自下而上或自上而下与自下而上相结合的灌浆方法时，则本坝段其余各孔均可改变灌浆方法，唯接触段仍需先行灌浆，其下各段再行自下而上逐段灌浆。在特殊地质条件的坝段，不管情况如何，均宜采用自上而下的灌浆方法。

（d）下游排所有的灌浆孔灌浆完毕后，及时分析钻孔和灌浆资料，用以确定上游排各孔的深度、灌浆方法、灌注材料等，而后，开始钻进上游排孔，也是分为两个次序灌浆。

（e）帷幕若为三排钻孔时，灌完上游排孔后，再开始灌中排孔，仍是分为两个次序灌浆。

（f）一个坝段的帷幕灌浆孔（包括需要补加的灌浆孔在内）全部完成后，钻设 1~2 个检查孔，检查帷幕质量。经过全面、综合分析，确认帷幕质量合格后，开始钻设排水孔。

（5）灌浆条件和灌浆压力。帷幕灌浆需在混凝土厚度达到 20m 后进行。初步拟定灌浆压力（以孔口回浆管压力为准）如下：接触段采用1MPa。岩石第一段（即岩面以下2～7m）采用1.2MPa，自此段以下，岩石厚度每增加1m，灌浆压力增加0.05MPa，最大值限为3MPa。

（6）灌浆材料。以水泥灌浆为主，为确保灌浆质量，要求使用600号普通硅酸盐水泥，细度要求通过4900孔/cm² 标准筛的筛余量不超过2%。

（7）防渗帷幕质量标准。帷幕透水性指标 $\omega<0.01 L/(min·m·m)$；或检查孔各段的水泥注入量小于15kg/m；帷幕结合排水，$a_2<0.25$。

3. 帷幕灌浆施工

帷幕灌浆自1974年开始，截至1978年，主体工程基本完成，其工程量见表7-5。

表7-5　　　　　　　　　　　完成的灌浆工程量

施工部位	总量			灌浆孔			检查孔		
	进尺/m	水泥注入量/kg	单耗/(kg/m)	进尺/m	水泥注入量/kg	单耗/(kg/m)	进尺/m	水泥注入量/kg	单耗/(kg/m)
右岸坝头坝段	3642.5	15898.3	4.4	3226.1	15588.4	4.8	416.4	309.9	0.7
右岸陡坡坝段	5489.1	23206.3	4.2	5029.7	22932.2	4.6	459.4	274.1	0.6
厂房坝段	4264.5	5863.9	1.4	4065.2	5753.1	1.4	199.3	110.9	0.6
右溢流坝段	6072.8	25869.6	4.3	5583.9	24922.8	4.5	488.9	906.8	1.9
底孔右溢流坝段	12996.7	102281.3	6.8	13862.4	97950.5	2.1	1134.3	4330.8	3.8
左岸挡水坝段	14273.2	133000.3	9.3	13726.5	130587.4	9.5	546.7	2411.9	4.4
合　　计	48738.8	306119.7	6.3	45493.8	297734.3	6.5	3245.0	8385.4	2.6

注　本工程完成的钻孔工程量为：钻孔1163个，进尺57288.9m。其中灌浆孔1069个，进尺53498.7m；检查孔94个，进尺3790.2m。

7.2.3.2　三峡工程左岸厂房坝段与泄洪坝段帷幕设计与施工

三峡工程拦河大坝为混凝土重力坝，坝轴线全长2309.47m，坝顶高程185.00m，最大坝高181.00m，水库正常蓄水位175.00m，总库容393亿m³，总装机容量18200MW。

拦河大坝主要建筑物自左至右依次为左岸非溢流坝段（含左连接段、升船机坝段、临时船闸坝段）、左岸厂房坝段、泄洪坝段（含左导墙坝段与右纵坝段）、右岸厂房坝段、右岸非溢流坝段及右岸地下电站。下面介绍左岸厂房坝段与泄洪坝段帷幕的设计与施工简况。

1. 地质简况

三峡工程左岸厂房坝段与泄洪坝段大坝基岩为前震旦系闪云斜长花岗岩，岩体坚硬、完整、宽大裂隙少。大坝建基面主要为微风化岩体，少数地段为弱风化下部岩体。坝基优、良质岩体占90%以上。饱和抗压平均强度75～100MPa，变形模量15～40GPa，平均纵波波速大于5000m/s。坝基范围内构造断裂不发育，规模较大的断层有 F_7、f_{10}、F_4、f_{20} 及断层组（F_{410}～F_{413}）等，为数不多。左厂1～5号坝段缓倾角裂隙相对发育，而坝下游由于布置电站厂房，存在较深的陡坡临空面，对坝基抗滑稳定不利。

本区段岩体属裂隙透水岩体，以微透水岩体（$q<1Lu$）为主，透水率 q 大部分小于1Lu，少部分为1～10Lu，勘探期间岩体透水性情况见表7-6，坝基开挖后，由于风化岩

7.2 重力坝地基处理与设计

体的挖除，显示出岩体透水性较原勘探期还小一些。透水性较大的部位多分布在性状较差的断层带、断层影响带、裂隙密集带。河床深槽部位地下水活动较强，断层两侧岩体透水性也有明显增加。总体看，建坝地质条件优良。

表 7-6　　　　　　　　勘探期间岩体透水性统计表

部　位	统计孔数/个	透水性（Lu）分级及其所占百分比（%）				
		<1	1～5	5～10	10～100	>100
左厂坝段	47	75.8	16.7	4.6	2.9	0
泄洪坝段	36	58.4	17.6	7.2	15.4	1.4

相对隔水层岩体（$q\leqslant 1Lu$）顶面高程与坝区河谷地形趋势基本相同，河床深槽部位高程低，一般为 $-40\sim -50m$；河床漫滩部位略高，一般为 $0\sim -10m$。随地形增高，左岸山体相对隔水层岩体顶面高程也逐渐升高。本区段左厂 7 号坝段～泄洪坝段位于河床，其中开挖高程最低的坝段为左导墙坝段、泄洪 1 号～4 号坝段，也就是深槽部位，其建基面高程分别为 6.00m、4.00m、4.00m、4.00m 和 7.00m。泄洪坝段受断层和深槽影响，相对隔水层岩体顶板起伏较大，在较深部位还存在透水率 $q\leqslant 1Lu$ 的孔段。

2. 防渗帷幕设计

根据大坝和电站厂房基础防渗及稳定要求，结合坝基工程地质与水文地质的特点，通过现场灌浆试验论证，确定坝基采用垂直灌浆帷幕和排水孔幕相结合的渗流控制方案。左岸非渗流坝段采用常规防渗排水方案；左厂坝段（含左岸厂房）、泄洪坝段采用封闭帷幕抽排方案，形成了一个大封闭的帷幕抽排区，见图 7-14。

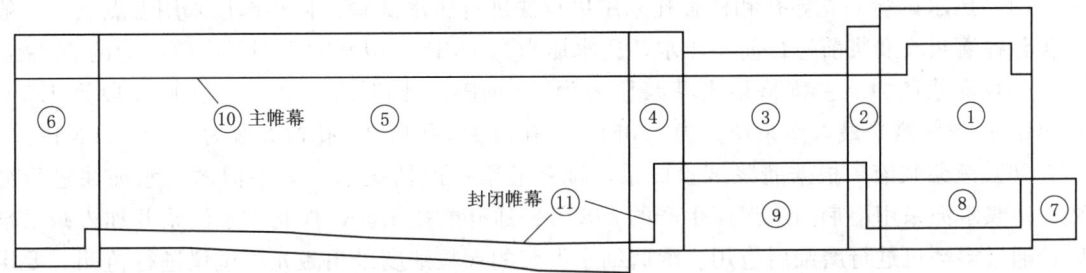

图 7-14　左厂坝段（含左岸厂房）、泄洪坝段封闭帷幕平面布置图
①—左厂 1～6 号坝段；②—左厂Ⅲ坝段；③—左厂 7～14 号坝段；④—左导墙坝段；
⑤—泄 1～23 号坝段；⑥—右纵坝段；⑦—安Ⅱ；⑧—1～6 号机组；
⑨—7～14 号机组。⑩—主帷幕；⑪—封闭帷幕。

（a）帷幕防渗标准：透水率 $q\leqslant 1Lu$。
（b）帷幕灌浆孔的布置。主帷幕与封闭帷幕一般布置为单排孔，局部布置为双排孔。主帷幕灌浆孔孔距，单排一般为 2.0m，双排孔为 2.0～2.5m，排距 0.2～0.8m。封闭帷幕孔距一般为 2.5m，局部加密至 1.25m。
结合固结灌浆，在主帷幕上游布置两排各深 10.0m 和 20.0m 兼作辅助帷幕的固结灌浆孔，孔排距均为 2.0m；封闭帷幕下游布置一排深 10.0m 兼作辅助帷幕的固结灌浆孔，孔距均为 2.5m。

(c) 帷幕灌浆孔孔深的确定。灌浆孔深入基岩相对不透水岩体顶板以下 5.0m；帷幕深度满足 $H \geqslant h/3+C$，其中 h 为幕前水深（主帷幕为上游水深，封闭帷幕为下游水深），C 为常数，取 5～8；厂房坝段主帷幕灌浆孔深度达到坝后电站厂房基础开挖高程以下 10.0～20.0m。双排孔部位，对透水岩体埋深在 40m 以内地段，要求第二排孔深入相对不透水岩体 5m；透水岩体较深时，要求第二排孔深度不小于第一排孔深的 2/3；先导孔孔深按防渗帷幕底线以下 10m 控制；灌浆终孔段应为灌前透水率 $q \leqslant 1\text{Lu}$，注入量 $C \leqslant 20\text{kg/m}$，否则予以加深。

3. 施工工艺与技术要求

(1) 施工方法。帷幕灌浆采用小口径钻孔、孔口封闭灌浆法施工，自上而下分段进行灌浆。

(2) 孔位、孔斜和孔深。开孔孔位与设计孔位偏差不大于 10cm。垂直孔或顶角小于 5°的钻孔，其孔底偏差值不得大于表 7-7 中的规定。孔深应满足设计的规定。

表 7-7　　　　　　　　　钻孔孔底最大允许偏差值

孔深/m	20	30	40	50	60	>60
允许偏差值/m	0.25	0.50	0.80	1.15	1.50	<2.00

(3) 钻孔冲洗和裂隙冲洗。钻孔冲洗要求回水澄清 10min，孔底残留物厚度不大于 20cm。

裂隙冲洗，灌浆孔第 1 段（接触段）要求进行裂隙冲洗，至回水澄清 10min，总冲洗时间不少于 30min。不良地质地段冲洗时间不少于 2h。冲洗压力为灌浆压力的 80%，最大值取为 1MPa。其他灌浆段不进行专门的裂隙冲洗。

(4) 压水试验。先导孔和检查孔采用单点法进行压水试验，特殊部位采用五点法。一般灌浆孔各灌浆段灌浆前进行简易压水，压水压力为 1MPa，但不大于同段灌浆压力的 80%。

(5) 灌浆压力。主帷幕最大灌浆压力为 6.0MPa，孔口 1、孔口 2、孔口 3 段为 1.5～4.5MPa；封闭帷幕最大灌浆压力为 4.0MPa，孔口 1、孔口 2、孔口 3 段为 1.0～2.0MPa。

(6) 灌浆浆液。根据灌浆试验成果，帷幕灌浆一般情况下均采用湿磨细水泥浆进行灌注。灌浆水泥采用由荆门水泥厂生产的 525 号普通硅酸盐水泥，拌制成水泥浆并加入减水剂后，通过湿磨机进行磨细后应用。湿磨细水泥浆的颗粒细度采用激光测试仪进行监测。要求颗粒细度达到 $D_{95} \leqslant 40\mu m$。湿磨细水泥浆采用水灰比为 2:1、1:1、0.6:1 3 个比级。

当孔段吸水率大于 40L/min 或吸浆率大于 30L/min 时，先灌注普通水泥浆，待吸浆率减小至 10L/min 后，再灌注湿磨细水泥浆。

(7) 灌浆结束标准及封孔。灌浆段的灌浆在设计压力下注入率不大于 1.0L/min，延续灌注 90min，并且在设计压力下的总灌注时间不少于 120min，该段灌浆可以结束。

终孔段灌浆结束后，采用"置换和压力灌浆封孔法"封孔。

(8) 采用自动记录仪。灌浆过程中应使用自动记录仪对注入率、灌浆压力等进行自动记录。

(9) 抬动观测及控制。技术要求允许抬动值为 $200\mu m$，灌浆一般应在无抬动工况下进行。

4. 帷幕灌浆施工

本地段工程于 2000 年 1 月开工，2002 年 3 月竣工。坝基主帷幕和封闭帷幕分别在大坝上下游的灌浆廊道和排水廊道中施工。帷幕灌浆完成的工程量见表 7-8。

7.2 重力坝地基处理与设计

表 7-8 帷幕灌浆完成的工程量

帷幕类别	部 位	孔数/个	钻孔进尺/m 混凝土	钻孔进尺/m 基岩	钻孔进尺/m 合计	水泥注入量/kg	单位注入量/(kg/m)	检查孔数/个	压水试验段数	检查孔压水试验检查情况 合格段数	合格率/%	备 注
主帷幕	左厂1~14号坝段	560	3574	30597	34171	246990	8.1	53	773	769	99.5	不合格4段,其值分别为1.2Lu、1.3Lu、3.5Lu、4.4Lu
主帷幕	左导墙坝段	30	153	3172	3325	38516	12.2	4	78	78	100	
主帷幕	泄洪1~23号坝段	555	4030	33163	37193	331495	10.0	48	732	728	99.5	不合格4段,均小于3Lu
主帷幕	右纵墙坝段	32	160	2099	2259	12504	6.0	4	56	56	100	
主帷幕	合计	1177	7917	69031	76948	629505	9.1					
封闭帷幕	左厂安Ⅲ~14号坝段	181	865	11871	12736	172338	14.5	21	268	267	99.7	不合格1段,其值小于3Lu
封闭帷幕	左导墙坝段	25	119	2193	2312	30045	13.7	3	53	53	100	
封闭帷幕	泄洪1~23号坝段	298	1510	16231	17741	144934	8.9	35	421	409	97.1	不合格12段,小于3Lu的10段,3~5Lu的2段
封闭帷幕	右纵坝段	58	257	2483	2740	21367	8.6	7	76	67	88.2	不合格9段,小于5Lu的7段,大于5Lu的2段
合 计		562	2751	32778	35529	368684	11.2					

7.2.4 坝基排水设计

为进一步降低坝底面的扬压力，应在防渗帷幕后设置排水孔幕，一般在基础灌浆廊道内的下游侧钻设排水孔，以构成排水孔幕。排水孔幕与防渗帷幕下游面的距离，在坝基面处不宜小于 2m，以免削弱帷幕。排水孔的方向一般是垂直的，也可微向下游倾斜，以减小廊道宽度，但不超过 10°。主排水孔孔深一般为防渗帷幕深度的 0.4～0.6 倍，高、中坝的主排水孔深度不应小于 20m。当地基内有裂隙承压水层或较大的深层透水区时，除加强防渗措施外，排水孔宜穿过这些部位。排水孔的孔距根据岩体渗透性确定，一般为 2～3m，排水孔孔径一般为 100～150mm。

主排水孔幕应在防渗帷幕灌浆完成后才能钻孔，以免堵塞。排水孔孔口要妥善保护，一般要安装孔口装置，孔口装置便于将孔内渗水集中引排至排水沟内，还可以在上面安装检测渗压和涌水量的装置。排水沟通到廊道内的集水井，然后由集水井通过排水管自流排到下游坝面外。如果下游水位高于集水井，则需要用水泵把集水井内的水抽排至下游。基础排水系统的布置如图 7-15 所示。

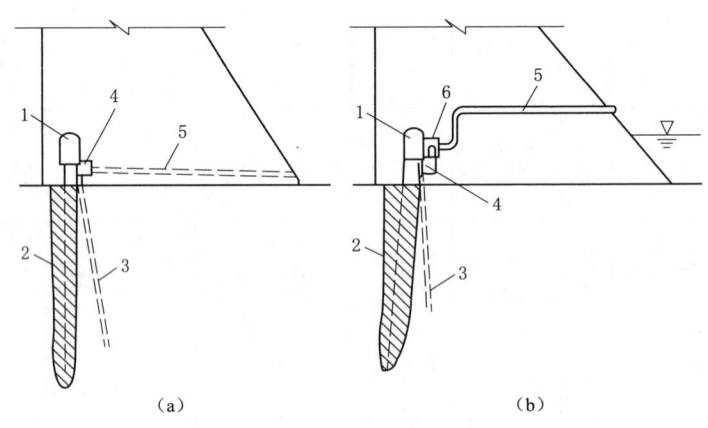

图 7-15 重力坝基础排水系统示意图
1—基础灌浆排水廊道；2—帷幕；3—主排水孔幕；4—集水井；
5—排水沟；6—抽水机房

为了充分利用排水的作用，对较高的坝，当下游尾水较深时，可以采用抽排降压措施，除了设主排水孔幕外，还可沿坝基面设辅助排水孔幕，对于高坝可设辅助排水孔 2～3 排，中坝可设辅助排水孔 1～2 排。必要时也可沿横向排水廊道或在宽缝内设置排水孔。辅助排水孔幕应在纵向排水廊道内钻孔。辅助排水孔孔深一般为 6～12m，间距 3～5m，排水孔方向一般为竖直的，也要考虑尽量能与裂隙相交，故有时钻成斜孔。

纵向廊道与坝基面的横向廊道或宽缝（有时还有基面排水管）相连通，构成坝基排水系统。纵、横向排水廊道应有混凝土底板，其高程与基础灌浆廊道相适应，以便由岩基排出的水可流经基础灌浆廊道内的排水沟流入集水井。排水系统的廊道布置如图 7-16 所示。如尾水较深，且历时较久尚宜在靠近坝趾处设基础灌浆廊道，做好下游帷幕灌浆，帷幕深度约为下游水深的 0.3～0.7 倍。

7.2 重力坝地基处理与设计

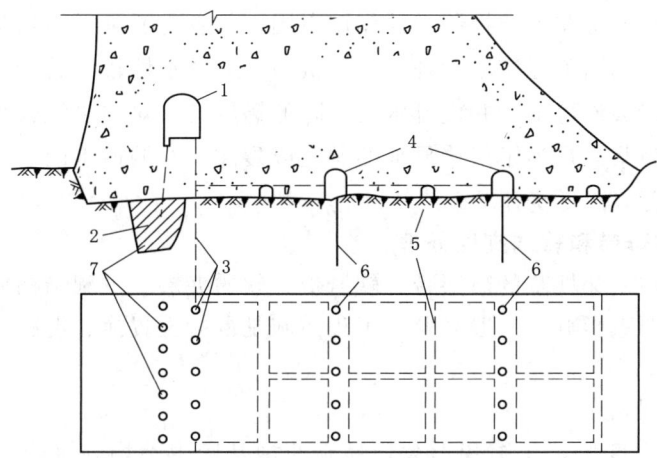

图 7-16 排水系统的廊道布置
1—灌浆排水廊道；2—灌浆帷幕；3—主排水孔幕；4—纵向排水廊道；
5—半圆混凝土管；6—辅助排水孔幕；7—灌浆孔

从总的布局上看，高坝排水孔的布设多呈网格状，除与坝轴线平行方向布设主、副排水孔外，在垂直坝轴线方向也布设几排排水孔，与前者互相组成网格状，更多的坝常利用横向廊道钻设排水孔。图 7-17 是刘家峡大坝排水孔的布设情况示意图。

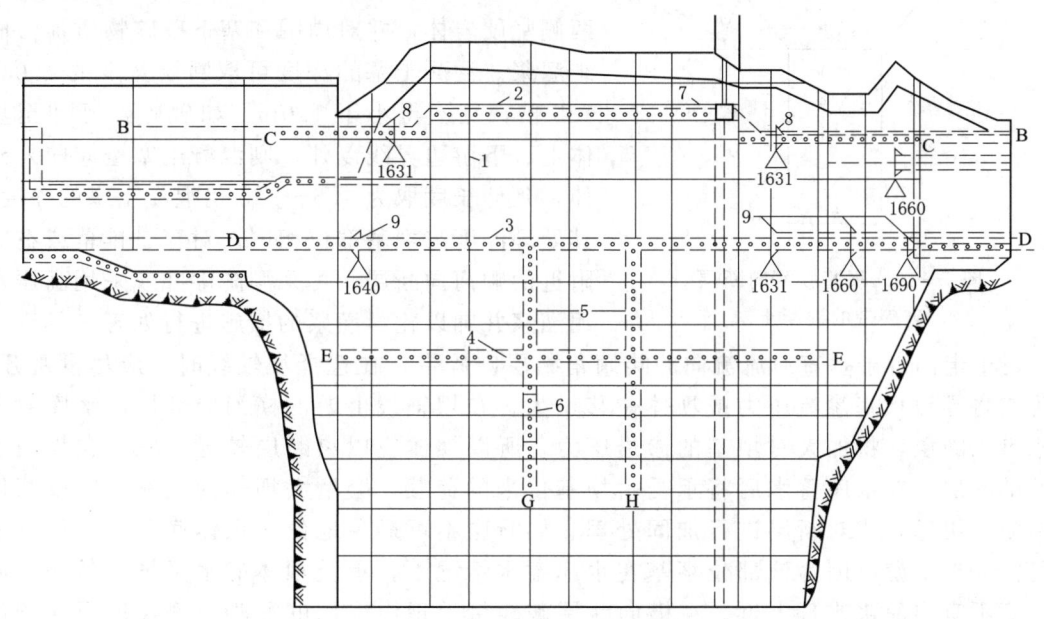

图 7-17 刘家坝大坝地基渗流控制平面布置示意图
B—灌浆帷幕；C—主排水孔幕；D—第二排水孔幕；E—第三排水孔幕；G、H—横向排水孔幕；
1—坝轴线；2—灌浆排水廊道；3—第一基础排水廊道；4—第二基础排水廊道；5—横向基础
排水廊道；6—集水井；7—防渗墙；8—灌浆排水平洞；9—排水洞

灌浆帷幕和排水孔幕在渗流控制中的作用不同，前者主要是减小坝基渗流量，而后者主要是降低扬压力。我国工程实践和理论研究认为，对透水性较大的岩基，应首先作好灌浆帷幕，使坝基保持渗流稳定，并设排水孔幕降低扬压力；对透水性较小的岩基，应采取排水为主的原则，灌浆只是为了封堵局部的洞穴或裂隙；对弱透水的岩浆岩，甚至只设排水幕而不设灌浆帷幕以降低扬压力。

7.2.5 坝基断层破碎带和软弱夹层处理

重力坝坝基存在横穿坝基的断层带、软岩带、软弱夹层、不利结构面等地质问题时对大坝抗滑稳定造成严重影响。一般采取的工程措施是混凝土置换、混凝土齿墙、混凝土塞等工程措施。

1. 断层破碎带处理

断层破碎带的强度低，压缩变形大，易于使坝基产生不均匀沉降，引起不利的应力分布，导致坝体开裂。如果破碎带与水库连通，还会使坝底的渗流压力加大，甚至产生机械或化学管涌，危及大坝安全。

对于走向近于顺河流流向的陡倾角断层破碎带，如其规模较小、性状较好，则只需适当清挖，加强固结灌浆即可，如规模较大或性状较差，则应将断层破碎带及其两侧的风化岩石挖除到适当的深度或挖至较完整的岩体后，用混凝土回填，形成混凝土塞（图7-18），把断层破碎带部位的坝基荷载传至两侧坚硬岩体，并对周围和塞下破碎物质加强固结灌浆。混凝土塞的深度可取断层宽度的1.0～1.5倍，且不得小于1.0m。如破碎带延伸至坝体上、下游边界线以外，则混凝土塞也应向外延伸，延伸长度取为1.5～2.0倍混凝土塞的深度，其处理深度与坝基部位相同。对穿过帷幕或在其附近的顺河向断层，可采用防渗井或采用高压水泥灌浆并辅以化学灌浆的措施进行处理。

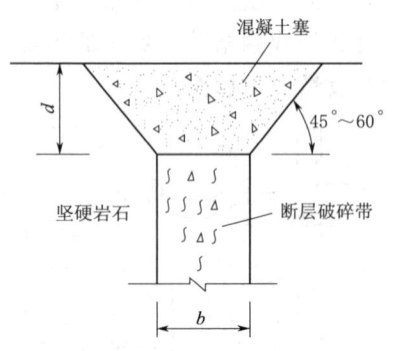

图7-18 坝基顺河向断层
破碎带的混凝土

对于走向近于垂直河流流向的陡倾角断层破碎带，在选择坝轴线时，应尽量避开，因为它将导致坝基渗流压力或坝体位移增大。在坝轴线上游的横河向断层，水库蓄水后水渗入断层，将加大对坝基的渗透压力，所以坝体应以离断层较远为宜。在坝轴线下游的断层，在水库蓄水后将承受由坝基传来的荷载，会增大坝体的位移，所以坝体应离断层更远，或对断层进行加固处理。如断层不可避免地位于坝体底下，其位置宜尽可能靠近上游，因为该部位坝基在水库蓄水情况下，承受坝体的水平推力较小，同时注意不宜离灌浆帷幕太近。在横向断层破碎带处理中采用的混凝土塞深度要比顺河向断层破碎带处理中混凝土塞的深度为大，因为要传递坝基内的水平向应力，断层位置越靠近坝底的下游部位，要求的混凝土塞深度也越大。混凝土塞的深度设计应满足混凝土塞中的压应力和剪应力不超过容许值的要求，混凝土塞下的断层破碎带能安全承受坝基传来的应力，同时坝基水平位移要在容许范围内。这种混凝土塞的深度约为坝底宽度的1/10～1/4，如图7-19所示，可用有限元法计算确定。

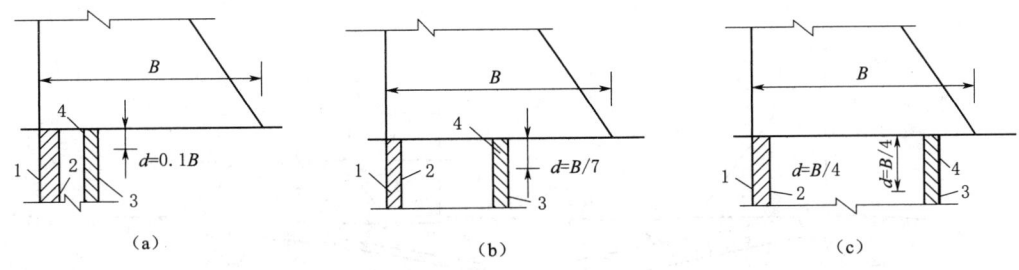

图 7-19 重力坝横河向断层破碎带混凝土塞
1—帷幕；2—排水孔幕；3—断层破碎带；4—混凝土

对走向近于顺河流流向的缓倾角断层破碎带，埋藏较浅的应予挖除；埋藏较深的，除应在顶面作混凝土塞外，还要考虑其深埋部分对坝体稳定的影响，必要时可在破碎带内开挖若干个斜井和平洞，回填混凝土，形成由混凝土斜塞和水平塞组成的刚性骨架，封闭该范围内的破碎物，以阻止其产生挤压变形和减少地下水产生的有害作用，如图 7-20 所示。

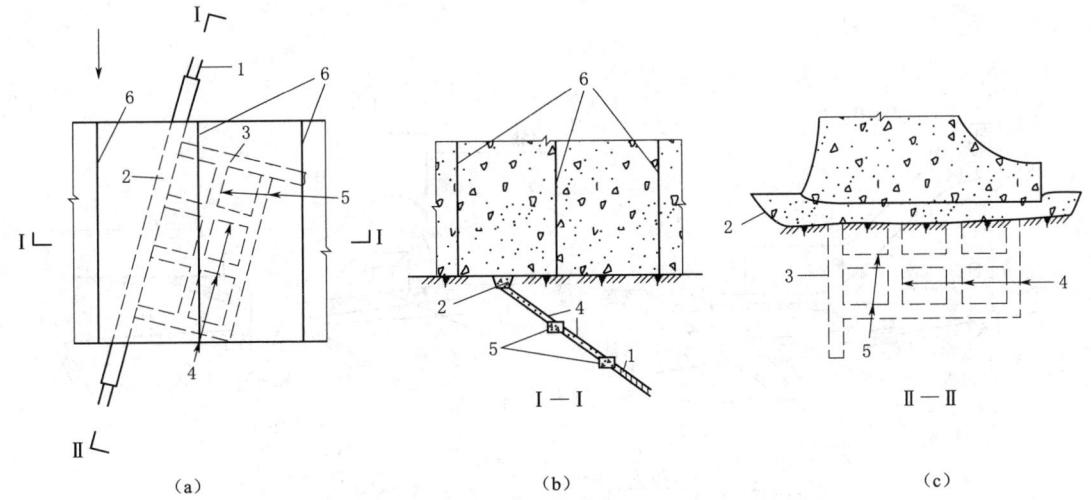

图 7-20 缓倾角断层破碎带的处理
1—断层破碎带；2—地表混凝土塞；3—阻水斜塞；4—加固斜塞；5—平洞回填；6—伸缩缝

在选择坝址时，应尽量避开走向近于垂直河流流向的缓倾角断层破碎带。如不可避免，也可采用上述方法进行处理。

2. 软弱夹层的处理

软弱夹层的厚度较薄，遇水易软化或泥化，使抗剪强度降低，不利于坝体的抗滑稳定，特别是连续、倾角小于 30°的软弱夹层，更为不利。

对埋藏较浅的软弱夹层，多用明挖换基方法，将夹层挖除，回填混凝土。对埋藏较深的软弱夹层，应根据夹层的埋深、产状、厚度、充填物的性质，结合工程的具体情况采用不同的处理措施：

（1）在坝踵部位做混凝土深齿墙，切断软弱夹层直达完整基岩，如图 7-21 所示，当夹层埋藏较浅时，此法施工方便，工程量不大，且有利于坝基防渗，使用得较多。

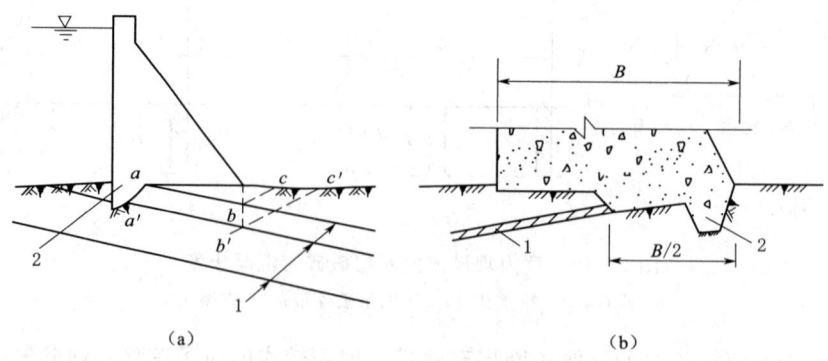

图 7-21 齿墙设置
1—泥化夹层；2—齿墙

（2）对埋藏较深、较厚、倾角平缓的软弱夹层，可在夹层内设置混凝土塞，如图 7-22(a) 所示。

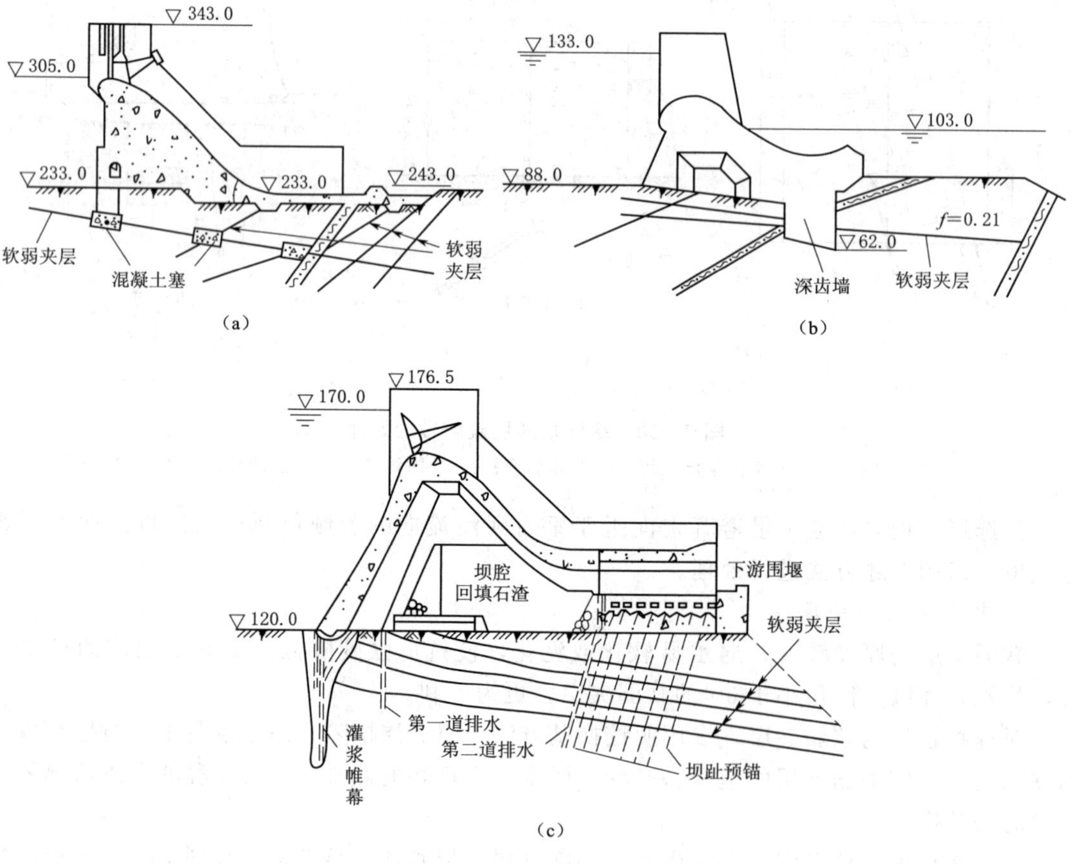

图 7-22 软弱夹层的处理（单位：m）

(3) 在坝趾处建混凝土深齿墙，切断软弱夹层直达完整基岩，以加大尾岩抗力，如图 7-22(b) 所示，这种方法适用于在建坝过程中发现未预见到的软弱夹层或已建工程抗滑稳定的加固处理。

(4) 在坝趾下游侧岩体内设钢筋混凝土抗滑桩，切断软弱夹层直达完整基岩，由于抗滑桩的作用不十分明确，目前尚无成熟的计算方法。

(5) 在坝趾下游岩体内采用预应力锚索以加大岩体的抗力，如图 7-22(c) 所示，适用于已建工程的加固处理。由于锚固区固结灌浆影响坝基渗流，故应做好坝基排水。实践中常根据实际情况，在同一工程上采用几种不同的处理方法。

7.3 土石坝地基处理与设计

7.3.1 砂砾石坝基处理

常见的砂砾石坝基，其河床段上部多为近代冲积的透水砾石层，具有明显的成层结构特性。砂砾石坝基分为均质地基、双层地基和多层地基，均质地基级配和透水性都比较均匀，一般不会在下游产生承压水；双层地基的表层为弱透水层（如黏土、壤土等）、底层为强透水层（如砂卵石、卵砾石等）时，蓄水后因下游渗水出口受阻于弱透水层，便在强透水层可能产生承压水，如不采取渗流控制措施，弱透水层可能被承压水顶穿，产生流土破坏；多层地基为强、弱透水层互成夹层，蓄水后可能形成几个承压水层，其渗透稳定条件更差。当地基中含有砂透镜体或夹砂层时，有可能产生震动液化或过大变形，影响坝的安全。在这种坝基上也可以建造高土石坝，不但地基承载力可以满足要求，而且压缩性也不大。如坝基土层中夹有松散砂层、淤泥层、软黏土层，则应考虑其抗剪强度与变形特性，在地震区还应考虑可能发生的振动液化造成坝基和坝体失稳的危险。对砂砾石坝基应首先查明砂砾石覆盖层的平面和空间分布情况，以及级配、密度、渗透系数、容许渗透比降等物理力学指标。在地震区，还应进行标准贯入试验、剪切波速、动力特性等指标的测试。

在砂砾石地基上建坝的主要问题是进行渗流控制，解决方法是做好防渗和排水。砂砾石坝基渗流控制措施：①垂直防渗措施，包括明挖回填截水槽、混凝土防渗墙（含高压旋喷灌浆防渗墙）、灌浆帷幕等；②上游防渗铺盖，包括土质防渗铺盖、土工膜防渗铺盖等；③下游排水设施及盖重，包括水平排水垫层、反滤排水沟、排水减压井、下游透水盖重等。这些设施可以单独使用，也可以综合使用。

以上 3 种砂砾石坝基渗流控制处理措施中，当技术条件可能而经济合理时，应优先采用可靠而有效地截断坝基渗透水流和解决坝基渗流控制问题的垂直防渗措施。

垂直防渗措施选择的原则：①一般当砂砾石层深度小于 20m 时，宜采用明挖回填黏性土截水槽；②当砂砾石深度在 100m 以内时，可采用混凝土防渗墙；③当砂砾石很深时，可采用灌浆帷幕，或上层采用明挖截水槽或混凝土截水墙，深层采用帷幕灌浆的形式。

1. 黏性土截水槽

当坝基砂砾石层不太深厚时，截水槽是最为常用而又稳妥可靠的防渗设施。一般布置在坝身防渗体的底部（均质坝多设在靠上游 1/3～1/2 坝底宽处），横贯整个河床并延伸到两岸，采用与坝防渗体相同的土料填筑。槽身开挖断面呈梯形，切断砂砾石层直达基岩，岩基面经处理后回填黏性土料，槽下游侧按级配要求铺设反滤料，槽底宽应根据回填土料的容许渗流比降、与基岩接触面抗渗流冲刷的容许比降以及施工条件确定。容许比降一般对砂壤土取 3，壤土取 3～5，黏土取 5～10。截水槽上部与坝的防渗体连成整体，下部与基岩紧密结合，形成一个完整的防渗体系（图 7-23）。槽底的最小宽度按施工方法和施工机械而定，最小宽度不小于 3m，截水槽开挖边坡，依地层条件一般取 1:1.0～1:2.0。土截水槽要求嵌入基岩或相对不透水层，一般不小于 0.5m，所有全风化或严重节理裂隙破碎带均需清除。

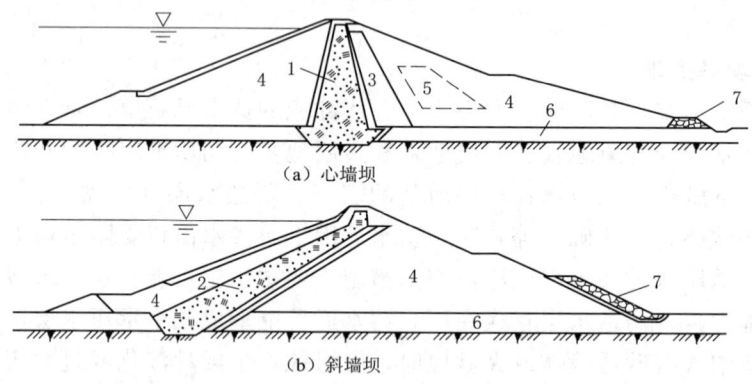

图 7-23 土石坝的土质防渗体及截水槽
1—心墙；2—斜墙；3—过渡层；4—砂砾料；5—任意料；6—河床砂砾料；7—排水

我国在 20 世纪 60 年代以前建成的坝曾广泛采用截水槽，截水槽的最大开挖深度一般不超过 20m。国外高土石坝截水槽的开挖深度有的较大，如美国的马蒙斯湖坝、加拿大的迈卡坝和土耳其的凯班坝等最大挖深超过 40m，加拿大的下诺赫坝最大挖深达 82m。

2. 混凝土防渗墙

混凝土防渗墙是在松散透水地基中以泥浆固壁连续造孔成槽，在泥浆下浇筑混凝土而建成的地下连续墙，是保证地基渗透稳定和大坝安全的重要工程措施之一（图 7-24）。

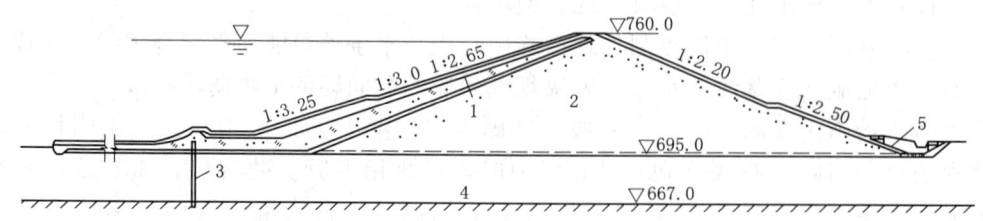

图 7-24 采用混凝土防渗墙的土石坝（单位：m）
1—黏土斜墙与铺盖；2—砂砾料坝壳；3—混凝土防渗墙；4—砂卵石覆盖层；5—贴坡排水

几乎在所有的覆盖层地基均可建造防渗墙。与高压喷射灌浆和帷幕灌浆相比,防渗墙最为稳妥可靠。防渗墙的施工深度也越来越深,我国四川冶勒水电站1m厚防渗墙,二段墙深140m;黄河小浪底大坝坝基1.2m厚防渗墙,最大墙深82m;新疆下坂地大坝坝基1.0m厚,防渗墙深85m,四川沪定水电站坝基1m厚,防渗墙最大墙深110m,墙下及墙的两侧共布置4排帷幕灌浆;西藏旁多水利枢纽工程地处拉萨河流域中游河段,防渗墙墙体一个槽段最深201m、连接槽段拔管深度最深158m等。

防渗墙与防渗体相接时,为增加接触渗径的长度,防渗墙伸入防渗体内的深度宜大于1/10坝高,高坝可适当降低,或根据渗流计算确定,低坝不应小于2m,在墙顶宜设置填筑含水率略大于最优含水率的高塑性土区。

防渗墙嵌入基岩深度,一般为0.5~1.0m,对风化较深或断层破碎带应根据其性状及坝高予以适当加深。对于风化程度高、裂隙发育的岩石,一种是穿过破碎岩石伸入新鲜基岩;另一种则是伸入一定深度后下接灌浆帷幕进行处理。近年来的工程实践表明,设计越来越趋向于防渗墙本身的柔性化,墙底约束程度也趋于减弱。

防渗墙的厚度主要由防渗要求、抗渗耐久性、墙体应力和变形以及施工设备等因素确定,其中最重要的是抗渗耐久性和结构强度两个因素。目前防渗墙厚度主要根据其容许水力梯度、工程类比和施工设备确定,计算公式如下。

$$T = \Delta H / [i] \qquad (7-3)$$

式中:T 为防渗墙厚度;ΔH 为上下游水头差;$[i]$ 为防渗墙的容许水力梯度。

刚性混凝土防渗墙的$[i]$可达80~100。塑性混凝土防渗墙的$[i]$多采用50~60。

防渗墙的受力条件比较复杂,对高坝和深厚砂砾层中修建的混凝土防渗墙,需进行应力和变形分析,以便为混凝土防渗墙的结构设计提供依据。目前关于防渗墙的受力计算假定和参数取值与实际情况还有一定出入,计算成果和观测成果不尽相符,尚需进一步研究。

防渗墙除需满足强度要求外,还应具有足够的抗渗性和耐久性。防渗墙在长期水头作用下,混凝土中的氧化钙将不断被溶出,当氧化钙的溶出量达到混凝土中氧化钙总量的25%~30%时,强度将大幅度降低,渗透系数大幅度增大,严重影响防渗墙的正常工作。

防渗墙使用年限可根据防渗墙混凝土淋蚀程度进行估算。渗水通过防渗墙混凝土因淋蚀而丧失强度50%时所需的T'为

$$T' = \frac{acT}{K\beta i} \qquad (7-4)$$

式中:a 为淋蚀混凝土中的石灰,使混凝土的强度降低50%所需的渗水量,m³/kg,根据苏联学者B.M.莫斯克文研究,$a=1.54$m³/kg,按柳什尔的资料,$a=2.2$m³/kg;T 为防渗墙的厚度,m;c 为1m³混凝土中的水泥用量,kg/m³;K 为防渗墙渗透系数,m/s;i 为渗透比降;β 为安全系数,见表7-9。

第7章 水工建筑物地基处理与设计

表 7-9　　　　　　　　　安全系数取值表

建筑物等别	大块结构（$T>2m$）	非大块结构	
		在湿空气中硬化	在干空气中硬化
Ⅰ	10	20	100
Ⅱ	8	16	80
Ⅲ	6	12	60
Ⅳ	4	8	40

3. 灌浆帷幕

近年来在砂砾石冲积层中采用水泥黏土灌浆建造防渗帷幕已取得了成功的经验。如图 7-25 所示，法国的谢尔蓬松坝高 129m，砂砾石冲积层地基，1957 年建成灌浆帷幕，深约 110m，顶部厚度 35m，底部厚度 15m，钻孔 19 排，中间 4 排直达基岩，边孔深度逐步变浅，渗流比降 3.5～8.0。埃及阿斯旺心墙坝，坝高 111m，砂砾石冲积层厚 225m，采用灌浆帷幕、与心墙相连接的铺盖以及下游减压井等综合处理措施，帷幕最大深度 170m，达到第三纪不透水层（未达基岩），在坝基内设有测压管 180 个，实测帷幕承担水头已达设计值的 96.6%，防渗效果显著，帷幕渗流比降为 3.5～5.0。

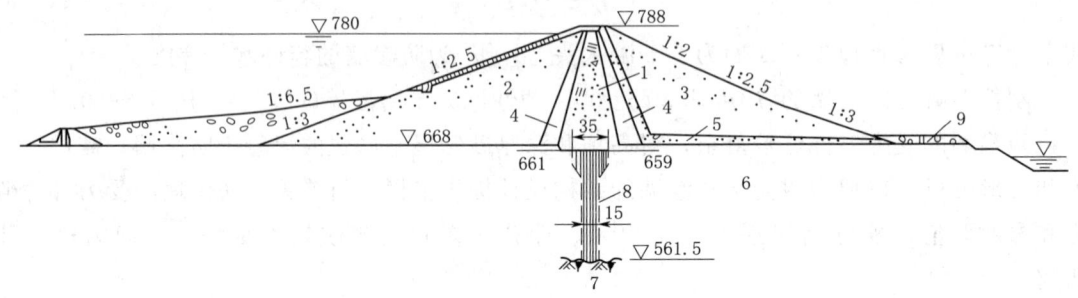

图 7-25　采用灌浆帷幕的土石坝和高压旋喷灌浆技术（单位：m）
1—心墙；2—上游坝壳；3—下游坝壳；4—过渡层；5—排水；
6—砂砾石坝基；7—基岩；8—灌浆帷幕；9—盖重

（1）地层的可灌性。分析砂砾石地层的可灌性首先应当了解地层的组成、性质、紧密程度、胶结情况、不同特性的土层分布、渗透性及颗粒级配等。根据颗粒级配曲线，可以用以下指标初步分析地层的可灌性。

1）可灌比值。可灌比值是砂砾石地层能否接受某种灌浆材料进行有效灌浆的一种指标，通常用下式表示：

$$M=\frac{D_{15}}{d_{85}} \tag{7-5}$$

式中：D_{15} 为地基的颗粒级配曲线上含量为 15% 的粒径，mm；d_{85} 为灌浆材料颗粒级配曲线上含量为85%的粒径，mm。常见灌浆材料的d_{85}值参见表7-10。

表7-10　　　　　　　　　　　各种灌浆材料的d_{85}值

灌浆材料	42.5水泥	32.5水泥	磨细水泥	膨润土	黏　土	水泥黏土浆	粉煤灰
d_{85}/mm	0.06	0.075	0.025	0.0015	0.020~0.026	0.05~0.06	0.047

根据反滤原理，一般认为$M<5$，不可灌；$M=5\sim10$，可灌性差；$M=10\sim15$，可灌注水泥黏土浆；$M>15$，可灌注水泥浆液。当粒状材料浆液可灌性差时，可考虑采用化学浆液。化学浆液对所有砂层和砂砾石层都是可灌的。

实践经验证明，所用灌浆材料满足上述条件时，一般可使砂砾层的渗透系数降低至$10^{-4}\sim10^{-5}$cm/s的水平。

2) 小于0.1mm颗粒含量。由于水泥颗粒的最大粒径接近0.1mm，一些工程的实践表明，对于小于0.1mm颗粒含量少于5%的砂砾石地层都可接受水泥黏土浆的有效灌注。

3) 冲积层的颗粒级配曲线。我国曾根据一些工程的经验整理出若干特征曲线作为地基对不同灌浆材料可灌性的界限，如图7-26所示，当被灌地层的颗粒曲线位于A线左侧时，该地层容易接受水泥灌浆；当地层埋藏较浅（如5~10m），其颗粒曲线位于B线和A线之间时也可以接受水泥黏土灌浆；当地层颗粒曲线位于C线和B线之间时，该地层容易接受一般的水泥黏土灌浆；当地层颗粒曲线位于D线和C线之间时，需使用膨润土和磨细水泥灌注。

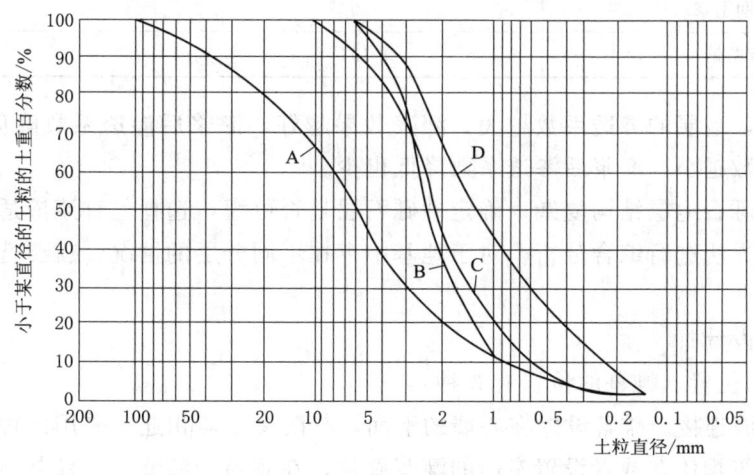

图7-26　判别冲积层可灌性的颗粒级配曲线

4) 地层渗透系数的大小。渗透系数的大小可以间接地反映地层孔隙的大小，因而也可用渗透系数判别砂砾石地层的可灌性。根据勘探试验资料统计，不同性质的冲积层的渗透系数范围见表7-11，不同灌浆材料可适用地层的渗透系数见表7-12。

第7章 水工建筑物地基处理与设计

表 7-11　　　　　　　　　　不同性质的冲积层的渗透系数范围

土的分类	渗透系数范围	
	cm/s	m/d
砂卵石	10^{-1}	80~120
砂砾石	$6 \times 10^{-2} \sim 10^{-1}$	50~80
粗砂	$3 \times 10^{-2} \sim 6 \times 10^{-2}$	25~80
中砂	$10^{-2} \sim 3 \times 10^{-2}$	15~25
细砂	10^{-2}	8~15
粉细砂	$6 \times 10^{-3} \sim 10^{-2}$	5~8
粉砂	$10^{-5} \sim 6 \times 10^{-3}$	1~5

表 7-12　　　　　　　　　不同灌浆材料可适用地层的渗透系数

灌浆材料	可灌地层的最小渗透系数	
	cm/s	m/d
水泥砂浆（细砂）	1.0	800
普通水泥浆	0.2	170
掺有减水剂的水泥浆	0.1	100
水泥黏土浆	5×10^{-2}	40
黏土浆	5×10^{-2}	40
磨细水泥黏土浆	2×10^{-2}	20
膨润土浆	10^{-2}	10
硅酸钠	10^{-2}	10

经验表明，地层的渗透系数越大，灌浆效果越好，灌浆后渗透系数降低越多。反之，地层的渗透系数越小，灌浆后渗透系数降低也少。

总之，砂砾石地层结构复杂，确定砂砾石层是否可灌，选择何种浆液适宜，最好采用上述多种判别方法进行综合分析。对于地基中存在不同分层的情况，就要选用不同的灌注材料。

(2) 帷幕设计。

1) 帷幕的位置。帷幕的位置有3种：

(a) 与心墙连接。帷幕设置在心墙的下面，与防渗心墙相连，采用此种帷幕，须先进行灌浆而后填筑坝体，或者设置专门的灌浆廊道，在廊道中灌浆。如糯扎渡大坝、瀑布沟大坝和泸定大坝等工程均是在专设的廊道中进行灌浆施工。

(b) 与斜墙连接。帷幕设置在斜墙或在斜墙向上游延伸的短铺盖下面，与防渗斜墙相连。采用此种帷幕，与坝体填筑施工相互干扰减少。如密云水库白河主坝。

(c) 与防渗铺盖连接。灌浆帷幕设置在防渗铺盖下面，与防渗铺盖相连。采用此种帷幕，可延长渗径，并可减少坝体填筑与灌浆施工的相互干扰，如岳城水库土坝。

2) 帷幕的型式。

(a) 均厚式帷幕——在砂砾石层厚度不大的情况下,帷幕各排孔的深度相同。

(b) 阶梯式帷幕——在深厚的砂砾石层中,渗流比降随砂砾石层的加深而逐渐减小,设置帷幕时,多采用上宽下窄阶梯状的帷幕。

3) 帷幕的深度。

(a) 全封闭式帷幕：帷幕穿过砂砾石层达到基岩,可以全部封闭渗流通道,深入基岩深度,应根据地质条件与工程具体情况确定,一般不宜小于5m。

(b) 悬挂式帷幕：帷幕没有穿过整个砂砾石透水层或与相对不透水层联结,若需采用此种帷幕形式,应对砂砾石层坝基及坝体的渗透稳定、渗透流量是否控制在容许范围内进行论证,一般情况下应尽量少用此种形式的帷幕。

4) 帷幕孔的孔距。主要决定于砂砾石层的渗透性、灌浆压力、灌浆材料及浆液浓度等有关因素,灌浆孔距通常是通过灌浆试验确定,一般多为 2～4m,以 3m 居多。

5) 帷幕的厚度。主要是根据帷幕体的容许渗透比降值确定,同时应保证帷幕本身不会发生机械管涌及化学管涌,在长期水流作用下能抵抗渗透水的浸蚀。对一般水泥黏土浆,容许渗透比降值可采用 3～4,也有容许渗透比降采用大于 5 的工程实例。

帷幕厚度计算公式如下：

$$T = H/[i] \tag{7-6}$$

式中：T 为帷幕厚度,m；H 为最大设计水头,m；$[i]$ 为帷幕的容许渗透比降。

(3) 施工设计。灌浆施工方法主要有打管灌浆法、套管灌浆法、循环钻灌法和预埋花管法等。打管灌浆法是将带花管的钻管直接打入砂砾石层,再将管内淤沙冲洗后进行灌浆,该法多用于灌浆深度不深的临时工程。套管灌浆法是将套管打入砂砾层,利用套管护壁,下入灌浆管,逐段上拔套管进行灌浆。循环钻灌法是在地面预埋孔口管,下入灌浆管,自上而下,钻一段灌一段。预埋花管法是在砂砾石层中,每隔一定距离埋设一段带孔眼的花管,孔眼外包橡皮箍,在花管与孔壁间填强度低的黏土水泥填料,灌浆管放入花管后,压力浆液顶开橡皮箍,通过开裂位置填料进入砂砾石层,本方法运用最广,优点是一次钻孔,孔内埋设花管不会塌孔,灌浆管在花管中上下移动,可灌任何一段,也可重复灌浆,施工方便,缺点是花管不能回收,浪费管材。

1) 浆液的选择。砂砾石地基灌浆通常使用水泥黏土浆液,也有使用纯水泥浆的,空隙较大时,可使用水泥砂浆,或由多种材料拌制的膏状浆液等。

水泥黏土浆的主要优点是稳定性好,注入能力强,防渗效果好；在许多情况下可就地取材,因而价格便宜。

水泥黏土浆中黏土和水泥的比例应根据工程要求和地质条件而定,在一般情况下,对于永久性工程,可采用水泥：黏土＝1:1～1:4,干料：水＝1:1～1:3,浆液稳定性小于 0.02,析水率小于 2%,黏度不大于 60s(500/700 漏斗黏度计),浆液结石 28d 抗压强度不小于 0.3MPa 或 0.5MPa。

水泥强度等级不低于 32.5 号,进行多排孔帷幕灌浆时,边排孔宜采用水泥含量较高的浆液,中间排孔可采用水泥含量较低的浆液。另外帷幕浅部也宜采用水泥含量较高的浆液。对于永久性防渗帷幕,水泥含量占总干料的20%~50%(重量),临时性防渗帷幕可以适当降低浆液中水泥含量,甚至使用黏土浆。有时候一个工程的地基由多种地层组成,这就要针对不同地层选用不同的浆液。

2) 灌浆段长。砂砾石地层的灌浆与岩石地基不同,灌浆段划分宜短。预埋花管法每段长度为 0.3~0.5m;其他灌浆方法段长为 1~2m,很少有超过 3m 的。

3) 灌浆压力。灌浆压力与灌浆孔的孔深、注入率及灌浆孔所在的部位、次序等因素有关。当灌浆压力超过地层的压重和强度时,有可能导致地基及上部结构的破坏。因此,一般都以不使地层结构破坏或仅发生局部和少量的破坏,作为确定砂砾石层允许灌浆压力的基本原则。通常砂砾层灌浆压力通过灌浆试验来确定,当缺乏试验资料时,可用经验公式计算或通过工程类比确定允许灌浆压力:

$$P = \beta \alpha T + 100 c \alpha \lambda h \tag{7-7}$$

式中:P 为允许灌浆压力,kPa;β 为系数,在 1~3 范围内选择;T 为盖重层厚度,m;c 为与灌浆次序有关的系数,Ⅰ序孔 $c=1$,Ⅱ序孔 $c=1.25$,Ⅲ孔 $c=1.5$;α 为与灌浆方式有关的系数,自上而下灌浆 $\alpha=0.8$,自下而上灌浆 $\alpha=0.6$;λ 为与地层结构有关的系数,如颗粒组成、渗透性好,λ 值可在 0.5~1.5 范围内选用;结构疏松、渗透性强的,λ 取低值;结构紧密、渗透性弱,λ 取高值;h 为盖重层底面至灌浆段段顶的深度,m;无盖重层时,自砂砾石表面起算。

表 7-13 和表 7-14 分别为密云水库帷幕灌浆和葛洲坝土石围堰砂砾地基灌浆使用的压力情况。

表 7-13 密云水库帷幕灌浆压力表

深 度/m	12~15	15~17	17~20	20~25	≥25
允许压力/MPa	0.5	1.0	1.5	2.0	≥2.5

表 7-14 葛洲坝土石围堰砂砾地基灌浆压力表

灌浆段深度/m		1~10	11	12	13	14	15	16	17	18	19	≥20
灌浆压力/MPa	Ⅰ序孔	0.3	0.4	0.5	0.6	0.7	0.8	0.9	1.0	1.1	1.2	1.3
	Ⅱ序孔	0.4	0.5	0.6	0.7	0.8	0.9	1.0	1.1	1.2	1.3	1.4
	Ⅲ序孔	0.5	0.6	0.7	0.8	0.9	1.0	1.1	1.2	1.3	1.4	1.5

灌浆过程中,压力应从小到大逐级增加,防止突然压力升高,也要防止注入率突然增大。

4. 上游防渗铺盖

用黏性土料修筑铺盖与坝身防渗体相连接,并向上游延伸至要求的长度,也是土石坝常用的防渗设施(图 7-27)。铺盖不能完全截断水流,防渗效果不如防渗墙和灌浆帷幕,但可延长渗径,减少坝基渗流的渗透比降和渗流量至容许范围。有时为了更有效地控制地下渗流，常与其他排水措施结合，形成综合防渗处理措施。上游铺盖的适用条件：

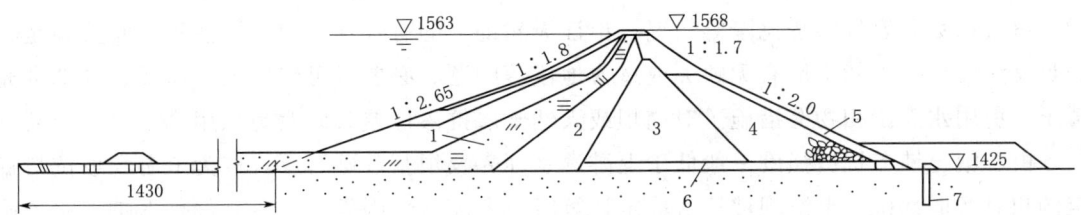

图 7-27 设有铺盖与排水的土石坝（单位：m）
1—斜墙与铺盖；2—过渡区；3—中心坝体；4—堆石；5—护坡；6—排水；7—减压井

（1）坝基不透水层埋藏较深，透水砂砾石层较厚，或埋藏深度虽然不大，但各种垂直防渗设施均不够经济合理。

（2）工程对渗漏水量的要求不高，砂砾石地基的渗透稳定性较好。

（3）坝址附近有足够数量、质量良好的黏性土料，且有填筑铺盖的施工条件。

铺盖不能像垂直防渗设施那样可以完全截阻渗流，其防渗效果有一定限度。我国一些工程采用铺盖防渗，虽然有不少成功的案例，但也有失败的案例。故对于高、中坝，复杂地层（地层中有透镜体、夹层，地层在纵向、横向和深度方向不均匀等），渗流系数较大的砂砾石坝基以及防渗要求较高的工程应慎重选用。

铺盖一般采用土料填筑，对中、低坝也可采用土工膜铺盖。铺盖长度和厚度应根据水头、透水层厚度以及铺盖和坝基土的渗透系数通过试验或计算确定。

铺盖各处的厚度根据铺盖的容许渗透比降 $[i]$ 估算：

$$t = \Delta h_i / [i] \tag{7-8}$$

式中：t 为铺盖厚度，m；Δh_i 为铺盖任意点的水头差值；$[i]$ 为铺盖土料的容许渗透比降。

铺盖应由上游向下游逐渐加厚，铺盖前缘的最小厚度可取 0.5～1.0m，末端与坝身防渗体连接处厚度由渗流计算确定，且应满足构造和施工要求。在采用一般壤土修筑铺盖时，其下游端厚为 $H/6\sim H/8$（H 为上下游水头差），但不小于 2.5m。

铺盖有效长度按式（7-9）计算：

$$L_e = \sqrt{2\frac{K_f}{K_b}Tt_1} \tag{7-9}$$

式中：L_e 为铺盖有效长度，m；K_f、K_b 为坝基及铺盖渗透系数，cm/s；T、t_1 为坝基砂砾石层厚及铺盖下游端厚，m。

铺盖长度一般采用 $(6\sim 8)H$，且不小于 $5H$。

铺盖与坝基土接触面应平整、压实，当铺盖和坝基土之间不满足反滤原则时，应设反滤层。铺盖应采用相对不透水土料填筑，应在等于或略高于最优含水率下压实，其渗透系数应比坝基砂砾石层小 100 倍以上，并应小于 10^{-5}cm/s。

当利用天然土层作铺盖时，应详细查明天然土层及下卧砂砾石层的分布、厚度、级配、渗透系数和容许渗透比降等情况，论证天然铺盖的有效性，应特别注意层间关系是否满足反滤要求、天然土层有无缺失或过薄地段等问题。必要时可辅以人工压实、局部补充填土、利用水库淤积物等措施。对高坝或天然土层抗渗性差时应避免采用。

由于壤土铺盖抗剪强度一般低于上游透水坝壳及坝基砂砾石层，成为上游坝坡抗滑稳定的相对薄弱部位，上游坝坡抗滑稳定计算时应考虑这个因素。铺盖宜进行保护，避免施工和运用期间发生干裂、冰冻和水流淘刷等。

如两岸坡缓又有防渗要求，可将铺盖延伸上岸，形成盆形，将岸坡包住，作为两岸绕坝渗流的防渗措施。经常遇到铺盖在两岸同裂隙发育的岩石陡坡相接，则库水会经由裂隙向铺盖下面的坝基砂砾中渗漏，形成渗透短路，使铺盖失效，并可能沿铺盖与基岩接触面发生接触冲刷，故最好对岩石进行喷浆，或冲洗干净后用水泥砂浆堵缝，并局部增加铺盖厚度，延长接触渗径。如有可能，沿接触面浇筑混凝土盖板，并对下面岩石进行固结灌浆等。

施工期在上游围堰和大坝铺盖间应留足够距离，以利于当围堰挡水时能顺畅排除基础渗水，防止形成承压水将铺盖顶破。如铺盖在施工期影响两岸地下水排泄，也应采取临时排水措施，然后在蓄水前将其封闭，以免形成渗水通道。

土工膜铺盖具有经济、施工方便而且不透水性良好等优点，但应铺在平整无凹凸剧变或大漂砾成堆处，防止蓄水后压破。应做好土工膜黏结，并在表面铺土或砂砾进行保护。

5. 下游排水设施及透水盖重

下游排水设施及透水盖重种类包括：水平褥垫排水、反滤排水沟、排水减压井以及坝趾下游透水盖重。应结合坝体及坝基地层性质选择下游排水设施及透水盖重适宜的方式。

（1）水平褥垫排水。适用于均质或上层透水性大于下层的双层地基。水平褥垫排水的核心为堆石或砾卵石，外包反滤层，且应满足与坝体及坝基之间的反滤过渡要求。

水平褥垫排水成片连续铺在坝基上，由下游坝趾沿坝基向坝体延伸，以排泄坝基及坝体渗水。水平褥垫排水伸入坝体为坝底宽的 1/4～1/3，具体伸入多少取决于降低坝体浸润线的要求，并要控制坝基渗透比降不超过允许值。水平褥垫厚应根据其排水量为渗流量的 2～3 倍的要求，由计算确定，一般为 1～2m。

该法不宜用于上层透水性小于下层透水性的双层坝基和强弱透水层互为夹层的多层坝基。

（2）反滤排水（暗）沟。双层结构透水坝基，当表层为不太厚的弱透水层，且其下的透水层较浅，渗透性较均匀时，宜将坝底表层挖穿做反滤排水暗沟，并与坝底的水平排水垫层相连，将水导出。如排水量较大，可用排水管将暗沟中的水导出。反滤排水暗沟更有利于削减坝基扬压力，增加下游坝坡稳定，但观测维修较困难，而且缩短了下部透水层渗径，增加渗水出逸坡降。反滤排水暗沟的位置宜设在距离下游坝脚 1/4 坝底宽度以内。

在下游坝脚处设置平行于坝轴线的反滤排水沟，以排泄下层透水层渗水，有效地降低坝体浸润线和坝基承压水头。沿沟四周与坝基接触面填反滤层，再在沟内填堆石或卵砾石，沟底宽应满足减压排水需要并方便施工，一般不小于1.0～2.0m。反滤排水沟宜同下游坝面排水沟分开，分别排水，避免排泄坝面雨水时将泥带入反滤排水沟中。

反滤排水沟不宜用于上部不透水层比较厚，或存在许多透水夹层和渗流集中带的多层结构砂砾石地基。

(3) 减压井。对于表层弱透水层较厚，或透水层成层性较显著时，宜采用减压井深入强透水层；如表层不太厚，可结合减压井开挖反滤排水沟。

排水减压井系统设计应包括确定井径、井距、井深、出口水位，并计算渗流量及井间渗透水压力，使其小于容许值。同时应符合下列要求：

1) 出口高程应尽量低，但不得低于排水沟底面，以防排水沟内的泥沙进入井内。
2) 进水花管贯入强透水层的深度，宜为强透水层厚度的50%～100%。
3) 进水花管的开孔率宜为10%～20%。
4) 进水花管孔眼可为条形和圆形，进水花管外应填反滤料，反滤料粒径与条孔宽度之比应不小于1.2，与圆孔直径之比应不小于1.0。
5) 减压井周围的反滤层采用砂砾料或土工织物均可。采用砂砾料作反滤料时，反滤料的粒径应不大于层厚的1/5，不均匀系数宜不大于5。
6) 蓄水后应加强观测，对效果达不到设计要求的地段可加密井系。

减压井由井管（滤管和引水管）及上部出水口组成。造井步骤：以冲击钻造孔，用清水固壁（用泥浆固壁会影响以后排水效果），下井管，回填井管与孔壁之间空隙（在滤管周围填反滤，在引水管周围如为强透水层填砂砾，如为弱透水层填土料），洗井，进行抽水试验，安装井口井帽。井管由滤管及引水管组成，滤管进入透水层，管周开孔用以进水，开孔面积占表面积的12%～15%，外包玻璃丝网或土工织物网。

井距、井径和井深通过计算确定，使位于减压井之间弱透水层底面上的水头 H_m（高出尾水位的测压管水头）不超过容许值。一般减压井与减压井之间透水层的水头最大，可在此处布设测压管。如发现水头超过设计值，可补打新井，以缩短孔距，降低压力，井距一般为20～30m。

井径以保证出流能力和井的各种水头损失不致过大为宜，通常为150～300mm；对于强弱透水层互为夹层，其中存在几个强透水层的坝基，可以设一个减压井穿透各层，同时排泄各层渗水。有条件情况下最好布设几个减压井，分别排泄各强透水层的承压水，以免遇到各层承压水的压力不同，形成各层间串水现象。

目前常用井管有无砂混凝土管、铸铁管、塑料井管等。无砂混凝土管易堵，包土工织物作反滤可减少淤堵。塑料井管轻便耐用，应是今后的发展方向。

滤管周围的反滤料，应根据地层砂砾料的级配确定。为减少淤堵，可在滤管与砾石反滤间设土工织物。

(4) 透水盖重。在表层为弱透水层、下层为强透水层的双层坝基中，蓄水后强透水层渗水在下游出口受阻于弱透水表层，产生承压水，如弱透水层厚度不足以压住承压水，可能被顶穿，导致基础破坏。解决措施除设反滤、排水沟或减压井外，也可在下游坝趾铺设透水盖重，保护弱透水表层不被承压水顶破。

透水盖重多由砂、砂砾、堆石等透水料组成，必要时应在弱透水层接触面位置处设置反滤层。透水压盖厚度按下式计算：

$$t = \frac{[Ki_{a-x} - (G_s - 1)(1 - n_1)]t_1 \gamma_w}{\gamma} \quad (7-10)$$

式中：i_{a-x} 为表层土在坝下游坡脚点 a 至 a 以下范围 x 点的渗透比降，可按表层土上下表面的水头差除以表层土层厚度 t_1 得出；G_s 为表层土的土粒比重；n_1 为表层土的孔隙率；K 为安全系数，取 1.5~2.0；t_1 为表层土的厚度；γ 为排水盖重层的重度，水上用湿重度，水下用浮重度；γ_w 为水的重度。

式（7-10）的适用条件为

$$i_{a-x} > (G_s - 1)(1 - n_1)/K \quad (7-11)$$

7.3.2 岩石坝基的处理

当岩基透水性强，或是含有软弱夹层、风化破碎带、易发生化学溶蚀带等以致坝基漏水影响水库效益，或影响坝体和坝基的稳定或渗流稳定时，均应进行处理，并应达到如下目的：

(1) 为填筑坝体防渗材料准备均质基础。

(2) 冲填空洞和不平整处以防止接触冲刷。

(3) 加强坝体与基岩之间的衔接。

(4) 改善坝基岩体的自然条件，减少渗漏，控制渗透压力和渗流量。提高强度，避免坝基岩层的不稳定。

1. 坝基灌浆帷幕

岩石基础灌浆防渗帷幕的基本要求，就是减少基础的渗漏。在某些情况下，防渗帷幕同时还具有固结地层之作用。岩石基础中的防渗帷幕，应达到下述目的：

(1) 限制坝下和绕坝所造成的渗漏以满足渗流控制的要求。

(2) 防止大坝防渗体的细粒料经岩石基础内裂隙淘刷出逸而遭到破坏。

(3) 降低大坝防渗体下游棱体内的静水压力或浸润线，借以保证基础或坝坡的渗透稳定和管涌或化学溶蚀作用方面的稳定性。

土坝和堆石坝，防渗帷幕的位置，根据坝内防渗体的位置而定，有设置在坝的上游面处的，见图 7-28(a)；有设置在基础中部的，见图 7-28(b)，但是帷幕本身都必须与坝内防渗体紧密相连，以达到有效阻水的目的。

混凝土面板堆石坝，防渗帷幕一般是沿趾板中心线布置。

帷幕防渗标准一般应是根据坝型、坝高、基岩地质条件、库水使用价值以及其他有关因素等确定。最主要考虑两个因素：一为大坝基岩的渗透稳定；二为库水的经济价值。《碾压式土石坝设计规范》（SL 274—2020）规定：1级、2级坝及高坝灌后基岩的透水率宜为 3~5Lu，3级及其以下的坝透水率宜为 5~10Lu。抽水蓄能电站上库可取低值。

灌浆帷幕设计应根据现场灌浆试验及室内浆液性能试验，确定灌浆孔距、灌浆压力、浆液稠度变化范围、浆液的各种基本性质以及钻孔与灌浆的各项技术经济指标，作为灌浆设计的重要依据。

7.3 土石坝地基处理与设计

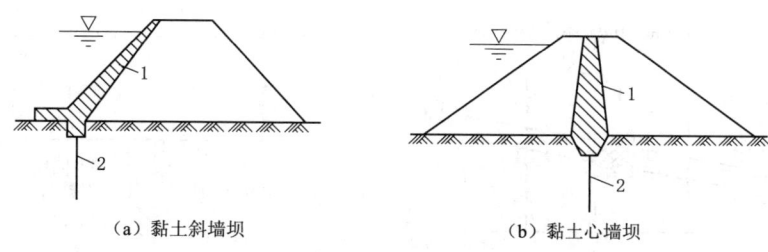

(a) 黏土斜墙坝　　　　　　(b) 黏土心墙坝

图 7-28　土石坝基础的灌浆帷幕位置
1—防渗体；2—灌浆帷幕

2. 固结灌浆

当坝基基岩较破碎、透水性较大时，除做灌浆帷幕外，宜同时进行固结灌浆处理。对于高坝及重要的大坝，一般在防渗体范围内坝基均布设固结灌浆，又称铺盖灌浆。当坝基存在以下情况时，需进行固结灌浆：

（1）作为防渗体基础的表层岩石的完整性在全部或局部范围内有破坏，或岩层节理裂隙发育，需要减弱其透水性，以提高基岩的完整性时。

（2）当防渗体截水槽基础岩层的完整性由于开挖爆破后受到破坏时。

（3）由于对基础岩层的渗透稳定需要保证不受溶解或分解钙质的岩层，或防止有管涌危险发生的岩层时。

3. 坝基软弱带的处理

对于坝基中存在的软弱带，首先通过地勘工作查明软弱带的基本性质，如组成、规模、倾角、走向等，通过试验取得软弱带的物理力学性质指标、渗透特性和矿物化学成分等性能指标，据此采取相应的工程处理措施。

（1）开挖。如软弱带埋藏不深，可将其挖除，直达较完整岩石，并用防渗土料或混凝土回填。

（2）竖井。如软弱带为陡倾角，延伸较深，且组成为土质，可灌性较差，难用灌浆处理，可在软弱带中开挖竖井，回填土，以延长沿软弱带渗径，竖井深度由渗流计算确定，如图 7-29 所示。

（3）混凝土塞加灌浆。如软弱带由破碎岩体、砂等组成，具备灌浆条件，可在防渗体底部帷幕线与软弱带交叉处，将软弱带表层开挖后回填混凝土塞，厚 0.8～1.5m 即可，在软弱带倾向的一侧，设扩大混凝土盖板。通过混凝土塞和扩大混凝土盖板，对软弱带进行多排灌浆，形成较宽的帷幕起板桩作用，延长渗径使软弱带的渗透比降小于容许值，帷幕深度由渗流计算确定，如图 7-30 所示。

（4）铺盖加排水。当软弱带走向与防渗体轴线相交时，在软弱带部位局部扩大防渗体底宽，或向上游用黏土或混凝土铺盖，延长软弱带渗径，降低其渗透比降，同时在防渗体下游侧，渗流出口范围内，铺设一定宽度的反滤料保护。

（5）综合方法。综合采用以上各种方法，如混凝土塞加多排孔灌浆等。在一些软弱带规模大、高坝和重要工程上应用较广泛。

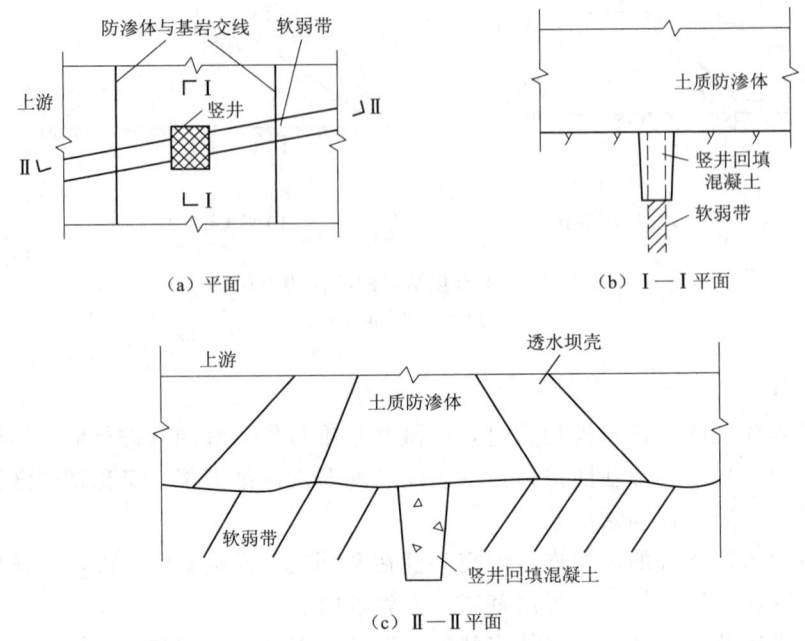

图 7-29 竖井处理软弱层示意图

4. 岩溶（喀斯特）处理

凡是碳酸盐类、硫酸盐类岩石，如石灰岩、白云岩、大理岩、石膏等，所含可溶盐受到地表水及地下水的溶蚀和溶滤作用后产生的沟槽、裂缝、溶洞和陷穴、凹地等现象，称为岩溶。在岩溶地区修坝建库应对岩溶的发育情况进行详细的勘察。并视情况进行处理，以免蓄水后引起大量漏水和渗透破坏。

一般情况下可选择以下方法处理：大面积溶蚀但未形成溶洞的可做铺盖防渗；浅层的溶洞宜挖除或只挖除洞内的破碎岩石和冲填物，用浆砌石或混凝土或黏土等予以封闭；深层的溶洞，可采用灌浆或做混凝土防渗墙处理；防渗体下游必要时做排水设施；库岸边处可用浆砌石、混凝土等防渗措施隔离；有高流速地下水时，宜先灌砂卵石或采用模袋墙堵漏，再进行灌浆处理；采用以上数项措施综合处理。

(1) 开挖。对于表面浅层溶洞进行爆破，开挖清除。回填混凝土或相对不透水土料予以封闭。

(2) 铺盖。对于中低坝，如岩溶不十分发育，又无大溶洞，地表仅呈面状或带状分布的渗漏通道，渗透水仅沿岩溶岩层的裂隙渗漏时，可修筑不透水土料铺盖，用水泥砂浆填缝或喷混凝土，或铺土工膜，其上填土砂保护层进行处理，或布设混凝土盖板。铺盖应与土质防渗体相接。向上游库区及两岸延伸展布，将岩溶封闭。

(3) 堵塞溶洞。对岩溶孔洞既大又集中的地段及被淋蚀严重的岩溶裂隙密集带，宜采用混凝土防渗墙。

若坝基岩溶溶洞埋藏较浅并已探明溶洞呈竖井或漏斗状，可直接挖除溶洞中的冲填物，经冲洗后按反滤原则，由下而上，由里向外回填块石、碎石、砂、土等予以封堵，在

7.3 土石坝地基处理与设计

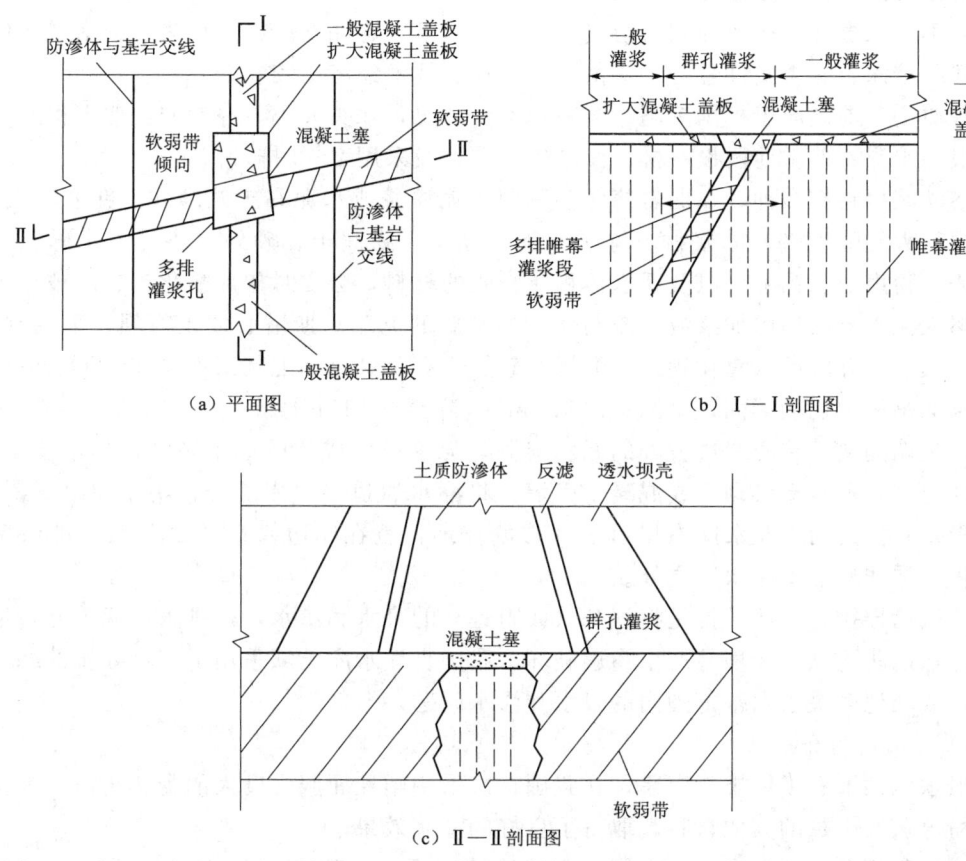

图 7-30 混凝土塞加灌浆示意图

表面用干砌或浆砌石保护，也可采用混凝土封堵。如果是水平溶洞，可在洞口筑挡水墙。如果是埋藏较深的溶洞，且开挖有一定困难，可以打大口径钻孔，形成竖井，或开挖平洞直达溶洞，清除洞内冲填物，经清洗后，回填混凝土堵塞，同时预留灌浆孔进行回填灌浆，以填充混凝土与基岩间缝隙。

贵州省猫跳河一级红枫电站，高 58m 的木板斜墙堆石坝，大坝齿墙部位发现一溶洞，系沿断层溶蚀扩大而成，洞深 2.5m，底部有少量黏土冲填。处理方法就是将黏土冲填物等冲洗干净，回填混凝土，并灌浆使之密实。窄港口坝在河床砂砾石层里用冲击钻打的第二道防渗墙就插入岸边 5m，深入基岩以下 25m，堵住了一个溶蚀洼槽。福建的安沙、湖北的黄龙滩、陕西的石头河均采用人工开挖方法（倒挂井），建成了混凝土防渗墙。

(4) 灌浆。灌浆是处理岩溶的常用方法。它适用于埋藏较深又不宜开挖、以岩溶裂隙发育为主的地层。对于大的溶洞采取堵的方法时，也常以灌浆作为辅助措施。应先查清溶洞分布和相对隔水层，有无冲填物及其可灌性。灌浆一般采用一排，孔距适当密些，灌浆深度一般为 $(1 \sim 2)H$（H 为水头），灌浆压力一般以 0.2～0.5MPa 开始，最大 3～5MPa，个别达到 6～8MPa。

岩溶帷幕深度根据溶隙和溶洞的发育情况、透水情况和坝高确定。除了帷幕底部要深入到相对不透水层外，还要伸到岩溶侵蚀基准面以下一定深度。如果相对不透水层或侵蚀基准面埋藏较深、是否允许悬挂，应由渗透计算、技术经济比较确定。

帷幕厚度目前倾向于根据溶洞、溶隙的发育情况，水头大小，并参照类似工程经验确定。一般在渗漏不严重地段设一排，渗漏较严重地段采用2~3排。

岩溶灌浆材料有多种，在弱岩溶区多采用水泥灌浆或水泥黏土浆灌注。在岩溶发育，有大溶洞、大裂隙地带，灌浆材料除了水泥、黏土、膨润土、砂外，还可采用砾石、沥青、矿渣、粉煤灰、锯末，以及遇水体积能膨胀的材料，必要时掺加氯化钙、水玻璃等速凝剂，掺入无水碳酸钠增加浆液的流动性。如希腊的克瑞马斯塔心墙土石坝，采用水泥、膨润土、黏土、硅酸钠、氧化钙、碳酸钙、砂、小石及染色剂配制浆液，在地下水流速为 $0.37 m/s$ 的渗漏中仍能凝固，渗漏量由 $1.5 m^3/s$ 降至 $0.315 m^3/s$。

(5) 筑墙隔离。在两岸边坡处的漏水溶洞，无论成群成片的或个别的，如堵塞困难，地形条件允许，可修筑浆砌石或混凝土围墙，将漏水通道与水库隔开，防止向溶洞漏水。如我国贵州省猫跳河百花水库右岸有一片渗漏洼地，就在库边修筑9m长44m的浆砌块石坝，将渗漏洼地隔离在水库之外。

(6) 截堵导排。截堵导排是将坝基（或附近）的泉水和渗水，以排水反滤等综合措施导出库外，以防止坝体和坝基产生渗透破坏。我国官厅水库土坝采用了截堵导排的综合处理措施，成功地解决了坝基范围内的泉水和渗水问题。

5. 工程实例简介

红枫水电站堆石坝体帷幕灌浆，在我国首次采用塑性屈服强度大的膏状浆液，大量地掺用了粉煤灰及少量的其他材料，取得了良好的灌浆效果。

(1) 工程概况。红枫水电站大坝为木斜墙堆石坝，1958年动工兴建，1960年建成发电。最大坝高52.5m，坝长度416m，其中木斜墙防渗坝段长211m，余下的坝段为混凝土斜墙。坝体上游干砌石楔形体为不规则块状灰岩，体积11.2万 m^3，孔隙率达30%；下游部位为堆石体，体积18.9万 m^3，孔隙率高达38%，坝体剖面见图7-31。坝基岩石主要为白云质灰岩，设置了单排孔灌浆帷幕。

(2) 防渗方案选择。木斜墙原设计使用年限15~20年，截至1984年，水库已运行20多年，木板开始腐烂，必须及时处理。由于该水库需向多家工厂、企业供水，不允许放空水库，只能在保持水库正常运用的条件下进行处理。对各种防渗方案分析比较后，于1987年最终选定了坝体帷幕灌浆防渗方案。

(3) 帷幕灌浆的难点。可钻性、可控性、可灌性和安全性，以及能否成幕是红枫堆石坝坝体帷幕灌浆的主要难点。

1) 钻孔难。灌浆帷幕位于干砌石体内，钻孔漏水量大，钻进时孔口不回水，孔壁也不稳定。干孔钻进，易发生事故，如使用泥浆护壁，可能会影响灌浆质量。钻斜孔更加困难。

2) 配制浆液难。砌石体孔隙率高，孔隙大小悬殊。灌注大孔隙，耗浆量大，灌浆易失控；一旦浆液向下游扩散过远，将影响坝体排水而危及工程安全；灌注细小孔隙，可灌性差，难以灌注。

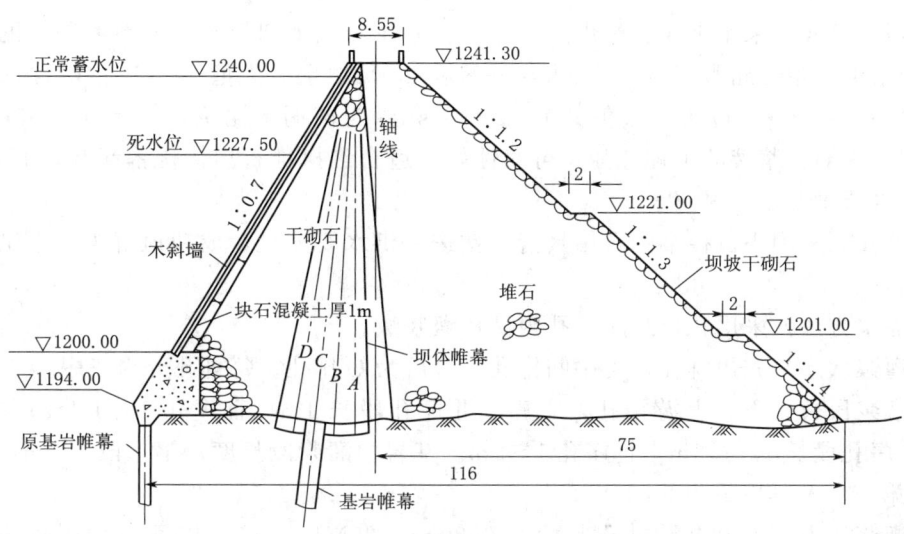

图 7-31 红枫坝体和灌浆孔布置剖面图

3）灌浆施工难。在水库运行期间，高水头作用下进行灌浆，难度大。更为困难的是，必须保证木斜墙绝对安全，砌石体孔隙率高，连通性好，而木斜墙防渗体系单薄，万一遭受灌注浆液的抬动破坏，就会造成重大事故。因此，必须严格控制灌浆压力和限制注入率，制定详细的灌浆施工细则，确保安全。

4）成幕难。在前述三大难点前提下，如何能保证帷幕的连续性和完整性，满足防渗要求是最后一个大难题。

（4）灌浆试验。先在室内做了大量浆材试验，共配制了几十种浆液。测试其各项性能。而后在工地进行灌浆试验，取得初步成果后，又在 0+177m～0+209m 和 0+165.5m～0+173.5m 地段进行试验性灌浆施工。灌浆试验成功，证实坝体帷幕灌浆方案技术上切实可行。

（5）防渗帷幕灌浆设计和施工。防渗帷幕灌浆地段为 0+010.75m～0+253.00m，全长 242.25m。

1）幕体防渗标准见表 7-15。

表 7-15　　　　　　　　　　　幕 体 防 渗 标 准

孔深/m	0～2	2～3	3～10	10
透水率 q/Lu	10	≤10	≤5	≤3

2）帷幕排数和灌浆孔深度。除大坝两端为单排孔外，其余部位为三排孔或四排孔。三排孔各排钻孔倾角：下游 A 排 90°，上游 D 排 83°，中间 C 排 86°。边排孔孔距 1～2m，中间排孔孔距 1～1.5m。四排孔钻孔角度：A 排 90°、D 排 81°，中间的 B、C 排分别为 87°和 84°。见图 7-31。边排孔孔距 1～1.5m，中间排孔距 1.5m。施工中个别地段少数排孔距加密到 0.5m。C 排孔深入基岩 20m 左右，作为基岩灌浆帷幕，其余各排孔均深入

基岩 1m。

3) 灌注浆液。采用水泥、粉煤灰、黏土、赤泥和减水剂等多种材料配制成的膏状浆液或稳定浆液，塑性屈服强度 τ_0 值大，一般在 20Pa 以上，大值达 84Pa；塑性黏度 η 值高，一般在 0.2Pa·s 以上，大值达 0.52Pa·s（原西德稠水泥浆，$\tau_0=10\sim35$Pa，$\eta=0.1\sim0.4$Pa·s）。浆液的可控性强，可灌性好，适合红枫堆石坝体帷幕灌浆，而且省时、省料、成幕质量好。

4) 钻孔。采用小口径金刚石钻具清水钻进，供水要充足，成功地解决了干砌石坝体钻孔的困难。

5) 灌浆方法。采用孔口封闭、孔内循环灌浆法。

6) 灌浆次序。先边排孔，再中间排孔，最后为 C 排孔。每排孔分为三序。

7) 灌浆段长。下、上游排孔，Ⅰ序、Ⅱ序孔段长 1m，Ⅲ序孔 1~1.5m；中间孔，Ⅰ序、Ⅱ序孔段长 1~1.5m，Ⅲ序孔 1~2m。基岩中灌浆段长度：第一段为 2m，第二段为 3m，第三段及其以下为 5m。

8) 灌浆压力。下、上游排孔起始段 0.20~0.25MPa，15m 以下最大压力分别达到 0.7MPa、0.8MPa；中间排孔起始段 0.25~0.3MPa，15m 以下达到 1.0~1.2MPa。

7.3.3 软土坝基处理

软土通常是指透水性小、压缩性高、抗剪强度较低、灵敏度较高的黏性土。这类土通常处于饱和状态，并含有大量的有机质，天然含水率往往大于液限，孔隙比大于 1，鉴于软黏土具有的特点，当天然软黏土作为基础建坝时，工程条件较为恶劣。主要表现在以下方面：

(1) 由于强度低，坝基容易产生局部塑性破坏和大坝整体性滑坡。

(2) 容易产生较大的沉降变形和不均匀沉降，使坝体产生大的裂缝，破坏其整体性。

(3) 由于渗透性小，排水固结速率慢，强度增长持续时间长，地基长期处于软弱状态。

(4) 由于灵敏度高，施工期间存在扰动，容易使土体强度迅速降低，造成破坏。

软土地基工程特性恶劣，通常只能修建低坝。根据已建工程资料，其高度一般较少超过 25m。随着地基处理方法的发展和工艺水平的提高，建坝的高度也在提高。

软土坝基常用的处理方法有换土法、设镇压台法、排水井法、铺设土工合成材料法等。常用软基处理设计方法详见第 6 章。

7.4 拱坝坝基处理与设计

拱坝地基经处理后应具有足够的强度、刚度及整体性，能够承受拱坝传来的荷载，满足拱座抗滑稳定和拱坝整体稳定要求；具有足够的抗渗性能和有利的流场，能够控制渗透量和降低渗透压力，满足渗透稳定要求；具有足够的耐久性，避免在水的长期作用下恶化，保证坝基长期良好的性能。

拱坝地基处理设计应根据坝址地质条件，通过拱坝结构分析和稳定分析，兼顾相邻建筑物的布置，考虑施工程序及施工技术等因素，选择安全、经济和有效的处理方案。拱坝

7.4 拱坝坝基处理与设计

坝基处理设计包括坝基开挖、帷幕灌浆、坝基排水、固结灌浆、接触灌浆、断层破碎带和软弱结构面处理以及高边坡处理等。

7.4.1 坝基开挖

拱坝拱端应嵌入开挖后的坚实基岩内。拱端与基岩的接触面原则上应做成全半径向的（通过该高程拱圈圆心的方向），以使拱端推力接近垂直于拱座面。但在坝体下部，当按全半径向开挖将使上游面可利用岩体开挖过多时，允许自坝顶往下由全半径向拱座渐变为1/2半径向拱座，如图7-32（a）所示。此时，靠上游边的1/2拱座面与基准面的交角应大于10°。如果用全半径向拱座将使下游面基岩开挖太多时，也可改用中心角大于半径向中心角的非径向拱座，如图7-32（b）所示，此时，拱座面与基准面的夹角，根据经验应不大于80°。

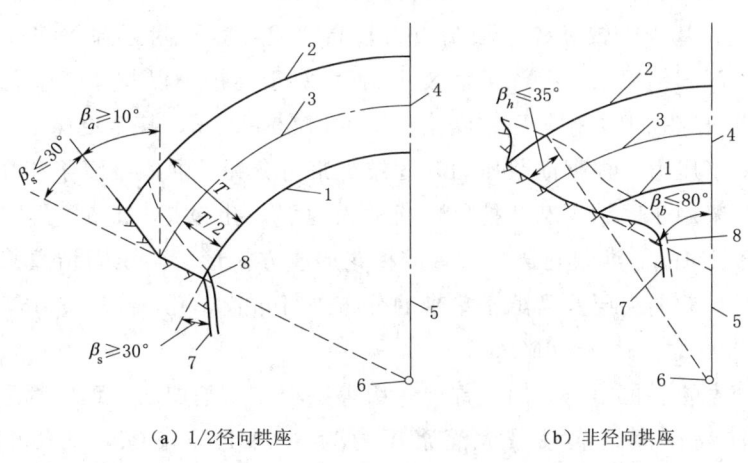

(a) 1/2径向拱座　　　　(b) 非径向拱座

图 7-32　拱端与基岩的连接
1—内弧面；2—外弧面；3—拱轴线；4—拱冠；5—基准面；
6—坝轴线圆心；7—可利用基岩面线；8—原地面线

坝基开挖宜两岸对称。河床段基岩面的上、下游高差不应过大，宜略向上游倾斜。整个坝基可利用岩面在垂直水流方向应平顺，避免突变，也不宜开挖成台阶状。基岩面的起伏差应小于0.3~0.5m。拱座基岩面的等高线与拱端内弧切线的夹角不宜小于30°。当开挖到接近设计的岩面时，应保留0.3~0.5m，用风铲撬挖，挖至检验合格为止。对坝基内的局部地质缺陷，如夹泥裂隙、节理密集带、风化岩脉、断层破碎带等，埋藏不深的，应予以挖除。对于河床中的覆盖层，原则上要全部挖除，如覆盖层太深，挖除有困难，则应在结构上采取措施，如在挖除表层覆盖层后，浇筑混凝土支承拱，将坝体建在支承拱上。

7.4.2 坝基固结灌浆

1. 固结灌浆主要设计参数

（1）灌浆范围。拱坝作用于基础岩体上的荷载较大，且较集中，因此多数拱坝，尤其是高拱坝，采取全坝基固结灌浆，且灌浆孔较深，特别是两岸受拱坝推力大的坝肩拱座基础，更需加强固结灌浆工作。例如，我国已建成的恒山拱坝、龙羊峡拱坝，法国的蒙特纳尔拱坝，日本的下笔拱坝等坝肩拱座基础均进行了特殊的固结灌浆处理。少数地质条件较好的中、低拱坝，只在断层、裂隙密集带、断层破碎带等局部进行固结灌浆。一些重力拱坝，考虑到坝、底中部应力较小，只在坝踵、坝趾区域进行固结灌浆，中部区域不布置或减少固结灌浆孔。高拱坝的拱端及坝踵、坝趾等高应力区或坝基上、下游边缘存在软弱构造带的部位，一般向坝基面外扩大固结灌浆的范围或加深、加密固结灌浆孔。

(2) 灌浆深度。拱坝固结灌浆分为浅孔（孔深 5～8m）、中孔（孔深 8～15m）和深孔（孔探 15m 以上）。固结灌浆的孔深应根据坝基应力分布情况、开挖后岩石破碎程度、裂隙产状、夹泥等地质条件，参照灌浆试验成果确定。孔深一般宜采用 5～8m，孔排距宜采用 2～4m。若基岩比较破碎，坝基应力较高，或在帷幕附近部位需固结灌浆加强帷幕作用时，应加深固结灌浆，孔深可达 8～15m。对于高拱坝以及地基中有特殊加固要求的情况，也可以研究采用深孔，固结灌浆深度可达 20～30m，甚至更深。

(3) 固结灌浆压力。根据灌浆压力，固结灌浆可分为普通固结灌浆和高压固结灌浆两类。普通固结灌浆用于固结坝基开挖后形成的松弛层，孔深 5～15m，孔排距 1.5～5.5m 灌浆压力不大于 2MPa。灌浆孔通常布置成梅花形或方格形。高压固结灌浆应结合断层破碎带、软弱岩层、软弱夹层及裂隙密集带的分布进行布置，孔深 15～30m，孔排距 1.5～3.0m，灌浆最大压力可达 2～6MPa。

龙羊峡、李家峡、恒山、石门、锦屏一级等拱坝在坝基加固处理中都采用了深孔高压固结灌浆。二滩高压固结灌浆最大灌浆压力为 3.5MPa，李家峡为 5.0MPa，龙羊峡为 6.0MPa。

2. 二滩水电站大坝坝基固结灌浆

二滩水电站位于四川西南部雅砻江下游，距攀枝花市 40km，大坝为混凝土双曲拱坝，坝高 240m，坝顶高程 1205.00m，共计分为 39 个坝块，总库容 58 亿 m^3，装机容量 6×55 万 kW，年发电量约 172 亿 kW·h。

(1) 地质简况。组成坝基的岩石为二叠系玄武岩和后期侵入的正长岩以及部分与正长岩同源的辉长岩。前者细分为变质玄武岩、微粒隐晶质玄武岩和细粒杏仁状玄武岩，局部存在构造和热液蚀变综合作用形成的裂面绿泥石化玄武岩及绿泥石—阳起石化玄武岩。玄武岩总厚度达 1100m。坝基岩石物理力学性质试验成果见表 7-16。

表 7-16　　　　　　　　　岩石物理力学试验成果表

岩 性	比 重	吸水率/%	软化系数	抗压强度/MPa		抗拉强度/MPa	弹模/GPa
				干	饱和		
正长岩	2.75	0.68	0.83	212	177	8.7	30～60
辉长岩	3.20	0.17	0.65	166	107	9.8	60～90

7.4 拱坝坝基处理与设计

续表

岩 性	比 重	吸水率/%	软化系数	抗压强度/MPa		抗拉强度/MPa	弹模/GPa
				干	饱和		
变质玄武岩	3.16	0.19	0.88	202	177	11.5	79~130
微粒隐晶质玄武岩	3.16	0.06	约1.0	197	216	—	100~130
细粒杏仁状玄武岩	3.01	0.22	0.76	264	190	11.2	70~100

岩体浅部透水率 $q>10Lu$，中部 $q=1\sim10Lu$，深部 $q<1Lu$。

坝基岩体内无大的贯穿性构造断裂，断层较少，且规模小，也不发育。破碎带较紧密，宽度 0.1~0.6m。

(2) 岩体质量分级。根据岩石强度、岩体结构、围压效应、水文地质条件等综合划分坝基岩体质量等级见表 7-17。坝基可以利用的岩体类型：①优良岩体（A~C级），可直接作为大坝地基；②一般岩体（D级），经过灌浆处理后可作为大坝地基；③较差岩体（E3级），自然状态下原则上不宜作为高坝地基；④软弱岩体（E1级、E2级），不能直接作为坝基，需特殊处理；⑤松散岩体（F级），不能作为主体建筑物地基。

(3) 各级岩体占坝基总面积。坝基开挖后，建基面总面积约为 34650m²，各级岩体所占比例大致为 A 级 13.06%；B2 级 9.55%；C1 级、C2 级 49.84%；D1 级、D2 级 16.75%；E1 级 0.78%；E2 级 0.32%；E3 级 9.70%。

(4) 坝基固结灌浆目的。

1) 解决表（浅）层因爆破松动和应力松弛所造成的岩体损伤对坝基质量的影响，增加岩体刚度。

2) 提高局部 D 级岩体的变形模量，以满足高拱坝应力和稳定的要求。

3) E 级、F 级岩体和断层与破碎带经置换处理后的补强灌浆。

(5) 坝基固结灌浆设计。

1) 设计原则。根据岩体质量情况，灌浆设计分为常规灌浆和特殊灌浆两大类，前者适用于 A 级、B 级、C 级岩体，后者适用于 D、E 两类岩体。

2) 固结灌浆范围。由于大坝高达 240m，除全坝基实施固结灌浆外，还向上游扩大 5m，下游扩大 10m。

3) 固结灌浆质量标准以声波检查为主。正长岩 4500m/s，玄武岩 5000m/s，正长岩与玄武岩混合体 4750m/s；建基面以下 3m 范围内，波速应大于 4000m/s。

4) 灌浆孔孔距、排距和孔深。建基面为 A 级、B 级、C 级岩体时，孔距、排距定为 3m，在坝块中间部位，孔深 8m；上游坝踵和下游坝趾应力比较集中的部位孔深分别定为 13m 和 18m；建基面为 D 级、E 级岩体时，孔距、排距定为 2m 或 1.5m，孔深根据需要分别定为 13m、18m 和 25m。

第7章 水工建筑物地基处理与设计

表7-17 岩体质量分级、特征、力学参数和处理方案

岩级		岩体工程地质分类	岩性	岩体结构	嵌合程度	风化特征	透水性	声波波速/(m/s)	变形模量 E_0/GPa	抗剪强度 tgφ	抗剪强度 C/MPa	基础处理方案
A		Ⅰ	正长岩、辉长岩	整体	紧密	微~新	微	5800	35	1.73	5.0	可直接作为拱坝基础；普通水泥常规灌浆处理
B	B1	Ⅰ	玄武岩	整体块状	紧密	微~新	微	5700	25	1.73	4.0	
	B2	Ⅰ	变质玄武岩	整体或块状	紧密	微~新	微	5700	10~35	1.20~1.73	2.0~5.0	
C	C1	Ⅱ	正长岩	块状	较紧密	弱下段	弱	5300	15	1.43	3.2	经水泥灌浆处理后，也可作为拱坝基础
	C2	Ⅱ	各类玄武岩	块状镶嵌	较紧密	弱下段	弱	5100	10	1.2	2.0	
D	D1	Ⅲ	正长岩	镶嵌或块状	较差	弱中段	中	4400	5~8	0.84	1.2	
	D2	Ⅲ	各类玄武岩	镶嵌碎裂	较差	弱中段	中	4300	5~8	0.84	1.0	
E	E1	Ⅳ	绿泥石—阳起石化玄武岩	碎裂镶嵌	较紧密	微~新	极微		0.8~2.5（深部）	0.58	0.6	不能直接利用，需加固置换或局部置换
	E2	Ⅳ	裂面绿泥石化玄武岩	镶嵌碎裂	较紧密	微~新	极微		2.5	0.58	0.8	
	E3	Ⅳ	正长岩与各类玄武岩	碎裂	松弛	弱上段	强	3100	3~5	0.7	0.5	
F		Ⅴ	正长岩与各类玄武岩	散体	很松弛	全、强为主	强		0.5~1.0	0.5	0.1~0.2	不宜作为坝基，需全部置换
断层带		Ⅴ	各类断层						0.3~1.0	0.36~0.50	0.05~0.20	明挖或掏挖后，回填混凝土

7.4 拱坝坝基处理与设计

5) 灌浆材料。灌浆使用525号普通硅酸盐水泥;特殊灌浆原则上Ⅰ序孔、Ⅱ序孔为普通硅酸盐水泥,Ⅲ序孔为磨细水泥。

6) 灌浆压力。常规灌浆,孔深0~5m,灌浆压力0.4MPa;孔深大于5m时,1.5MPa。特殊灌浆压力设计情况见表7-18。

表7-18　　　　　　　　　灌浆压力设计值

孔深 /m	灌浆压力 /MPa		
	Ⅰ序孔	Ⅱ序孔	Ⅲ序孔
0~5	0.7	1.0	1.5
5~15	1.0	1.5	2.5
15~25	1.5	2.0	3.5

(6) 坝基固结灌浆施工。固结灌浆于1994年12月开始施工,1999年3月全部完成,共计钻孔113350m,灌浆106660m,注入水泥量2121.5t,单位注入量19.9kg/m。

固结灌浆对建基面为A级、B级整体或块状岩体,例如1~5号、11~24号坝段,采用在无盖重条件下施工方法;对岩体质量较差的D级、E级等部位,例如25~39号坝段,采用有盖重条件下施工方法,为避免干扰混凝土浇筑,选用了引管盖重灌浆方法。

固结灌浆采用自下而上纯压式灌浆方法,灌浆段长多为5m。对不良地质部位采用了较高的灌浆压力。

固结灌浆施工从总的情况看,岩体注入量一般都不大。无盖重灌浆单位注入量依序递减明显,Ⅰ序孔、Ⅱ序孔、Ⅲ序孔和检查孔分别为30.1kg/m、16.2kg/m、13.9kg/m和8.5kg/m。引管盖重灌浆平均单位注入量为16.1kg/m。

无盖重灌浆质量检查达不到质量标准的部位,增补引管进行有盖重灌浆。

岩体质量分级、特征、力学参数和处理方案见表7-18。

7.4.3　防渗帷幕

坝基防渗的主要作用是减少两岸坝肩和河床坝基的渗透性,提高坝肩与坝基的防渗性,防止坝基软弱夹层、断层破碎带、岩体裂隙充填物等软弱层带可能产生的渗透破坏,减小坝基渗流对两岸边坡稳定产生的不利影响。

防渗帷幕的位置、深度、方向以及伸入岸坡内的长度应根据工程地质、水文地质和地形条件、坝基的稳定情况和防渗要求研究确定,两岸部位的帷幕应与河床部位的帷幕保持连续性,避免出现缺口和空白。

防渗帷幕线的位置应根据坝基应力情况布置在压应力区,并尽可能靠近上游面,自河床向两岸延伸。

防渗帷幕的深度:当坝基下存在相对隔水层时,防渗帷幕应伸入到该岩层内不少于5m;当坝基下相对隔水层埋藏较深或分布无规律时帷幕深度可参照渗流计算结果,并考虑工程规模、地质条件、地基的渗透性、排水条件等因素,按0.5~0.7倍坝前静水头选择。对地质条件特别复杂地段的帷幕深度应进行专门论证。

为了防止坝肩发生绕坝渗漏,防渗帷幕伸入岸坡内的深度以及帷幕轴线方向,应根据工程地质和水文地质条件来确定,原则上应到达相对隔水层。当两岸山体无相对隔水层或相对隔水层很远时,防渗帷幕应延伸至水库正常蓄水位与水库蓄水前地下水位线相交处。当正常蓄水位与水库蓄水前两岸地下水位线相交点很远或无法相交时,在保证拱座抗滑稳定和渗流稳定的前提下,可暂定延伸长度,一般为 0.5~0.7 倍坝高,待水库蓄水后根据坝肩渗漏情况再决定是否将防渗帷幕延伸或进行补强。

帷幕向两岸延伸的部分应尽可能地向上游折转。若折向下游,将使坝肩大部分岩体中的水位抬高,对坝肩岩体及大坝的稳定不利。坝肩部位通常地下水位较高,再加上绕坝渗漏的影响,扬压力(岩层中的孔隙水压力)就相对较高,对于拱坝,尤其应注意这种影响,此外,从帷幕本身的稳定考虑,折向下游也不好,这样幕后岩体将变薄,出溢速度将增大,帷幕容易遭到破坏。

河床部位帷幕灌浆通常在坝内灌浆廊道内进行。对两岸坝肩帷幕,为了施工方便而又不使钻孔深度过深,常在两岸专门设置多层平洞,在平洞内进行帷幕灌浆。平洞的高程间距一般为 30~50m,与坝体内廊道相连。各层灌浆平洞内所钻灌浆孔上下相互衔接形成帷幕。一般情况下,上层平洞灌浆孔孔深应达到下层平洞底板高程以下 5.00m,上层帷幕下端与下层帷幕灌浆廊道间设置衔接帷幕。图 7-33 为二滩拱坝坝肩帷幕灌浆平洞帷幕衔接示意图。

防渗帷幕的排数与孔距应根据工程地质条件、水文地质条件、作用水头、容许水力坡降及拱坝稳定要求等,并主要依据灌浆试验确定。施工过程中应根据灌浆试验及施工资料分析对帷幕灌浆布置、排数与孔距等进行调整。混凝土拱坝计规范在总结以往经验的基础上,提出大致的设计原则:帷幕灌浆孔的排数,通常情况下,对于完整性好、透水性弱的岩体,中坝及低坝可采用 1 排,高坝可采用 1~2 排;对于完整性差、透水性强的岩体,低坝可采用 1 排,中坝可采用 1~2 排,高坝可采用 2~3 排。若考虑帷幕前固结灌浆对基础浅层所起的阻渗作用,可考虑减少 1 排。拱坝基岩灌浆帷幕与排水孔布置见图 7-34。

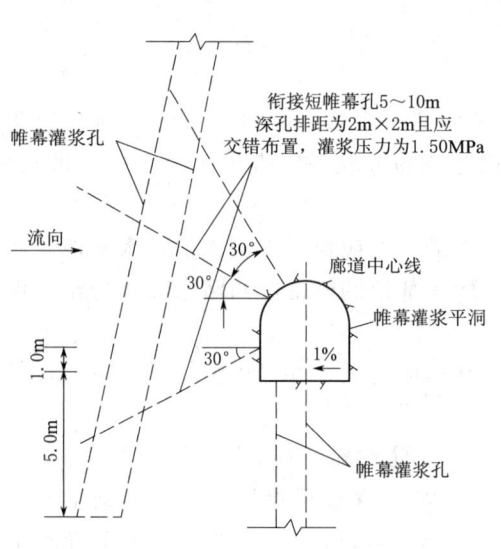

图 7-33 二滩拱坝坝肩帷幕灌浆平洞
帷幕衔接示意图

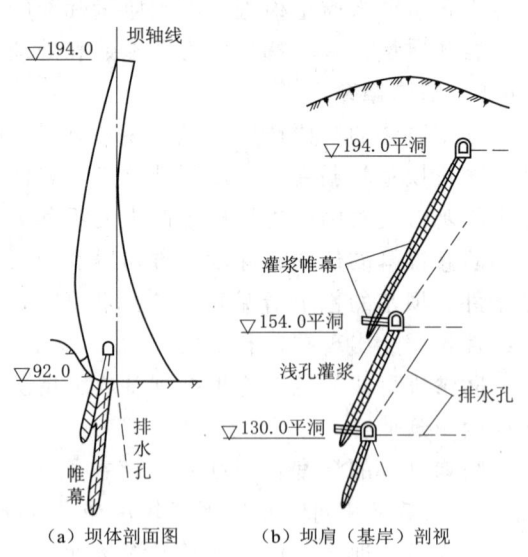

图 7-34 拱坝基岩灌浆帷幕与
排水孔布置(单位:m)

7.4.4 坝基排水设计

在帷幕的下游设置排水措施能迅速排除渗水降低坝基扬压力，是增加坝基岩体抗滑稳定的一个重要措施，尤其对拱座岩体的稳定，排水常常较帷幕更加有效。排水孔的布置应根据坝基帷幕设置情况、相对隔水层的位置、裂隙分布情况、水文地质条件等坝基工程地质条件以及作用水头、容许水力坡降、拱坝稳定要求及坝基岩体受力等其他情况确定。

坝基排水一般是在灌浆帷幕的下游设置排水幕，通常设一道排水幕（主排水幕）即可，对于重力拱坝、高拱坝、排水要求较高的拱坝等，视情况宜在主排水幕后设1~3道副排水幕。排水幕离灌浆帷幕近则排水效果较好，但越靠近帷幕，将产生过大的渗透坡降，帷幕越易遭破坏，且排水孔越易穿入"实际"幕体，影响帷幕的正常工作。所以，主排水孔通常向下游倾斜，排水孔与帷幕下游侧的距离宜不小于防渗帷幕孔中心距的1~2倍，且不小于2~4m。

排水孔的孔深、孔距应根据帷幕灌浆和固结灌浆的深度及基础的工程地质、水文地质条件确定。主排水孔孔深宜为帷幕孔深的0.4~0.6倍，坝高50m以上的坝基主排水孔孔深不应小于10m，副排水孔深宜为主排水孔的0.7倍。当坝基内有裂隙承压较大的深层透水区时，除加强防渗措施外，排水孔宜穿过此层。坝基下存在相对隔水层或缓倾角结构面时，宜根据其分布情况进行相应调整。主排水幕排水孔的孔距宜采用2~3m，副排水幕排水孔的孔距宜采用3~5m。

排水孔孔径宜大一些，目的是便于清理检查和防止淤塞。一般俯孔孔径为110~150mm，仰孔孔径为90~110mm；对地质条件好的岩体，孔径可取小值，否则宜取大值。

两岸山体排水对象一方面是绕过灌浆帷幕的渗水，另一方面是山体内部的自然渗水或泄洪雾化与降雨造成的地表入渗水。对于山体来的渗水，根据控制渗压的范围，可在帷幕下游一定深度的山体内设置"排水洞＋排水孔"，对于高坝以及两岸地形较陡、地质条件较复杂的中坝，宜在两岸布置多层纵横向"排水洞＋排水孔"。山体排水中，可将上下层排水洞用排水孔连接形成排水幕，也可从各层排水廊道中向上向一边或放射状全方位设置排水孔。

7.4.5 接触灌浆

按触灌浆的主要作用是提高基础接触面上的受力性能，并防止沿基础接触面渗漏。接触灌浆一般在以下几种情况下采用：

（1）坝基岸坡部位接触灌浆。坡基两岸岸坡坡度大于50°时，坝体混凝土由于散热降温体积收缩，混凝土与基岩之间可能出现微小裂隙。为了使坝体与基础面很好地结合，提高坝基接触面上的受力性能，防止沿接触面渗漏，提高大坝整体性，应于坝体混凝土充分冷却收缩后、基础排水孔钻设前对接触面进行接触灌浆。

（2）较大断层塞两侧壁陡于45°时，亦需设置接触灌浆，以使断层塞更好地向两侧壁传力。

（3）地基处理传力洞、抗剪洞塞等边壁和顶部，在回填灌浆以后，待混凝土温度降低并干缩稳定时，混凝土与岩石间有可能拉开，此时也需进行接触灌浆。

第7章 水工建筑物地基处理与设计

坡基两岸岸坡接触灌浆的施工方法主要有钻孔埋管灌浆法、预埋管灌浆法或直接钻孔灌浆法。

采用钻孔埋管灌浆法或预埋管灌浆法，即在基础面上设置若干个接触灌浆区，其四周设置止浆体（其上设置止浆片），形成封闭灌浆区。灌浆区底部设置进回浆主管，主管上连接若干支管，支管与若干接触灌浆孔相连接，灌区顶部设置出浆和排气设施，进、回浆主管引入廊道或坝外。预埋管灌浆法接触灌浆是先在基础面上打孔，铺设支管和总管，然后浇灌混凝土。钻孔埋管灌浆法接触灌浆是在坝体混凝土浇筑后，先进行固结灌浆，然后钻孔穿混凝土深入基岩，待混凝土降至稳定温度，在排水孔未施工前进行灌浆。采用预埋管灌浆法接触灌浆，铺设灌浆管路后，后期固结灌浆施工易打断接触灌浆管路所，以钻孔埋管灌浆法接触灌浆较可靠。

采用钻孔埋管灌浆法时、可按9～15m高差形成封闭灌区，灌区内按混凝土分层进行钻孔和埋管，孔位应上下层错开，各孔斜向钻穿混凝土，深入基岩0.2～0.5m。每孔以控制灌浆面积5m²左右为宜。采用预埋管灌浆方法时，应根据岸坡具体情况分成若干个封闭的灌区，面积以不大于200m²为宜，灌区建基面应相对平整，通常要求不平整度不大于10cm。钻孔埋管灌浆法或预埋管灌浆法灌浆施工技术要求与坝体接缝灌浆基本相同。

另外，对于规模较小、坡度较缓、岩基较好的岸坡，也可采用直接钻孔灌浆法。直接钻孔灌浆法类似于有盖重条件下的固结灌浆，应受坝块混凝土温度和龄期的限制。采用该法避免了在浇筑的仓内打孔埋设灌浆系统相互干扰的现象，排除了接触灌浆系统在浇筑过程中屡遭损坏的症结。采用直接钻孔灌浆法时，应在岸坡坝段适当部位分层设置适应钻孔灌浆施工的横向廊道或平台，以便日后进入廊道或平台进行岸坡接触灌浆。施工时应先从上、下游边缘开始施灌。直接钻孔灌浆典型图如图7-35所示。

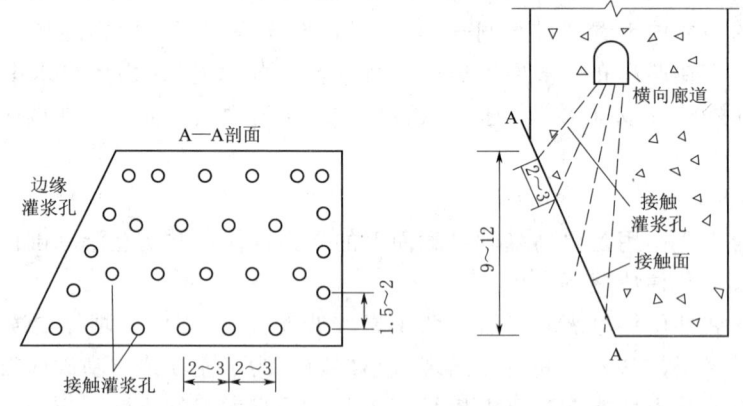

图7-35 岸坡接触灌浆（直接钻孔灌浆法）布孔示意图（单位：m）

有的工程岸坡接触灌浆主要结合固结灌浆和帷幕灌浆，采用了两种方法实施：

(1) 结合固结灌浆，在建基面岩体无盖重固结灌浆完成后，在坝体混凝土浇筑之前，对浅表层0～5m孔段岩体重新钻孔，并采取引管至坝后贴角或其他部位，在其上部坝体浇筑高度大于30.0m，且当坝体混凝土温度冷却至封拱温度后进行灌注，浅表0～5m孔段岩体重复固结灌浆与接触灌浆一并进行。

（2）在帷幕灌浆区结合帷幕灌浆，在进行接触灌浆部位的帷幕灌浆轴线上，待坝体形成基础廊道后，上部坝体混凝土浇筑一定高度，且混凝土冷却到稳定温度后，在基础廊道实施帷幕灌浆，其浅表段可作为接触灌浆，灌浆压力按帷幕灌浆压力即可。

对于较大断层塞两侧壁接触灌浆，一般可简化设置。可在断层塞浇筑后，在两侧壁上钻孔并埋设灌浆管路，引至廊道内或坝后，待混凝土塞充分收缩后进行灌浆。

对于基础处理传力洞、抗剪洞塞等边壁和顶部的接触灌浆，一般在顶部顶拱中心角 90°～120°范围内打风钻孔，深入岩石 0.3～0.5m，孔距 3m 左右，由孔内引出直径 25mm 的支管，支管再接入直径 38mm 的进回浆主管。如洞塞内无廊道，则主管引出洞外，若有小廊道亦可就近引入小廊道，待洞顶回填灌浆完成，混凝土温度充分降低并干缩稳定后进行接触灌浆。另外，也可结合洞壁固结灌浆进行接触灌浆。

7.4.6 软弱层带处理

软弱层带一般指严重挤压破碎带、断层破碎带、剪切带、软弱岩层、局部裂隙构造发育的岩体、全～强风化夹层、泥化夹层、层间蚀变带、岩溶蚀变带、泥质岩、黏土质粉砂岩表层等。软弱层带一般承载能力和抗变形能力较差，变形模量常常只有数百到 2000MPa，拱坝坝基有软弱层带分布时，坝基综合变形模量降低，可能导致坝体应力条件恶化，坝体变形不对称，降低坝体承载安全度；顺软弱层带形成可能滑裂面，常常是控制拱坝坝肩稳定及边坡稳定的主要因素；软弱层带一般渗透性强，由软弱层带形成集中渗漏通道，渗透稳定性也差。

软弱层带处理目的和要求：①使软弱岩层和断层破碎带、软弱夹层等不利结构面有足够的强度，以支承坝体；②使坝基有足够的整体性、均匀性和刚度，以满足结构应力的要求和减少不均匀沉降；③使大坝抗滑稳定满足要求；④保证软弱岩层和断层破碎带、软弱夹层等不利结构面有足够的防渗性能，满足渗透稳定的要求。

软弱层带的处理应根据其特性、规模、位置及对工程的影响程度等因素，选择固结灌浆、高压固结灌浆、化学灌浆、断层塞、混凝土置换、抗剪（抗滑）或传力混凝土结构、锚固等处理措施或综合处理措施。

1. 坝基倾角较陡软弱层带处理措施

对于坝基倾角较陡（大于 50°）的一定规模的软弱层带，宜采用下列处理措施。

（1）组成物为胶结良好、质地坚硬的构造岩，如角砾岩、片状岩、碎块岩等，对整个坝基的传力、稳定和变形的影响较小时，可加强固结灌浆，或进行高压固结灌浆即可，也可进行混凝土塞局部置换处理，并进行固结灌浆，如有必要可对两侧及深层岩体进行高压固结灌浆。

（2）软弱层带规模不大，但组成物质为糜棱岩、断层泥等软弱构造岩，对整个坝基的强度、稳定和变形有一定影响时，宜进行混凝土塞局部置换处理，如有必要可对两侧及深层岩体进行高压固结灌浆。

（3）软弱层带规模较大，组成物质为糜棱岩、断层泥等软弱构造岩，对整个坝基的强度、稳定和变形有较明显影响时，应在坝基一定范围内进行混凝土置换、高压水泥灌浆、高喷冲洗灌浆等处理，必要时可增加化学灌浆处理（如环氧类浆材）。

采用置换法处理软弱层带，开挖时应注意减少对完好岩体的损伤，开挖后应及时回填混凝土，并应加强回填灌浆、接触灌浆和固结灌浆。

2. 坝基缓倾角软弱层带处理措施

对于坝基缓倾角（小于50°）软弱层带，应根据其部位、工程特性、对坝体应力和坝基变形以及对抗滑稳定性的影响程度，采取措施处理，对于埋藏较浅的部位一般予以挖除；对于埋藏较深的部位，应根据其对坝体应力和坝基变形以及对抗滑稳定性的影响程度，研究是否需要处理及处理措施，通常顶部可以采用混凝土置换塞，对下面埋藏较深的部分，处理方法主要有以下几种。

（1）斜井（孔）。沿软弱层带走向，间隔一定距离，顺层面打斜井，再回填混凝土，并在井壁进行浅孔固结灌浆，对于薄层的软弱带，也可顺层面打斜孔，进行强力冲洗，尽量把软弱夹层冲掉，然后灌浆或回填细骨料混凝土，并在高压下把残留的软弱物质挤紧。

（2）平洞。在不同深度，顺破碎带走向打平洞，再回填混凝土，沿洞壁进行灌浆。

（3）当软弱层带延伸很长，充填物软弱，影响带宽，上部结构荷载响很大时，可考虑联合采用斜井与平洞。

3. 两岸拱座岩体内软弱层带处理措施

两岸拱座岩体内存在断层破碎带、层间错动带等软弱结构面影响拱座稳定安全时，必须对两岸拱座基岩采取相应的加大处理措施，如抗滑键、传力洞、传力墙、高压固结灌浆等。

4. 防渗处理措施

当坝基内的软弱层带有可能成为相对集中坝基渗漏通道或可能发生局部渗透破坏时，应根据具体情况作用水头、库水侵蚀性等因素进行专门的防渗处理，如高压冲洗置换处理、防渗井塞等。

5. 混凝土置换（混凝土塞）设计

混凝土置换塞是软弱层带表部处理最常见的基础处理手段，如图7-36所示。

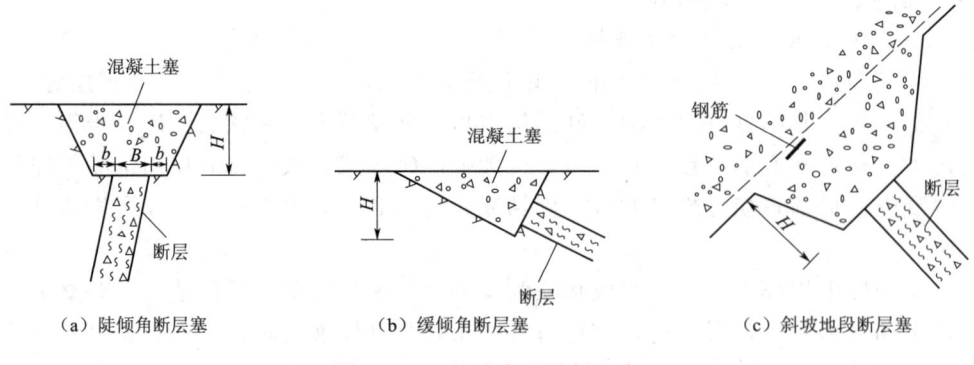

(a) 陡倾角断层塞　　(b) 缓倾角断层塞　　(c) 斜坡地段断层塞

图7-36　基础表面混凝土塞

软弱层带表部做混凝土塞的主要目的，是使塞体附近的坝体不因软弱层带的存在而过分恶化其工作条件，同时也可以使坝基水力梯度最大部分的渗流条件有所改善。图7-36(a)

中,一般情况下,b 值可取 0.5~1.0m,塞体两侧应开挖成斜坡,坡度可为 45°~60°,坡度太陡塞体工作条件不好,太缓则混凝土塞作用降低,工程量增加较多。对于贯穿坝基上下游面的断层破碎带,应在坝基范围以外上、下游处扩大断层破碎带处理范围,扩大范围长度一般为(1~2)B(断层破碎带的宽度),其深度与坝基部位相同。

混凝土塞设计的关键是确定塞的深度,以确定塞的尺寸。对于一般规模软弱层带混凝土塞的深度可为(1.0~1.5)B。对于规模较大的断层,则需进行仔细研究。理论上讲,混凝土塞深度越大,处理效果越好,但处理过深,不仅工程量及施工难度大大增大,且所增加的效果越来越小,再考虑到开挖时对基础总有一定的损害以及回填混凝土的温度和收缩应力等因素,过深的置换是不可取的。一般情况下,主要从混凝土塞应力、稳定、坝基防渗 3 个方面分析确定混凝土塞深度。

7.5 水闸地基处理

对土基上的水闸,为了保证其安全、正常地运行,有时需要对地基进行必要的处理,以满足上部结构的要求;或从上部结构及地基处理两个方面采取措施,使其相互适应,以满足稳定和沉降的要求。根据工程实践,当黏性土地基的贯入击数大于 5、砂性土地基的贯入击数大于 8 时,可直接在天然地基上建闸,不需进行处理。如天然地基不能满足抗滑稳定和沉降方面的要求,则需进行适当的处理。

目前采用的地基处理方法很多,但各种方法都有其局限性和适用范围。水闸软土地基的常用处理方法有垫层法、预压加固法、强力夯实法、桩基础、沉井基础、振动水冲法和深层搅拌桩法等。可根据水闸的地基情况、结构特点和施工条件等,采用一种或多种处理方法。选择处理方法时,应考虑对灵敏度较高的软土扰动而引起的承载力降低。

1. 垫层法

换土垫层法是把建筑物基底下松软基土部分挖除或全部挖除(当软弱土层较薄时),然后换填强度大、压缩性小的填料作为地基持力层(图 7-37),从而将建筑物基底压力通过垫层扩散,使下卧松软土层的应力满足稳定要求,并使建筑物沉降(特别是沉降差)有很大的改善。该法是工程上施工简便、应用广泛的地基处理方法。

垫层材料的选择,原则上应就地取材。一般来说,均质的不含有机物腐殖质的砂土、砂壤土、黏土均可做垫层材料。但根据

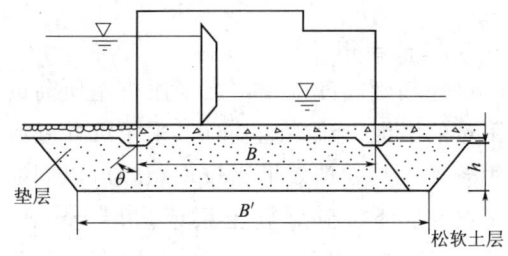

图 7-37 换土垫层布置

工程实践,以壤土类(黏粒含量为 10%~20%),含砾黏土和级配较好的中、粗砂(且其含泥量应小于 5%)更为适宜。粉砂、细砂、砂壤土抗液化性能较差,一般不予采用。近年来,有些水闸工程采用了土工合成材料加筋垫层(需辅以防渗措施)和水泥土垫层(水泥土水泥掺量为 8%~12%),效果较好,可以推广使用。

壤土垫层宜分层压实，土块应破碎至最大直径不超过 5cm，层厚一般取 20~30cm。土料的含水量应控制在最优含水量附近（±3%），大型水闸垫层压实系数不应小于 0.96；中、小型水闸垫层压实系数不应小于 0.93。砂垫层应有良好的级配，宜分层振动密实，层厚视施工工具而定，一般取 20~30cm，相对密度不应小于 0.75，强地震区水闸垫层相对密度不应小于 0.80。

2. 桩基础

桩基础是较早使用的地基处理方法。在松软地基上，有排放大块漂浮物或冰凌的要求，必须采用较大的闸孔跨度，利用桩基承受上部的主要荷载，以改善底板的受力条件；水头高，水平推力大，一般地基处理方法难以满足抗滑稳定要求；根据运用要求，需要严格控制地基变形等情况。

水闸工程中，最常用的是钢筋混凝土预制桩和钻孔灌注桩。根据水闸工程的运用特点，在以水压力为主的水平向荷载作用下，闸室底板与地基土之间应有紧密的接触，以避免形成渗流通道，因此为了保证闸基的防渗安全，土质地基上的水闸桩基一般采用摩擦型桩（包括摩擦桩和端承摩擦桩）。如果采用端承型桩（包括端承桩和摩擦端承桩），底板底面以上的作用荷载几乎全部由端承型桩承担，直接传递到下卧岩层或坚硬土层上，底板与地基土的接触面上则有可能出现脱空现象，加之地下渗流的作用，造成接触冲刷，从而危及闸身安全。因此，水闸桩基础通常宜采用摩擦型桩。

桩基的平面布置，应尽量使群桩的重心与闸室底板底面以上基本荷载组合的合力作用点相接近，使各桩实际承担的荷载尽量相等，这对减少地基的不均匀沉降，维护水闸结构安全和正常使用是有利的。

当防渗段底板下用端承型桩时，为防止底板与地基土间产生接触冲刷，应采取有效的基底防渗措施，如在底板上游侧设防渗板桩或截水槽，加强底板永久缝的止水结构等。为安全计，防渗段底板下即使采用摩擦桩，也宜采取相应的垂直防渗措施。若采用不承受水平荷载的端承桩时，桩顶可不嵌入闸底板而留有一定的沉降余地，以防止闸底板与地基脱空。

3. 沉井基础

沉井基础属深基础，当采用桩基所需的单桩根数量较多，不能合理布置，或地基为开挖困难的淤泥、流砂地基时，采用沉井基础较为有利。在我国东部沿海地区的水闸工程中使用较多，其处理效果比较理想，可以同时解决地基承载力和地基渗透变形问题。

沉井应下沉到坚硬土层或岩层上。限于目前施工条件，软土层厚度一般不宜大于 10m，否则施工困难。当地基有较高的承压水头，且人工降低有困难时，不宜采用沉井基础。

水闸沉井基础包括岸墙沉井基础和闸室沉井基础。按其连接方式可分为多联式和分离式。多联式如图 7-38(a) 所示，两端沉井形成岸墙，中间为闸室沉井，沉井底板即闸室板，中墩、边墩建于其上，如闸室过长，沉井可以分缝。分离式如图 7-38(b) 所示，其构造布置与多联式不同，分离式闸室沉井不连续分布，间隔处用平底板或反拱底板连接。对砂性土地基，为防止渗流破坏，不宜用分离式。根据水闸结构特点，通常采用方形或正方形柱式沉井，长边不宜超过 30m，长宽比不宜大于 3。

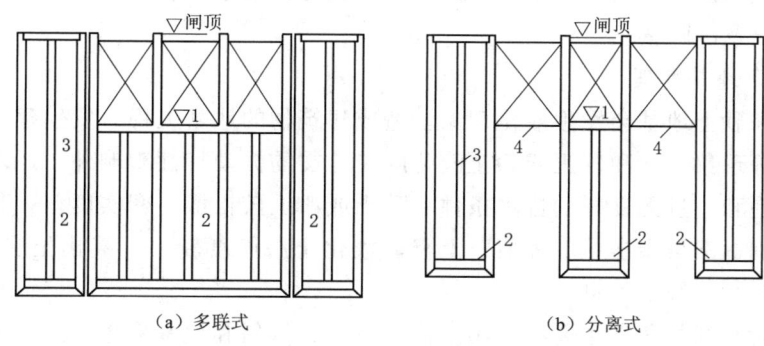

图 7-38 沉井基础分类图
1—闸底；2—沉井；3—隔墙；4—小底板

沉井是否需要封底，取决于沉井下卧土层的容许承载力。若容许承载力能满足要求，应尽量采用不封底沉井，因为沉井开挖较深，地下水影响较大，施工比较困难。不封底沉井内的回填土，应选用与井底土层渗流系数相近的土料，并且必须分层夯实，以防止渗流变形和过大的沉降，使闸底与回填土脱开。

隔墙与井壁所分隔的井口尺寸应满足施工要求。隔墙底面应高于井壁刃脚 0.5m 以上。井壁刃脚底面宽度不宜小于 0.2m，刃角内侧斜面与底平面的夹角宜采用 45°～60°。

4. 预压加固

在修建水闸之前，先在建闸范围内的软土地基表面加荷（如堆土、堆石），对地基进行预压，沉降基本稳定后，将荷重移去，再正式建闸。预压堆土（石）高度，应使预压荷重约为 1.5～2.0 倍水闸荷载，但不能超过地基的承载能力。

堆土（石）预压时，施工进度不能过快，以免地基发生滑动或将基土挤出地面。根据经验，堆土（石）施工需分层堆筑，每层高约 1～2m，填筑后间歇 10～15d，待地基沉降稳定后，再进行下一次堆筑。预压施工时间约为半年左右。

对含水率较大的黏性土地基，为了缩短预压施工时间，可在地基中设置砂井，以改善软土地基的排水条件，加快固结过程。砂井的直径为 20～30cm，井距不小于 3m，井深应穿过预压层。

5. 深层搅拌桩

近年来，水闸工程中采用深层搅拌桩（例如粉喷桩）法加固软弱地基的工程越来越多。该法利用水泥作为固化剂，也可以掺入适量的粉煤灰、减水剂和速凝剂等外掺剂，通过深层搅拌将软土和固化剂强制拌和，使固化剂和软土通过物理、化学反应硬结成为有一定强度的水泥土桩。深层搅拌桩可用于各种软土地基加固及基坑围护。采用深层搅拌桩法加固地基既能提高其容许承载力、减少沉降量，也能提高地基的抗振动液化能力，其最大加固深度可达 30m 左右。深层搅拌桩在设计计算上处于半理论半经验状况，搅拌桩加固地基对施工质量要求较高。因此选用深层搅拌桩法加固地基时，应根据不同地基土质情况和工程重要性,严格控制施工质量,进行必要的室内和现场试验。

深层搅拌桩的设计包括计算单桩竖向承载力和复合地基承载力,必要时还需验算下卧层的地基强度以及沉降量。

6. 地震液化地基处理

地震时饱和砂土地基会发生液化现象,造成建筑物的地基失稳,发生建筑物下沉、倾斜,甚至倒塌等现象。饱和砂土或粉土液化除受地震的振动特性影响外,还取决于土的自身状态:土体饱和,且无良好的排水条件;砂土或粉土较松散,密实度差,其标准贯入击数小于液化判别标准贯入击数临界值;上覆非液化土层厚度较小,液化土层土颗粒较小,土中黏粒含量较小,级配不良。

液化土层对水闸的危害主要有水闸上浮、下沉、倾斜和地基失稳(过度下沉)等。因此,在地震区,应避免采用未经加固处理的可液化土层做天然地基的持力层。

地震液化地基的处理措施有:

(1) 采用非液化土替换全部液化土层。适用于液化土层厚度小于3.0m的情况,替换土可以采用黏性土或水泥土。

(2) 加密法(如振冲加密、振动加密、挤密碎石桩、强夯等)。采用强夯提高液化土层的密实度,使液化土层转换为非液化土层,适用于液化土层厚度大于3.0m情况。

(3) 深基础处理(如桩基础)。桩基础深入非液化土层,承担全部荷载,采用时应注意液化土层液化后闸底板下脱空(底板下形成渗流通道)所带来的渗流稳定问题。

(4) 围封法。采用混凝土地下连续墙、水泥土搅拌桩连续墙、高喷连续墙或振动沉模连续墙等措施将液化土层围封,使其在地震时不会发生喷水冒砂,维持地基的整体稳定性。

液化地基处理采用何种措施,应通过技术经济比较确定。此外,当液化土层顶部上覆一定厚度的非液化土层时,经论证也可以不采用地基处理措施。

7.6 重力式码头基础设计

重力式码头基础的作用是将通过墙身传来的外力扩散到较大范围的地基上,以减小地基应力和建筑物沉降量;保护地基免受波浪和水流的淘刷,整平基面后便于墙身的砌筑和安装。因此,基础是重力式码头非常重要的部分。

重力式码头的基础型式根据地基情况、施工条件和结构型式采用不同基础型式。

码头的地基为岩基时,考虑到岩石地基承载力大,一般不需另做基础,可直接将重力式码头置于岩基上。当基岩面倾斜且较陡时,为降低码头滑动风险,应将岩基面宜做成阶梯形断面。阶梯形断面最低一层台阶宽度不宜小于1m(图7-39)。对于预制安装结构,为使预制件安装平稳,应设置片石或碎石垫层整平基岩面,垫层

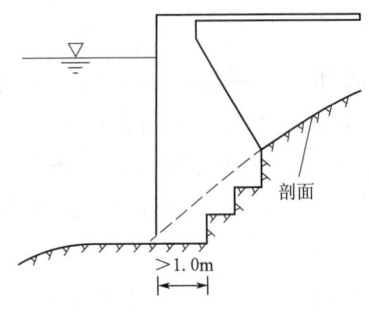

图7-39 台阶形岩面

厚度不小于 0.3m。

对于非岩石地基，分以下两种情况进行处理。

地基承载力足够时，可设置 100～200mm 厚的贫混凝土垫层，以保证墙身的施工质量，垫层的埋置深度不宜小于 0.5m，且应在冲刷线以下；

地基承载力不足时，应设置基础，可采用块石基床、混凝土基础板或基桩等。当采用水下施工的预制安装结构时，应设置抛石基床。

抛石基床是重力式码头中广泛应用的一种基础型式，抛石基床设计包括：选择基床型式，确定基床厚度及肩宽，确定基槽的底宽和边坡坡度，规定块石的重量和质量要求，确定基床顶面的预留坡度和预留沉降量等。

1. 基床型式

有暗基床、明基床和混合基床 3 种（图 7-40）。暗基床适用于原地面水深小于码头设计水深的情况，明基床适用于原地面水深大于码头水深且地基较好的情况。当流速较大时应避免采用明基床，或在基床上设防护措施。混合基床适用于原地形水深大于码头设计水深且地基较差的情况，此时需将地基表层的软土全部挖除，并填块石，软土层很厚时可部分挖除换砂。

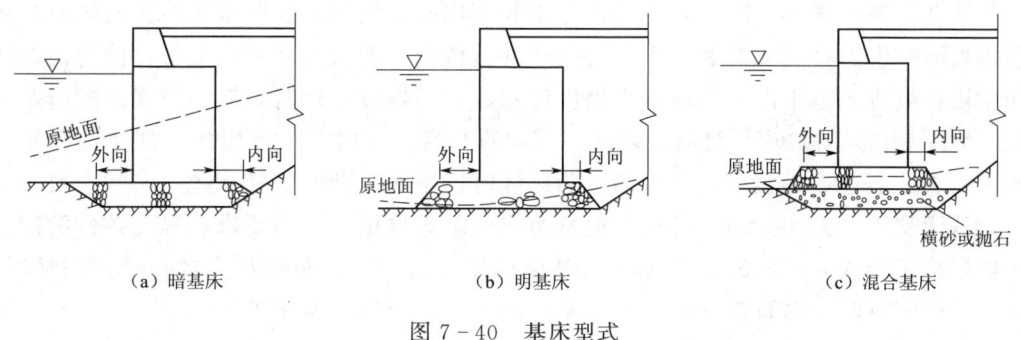

图 7-40 基床型式

2. 基床厚度

当基床顶面应力大于地基容许承载力时，抛石基床起扩散应力的作用，基床厚度由计算确定，并不宜小于 1m，当基床顶面应力不大于地基容许承载力时，基床只起整平基面和防止地基被淘刷的作用，但其厚度也不宜小于 0.5m。

3. 基槽底宽及边坡坡度

基槽底宽决定于地基应力扩散范围的要求，不宜小于码头墙底宽度加两倍的基床厚度，基槽底边线与墙前趾和后踵的距离应符合图 7-41 的规定，对于受土压力作用的码头，基槽底边线距离前趾和后踵的距离分别不宜小于 $1.5d$ 和 $0.5d$（d 为基床厚度）。对于不受土压力作用的码头，基槽底边线距墙前趾和后踵的距离相等，且不宜小于 $1.0d$。

基槽边坡坡度一般根据土质由经验确定。基槽距岸较近需要开挖岸坡时，其坡度应按施工时的岸坡稳定性由计算确定。

4. 基床肩宽

为保证基床的稳定性，基床肩部（特别是暴露在外面的外肩）应有一定的宽度。对于

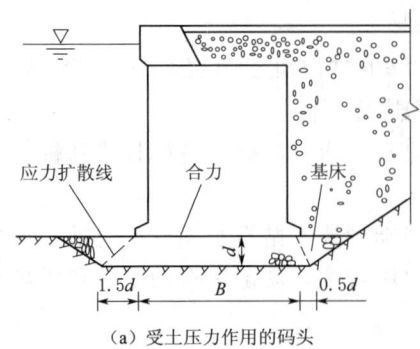 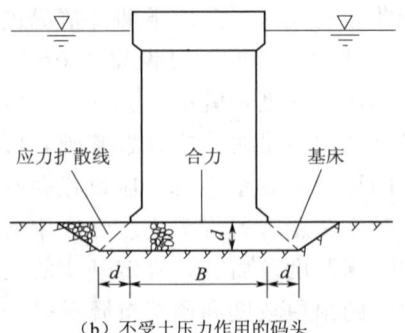

(a) 受土压力作用的码头　　　　　　(b) 不受土压力作用的码头

图 7-41　基槽底宽的确定

夯实基床，不宜小于 2m；对于不夯实基床，不应小于 1m。当码头前的底流速较大，地基土有被冲刷危险时，应加大基床外肩宽度，放缓边坡，增大埋置深度或采用其他护底措施。

5. 基床夯实

为使抛石基床紧密，减少建筑物在施工和使用时的沉降，我国水下施工的抛石基床一般进行重锤夯实。重锤夯实的作用：①破坏块石棱角，使块石互相挤紧；②使与地基接触的一层块石嵌进地基土内，当地基为松散砂基或采用换砂处理时，对于夯实的抛石基床底层设置约 0.3m 厚的二片石垫层，以防基床块石打夯震动时陷入砂层内。现在也开始使用爆炸夯实法，通过埋在抛石基床内的炸药爆炸时产生的震动波使基床抛石密实。对于中小码头，基床是否作夯实处理，可根据地基情况、基床厚度、使用要求和施工条件酌定。例如，根据施工经验，在墙高小于 10m，基床厚度小于 1.5m 和地基为岩基或砂基情况下，当施工条件困难时，抛石基床也可不夯实，而事先预留抛石基床的沉降量。

6. 对抛石基床块石质量和品质的要求

基床块石的质量既要满足在波浪水流作用下的稳定性，又要考虑便于开采、运输和施工，一般采用 10~100kg 的混合石料（对于不大于 1m 的薄基床采用较小的块石）。

石料品质应保证遇水不软化、不破裂，不被夯碎，具体要求：①在水中饱和状态下的抗压强度，对于夯实基床不低于 50MPa，对于不夯实基床不低于 30MPa；②未风化，不成片状，无严重裂纹。

7. 抛石基床的预留沉降量及倒坡

为了保证建筑物在允许沉降范围内正常工作，基床顶面应预留沉降量和倒坡（即向墙里倾斜）。

对于夯实基床，设计时只按地基沉降量预留，对于不夯实基床，还需预留基床压缩沉降量，基床压缩沉降量 Δ 按下式估算：

$$\Delta = \alpha_k \sigma d \tag{7-12}$$

式中：α_k 为抛石基床的压缩系数，一般采用 $0.005 \text{m}^2/\text{kN}$；$d$ 为基床厚度，m；σ 为建筑物使用期最大平均基底应力，kN/m^2。

重力式码头在土压力作用下,其前趾的地基应力大于后踵的地基应力,不均匀沉降使码头向临水一侧倾斜。为避免出现这种情况,施工时在基床顶面预留的向墙里倾斜的坡度应根据地基土性质、基床厚度、基底应力分布、墙身结构型式、荷载和施工方法等因素确定,一般不大于1.5%。

练 习 题

7-1 重力坝地基处理的作用是什么?它主要包括哪些内容?

7-2 坝基固结灌浆的目的是什么?重力坝、拱坝固结灌浆一般布置何处?

7-3 固结灌浆孔的布设形式有哪些?

7-4 坝基帷幕灌浆的目的是什么?重力坝、拱坝帷幕灌浆一般布置何处?

7-5 坝基排水主要采用什么措施?其目的是什么?

7-6 陡、缓倾角顺流方向断层通常采用什么措施处理?横流方向断层又如何处理?

7-7 坝基软弱夹层有何害处?一般采用什么方法处理?

7-8 砂砾石地基处理的主要问题和措施是什么?各措施的主要作用是什么?

7-9 拱坝的地基处理主要包含哪些内容?

7-10 简述水闸地基的处理措施有哪些?

7-11 重力式码头基础处理的措施有哪些?

第8章 地基基础抗震设计

教学提示：本章主要介绍地基与基础抗震设计相关方面的内容，包括工程场地条件与震害，地基抗震设计原则和方法，以及桩基动力分析方法及抗震设计。

教学要求：本章要求学生重点掌握场地类别与震害关系、地基抗震设计原则与方法，了解桩基抗震设计相关内容。

8.1 工程场地条件与震害

20世纪50年代形成的以工程抗震为主题的地震工程学主要关注工程结构的抗震问题。此时，场地地基的抗震性能以及场地条件对宏观震害的影响则未引起普遍的重视。1964年3月和6月，在美国和日本分别发生了阿拉斯加8.4级大地震和新潟7.5级大地震，两次大地震均引发了大面积的砂土液化，并造成地基失效而使工程结构遭受巨大破坏。同时，人们发现同一场地上的建筑结构发生了选择性破坏，比如自振周期较长的高层建筑的震害明显要高。这两次地震唤起了人们对地基抗震和场地条件震害影响的普遍关注，越来越多的学者认识到场地工程地质对宏观震害的巨大影响，并开始进行系统研究。

工程场地条件一般是指场地的局部地质条件，如近地表几十米至几百米的地基岩土体的物理力学性质、厚度、地下水埋深等工程地质条件，场地局部的地形地貌特征以及场地附近断层带或地裂缝等构造破裂的分布情况等。地震灾害主要包括地表变形、结构破坏和次生灾害3类，它们都与场地条件密切相关。首先，地震地表变形和引发的崩塌、滑坡等次生灾害与场地条件直接相关，并且都能引起大规模的工程结构破坏；地震时强烈振动引起的结构破坏又与场地地震动特性密切相关，而场地的地震动特性，如幅值、频谱特性等又很大程度上决定于场地地基土体特性等工程地质条件以及场地区域地形地貌特征。

8.1.1 场地的类别

场地是指水工建筑所在处直接使用的有限面积的土地。

1. 各类地段的划分

既然地震造成的各种破坏和灾害的严重程度与场地的工程场地条件密切相关，那么在工程建设初期及规划选址阶段，在勘察和评价基础上，有目的性的选择对抗震有利的场地和避开不利的地段进行工程建设，就能大大减轻地震时的震害，减少财产损失和人员伤亡。

水工建筑物场地的选择，应在工程地质和水文地质勘探及地震活动性调研的基础上，

8.1 工程场地条件与震害

按构造活动性、场地地基和边坡稳定性及发生次生灾害危险性等进行综合评价。《水电工程水工建筑物抗震设计规范》(NB 35047—2015) 规定以场地地质、地形和地貌特征及震害影响为依据，按表 8-1 将场地抗震性能划分为有利、一般、不利及危险 4 种地段。宜选择对建筑物抗震相对有利和一般地段、避开不利与危险地段，在不利与危险地段进行大坝建设，必须进行地震安全性充分论证。

表 8-1　　　　　　　　　　各类地段的划分

地段类型	构造活动性	场地地基和边坡稳定性	发生次生灾害危险性
有利地段	近场区 25km 范围内无活动断层，场址地震基本烈度为Ⅵ度	好	小
一般地段	场址 5km 范围内无活动断层，场址地震基本烈度为Ⅶ度	较好	较小
不利地段	场址 5km 范围内有长度小于 10km 的活动断层；有 M（震级）<5 级发震构造。场址地震基本烈度为Ⅷ度	较差	较大
危险地段	场址 5km 范围内有长度大于等于 10km 的活动断层；有 M（震级）≥ 5 级发震构造。场址地震基本烈度为Ⅸ度	差	大

2. 场地土的类型

国内外大量震害表明，不同场地上的建筑物震害差异十分明显。一般认为，场地条件对建筑物震害影响的主要因素是场地土的刚性（即坚硬或密实程度）大小和覆盖层厚度。土的刚性一般用土的剪切波速表示。

《水电工程水工建筑物抗震设计规范》(NB 35047—2015) 和《水运工程抗震设计规范》(JTS 146—2012) 将场地土按剪切波速划分为 5 种类型，见表 8-2。

表 8-2　　　　　　　　　　土的类型划分和剪切波速范围

场地土类型	代表性岩土名称和性状	土层剪切波速范围/(m/s)
硬岩	坚硬、较硬且完整的岩石	$v_s > 800$
软岩、坚硬场地土	破碎和较破碎或软、较软岩石，密实砂卵石	$800 \geq v_s > 500$
中硬场地土	中密、稍密砂卵石，密实粗砂、中砂、坚硬黏土和粉土	$500 \geq v_s > 250$
中软场地土	稍密砾、粗、中砂，细砂和粉砂，一般黏土和粉土	$250 \geq v_s > 150$
软弱场地土	淤泥和淤泥质土，松散的砂土，人工杂填土	$v_s \leq 150$

注： v_s 为岩土剪切波速。

当无实测剪切波速时，可根据岩土名称和性状，按表 8-2 划分土的类型，再利用当地经验在表 8-2 的剪切波速范围内估计各土层的剪切波速。当为单一土层时，土的类型即为场地土类型；当为多层土时，场地土类型可根据地面下 20m 且不深于场地覆盖层厚度范围内各土层类型和厚度综合评定。

3. 场地的类别

NB 35047—2015 根据场地土类型（土层等效剪切波速）和场地覆盖层厚度，将场地划分为 I_0、I_1、Ⅱ、Ⅲ、Ⅳ共 5 类，见表 8-3。

第8章 地基基础抗震设计

表 8-3　　　　　　　　　场地类别的划分和场地的覆盖层厚度

岩石的剪切波速或土的等效剪切波速/(m/s)	场地类别				
	I_0	I_1	II	III	IV
硬岩 $v_s>800$	0				
软岩、坚硬场地土 $800 \geqslant v_s>500$		0			
中硬场地土 $500 \geqslant v_s>250$			<5	$\geqslant 5$	
中软场地土 $250 \geqslant v_s>150$			<3	3～50	>50
软弱场地土 $v_s \leqslant 150$			<3	3～15	15～50	>80

土层的等效剪切波速是一假想的剪切波速，假设剪切波在穿过分层土时其速度不变，且穿透该深层土层所需的时间与实际剪切波穿越该土层所需时间相等。所谓"等效"是指剪切波在穿越土层所需时间上的等效。等效剪切波速应按下列公式计算：

$$v_{se}=d_0/t \tag{8-1}$$

$$t=\sum_{i=1}^{n}(d_i/v_{si}) \tag{8-2}$$

式中：v_{se} 为土层等效剪切波速，m/s；d_0 为计算深度，m，取覆盖层厚度和 20m 两者的较小值；t 为剪切波在地面至计算深度之间的传播时间，s；d_i 为计算深度范围内第 i 土层的厚度，m；v_{si} 为计算深度范围内第 i 土层的剪切波速，m/s；n 为计算深度范围内土层的分层数。

场地覆盖层厚度并不一定就是地表至基岩的厚度，而是应符合下列要求的厚度：

（1）一般情况下，应按地面至剪切波速大于 500m/s 且其下卧各层岩土的剪切波速均不小于 500m/s 的土层顶面的距离确定。

（2）当地面 5m 以下存在剪切波速大于其上部各土层剪切波速 2.5 倍的土层，且该层及其下卧各层岩土的剪切波速均不小于 400m/s 时，可按地面至该土层顶面的距离确定。

（3）剪切波速大于 500m/s 的孤石、透镜体，应视同周围土层。

（4）土层中的火山岩硬夹层，应视为刚体，其厚度应从覆盖土层中扣除。

8.1.2 地基的震害

地震时，各种建筑物的损坏，除了由于振动直接造成的以外，另一主要原因是由于地基失稳造成的。地震引起的地基失稳有多种形式，如震陷、液化、滑坡和地裂等。主要发生于疏松砂层、软弱黏土层和成层条件比较复杂的不均匀地基。

1. 震陷

地震时，地面产生的巨大沉降称为震陷，震陷有几种不同情况。

（1）处于疏松状态的非饱和无黏性土层在振动作用下体积变密而引起的震陷。此种震陷主要是由水平振动造成的，一般来说，震陷量的大小取决于砂土的初始密度、土层厚度和震动大小等因素。

（2）软黏土的震陷。软土具有含水量大、压缩性高、强度低的特点，在往复应力作用下，其刚度随切应力变幅的增大而降低，从而发生震陷。

（3）地下采空区在强震作用下引起的震陷。这种震陷是突发性的，震陷面积大、震陷量大，往往带来灾难性后果。一般应避开在这种地区建造建筑物。

2. 液化

地下水位以下的饱和松砂和粉土在地震作用下，土颗粒之间有变密的趋势，但因孔隙水来不及排出，使土颗粒处于悬浮状态，形成如液体一样，这种现象就称为土的液化。表现的形式近于流砂，产生的原因在于振动。

（1）影响液化的主要因素有：地质年代、土中黏粒含量、上覆非液化土层厚度和地下水位深度、土的密实程度、土层埋深、地震烈度和震级。大量室内土的动力试验表明，土样振动持续的时间越长，就越容易液化，因此，建筑场地在遭到相同烈度的远震比近震更容易液化。

（2）液化的标志。砂土液化的宏观标志表现在以下几个方面：在地表裂缝中喷水冒砂，是液化的表现形式之一；地基失效与过大的沉降，这种形式的液化震害是水工建筑物中最常见的震害；液化侧向扩展与流滑、液化引起的土体滑塌。

（3）液化判别。由上可知，液化是否发生与上述多种因素有关，比较复杂，不确定性较大，因此判别只能是一种估计，预测土层在一定假设条件下是否发生液化的总趋势。液化可分"两步判断"，即初步判断和标准贯入试验判别。凡经初步判别为不液化或不考虑液化影响，可不进行第二次判别，以减少勘察工作量。

3. 滑坡

土质边坡在强烈震动下，使土体下滑力增加，抗滑的内摩擦力降低，导致土坡失去稳定而发生滑坡，造成大量的土、石、砂的坍塌和滑移，这种现象叫滑坡。地震滑坡来得突然，规模巨大，往往造成严重伤害。地震导致滑坡的原因，一方面在于地震时边坡滑楔承受了附加惯性力，下滑力加大；另一方面，土体受震趋于密实，孔隙水压力增高，有效应力降低，从而减少阻止滑动的内摩擦力。这两方面因素对边坡稳定都是不利的。

4. 地裂

地震后地表往往出现大量裂缝，称为地裂。地裂可使铁轨移位、管道扭曲、基础断裂、甚至拉裂房屋。地裂给建筑物及各种工程造成的破坏往往非一般抗震措施所能抵御，因此建筑场地选择十分重要，应尽量避开容易出现地裂的地段。

8.1.3 场地条件对震害的影响

场地条件对震害的影响主要体现在以下几个方面。

1. 地表形变的影响

强烈地震一般可产生规模巨大的地表断裂、崩塌和滑坡，也可引起地基变化和震陷变形。这些破坏性地质现象的出现与场地条件息息相关。可以说场地条件是这些现象发生的物质基础和决定性因素。同时，由于上述地表变形在规模上和能量上往往甚为巨大，非一般的结构措施所能抵御，因而常常造成大规模的工程结构破坏，从而改变局部的宏观震害程度。这是场地条件对宏观震害影响的最明显的体现。因此，在工程设计选址时，需要对场地的工程地质条件进行详细的勘察和评价，以避开上述不利地段。

2. 地面运动的间接影响

地震宏观震害最常见的就是工程结构的破坏，除地表形变引起的结构损毁外，地震时强烈的地面运动是造成结构破坏最主要的直接原因。地震工程中常以运动的幅值、频谱特征及持续时间来表征地震动的特性，而这些物理量除与震源及传播途径有关外，很大程度上取决于场地的地层结构、地形与地质条件等场地条件的综合影响。

3. 场地与结构的协同作用

上述两种影响均是考虑场地条件对宏观震害的单向作用，而实际地震中，建筑物与其场地地基是一个相互作用、相互影响的统一运动系统，两者的相互作用或协同作用也往往对宏观震害产生较大的影响，主要体现在共振或类共振效应、能量互递及消散效应、大范围波动效应。

（1）共振或类共振效应。地震中，当建筑物的固有周期与地基的卓越周期相等或相近时，两者就会产生共振或类共振效应，从而大大增加了地震中建筑物破坏的可能性。

（2）能量互递及消散效应。地震运动总是先经由地基传递到建筑物的，振动起来的结构对于地基来说又是一个相对的次生震源，反过来对地基有"能量反馈"作用。此时，场地的工程地质条件决定着其接受反馈能量的程度，即所谓地基的"能量逸散性"。这种特性反过来又影响建筑物的振动特性即受到的地震作用，从而影响结构可能产生的破坏即宏观震害程度。

（3）大范围波动效应。地震发生时，横波和面波引起的场地区域性的整体性波动也可诱发较大规模的震害。这种整体性波动不一定具有很高的强度，但对长度较大的线性工程或独立的高耸建筑物则可能造成致命伤害。

8.2 地基抗震设计

8.2.1 地基抗震设计的基本原则和方法

水工建筑物地基的抗震设计，应综合考虑上部建筑物的型式、荷载、水力、运行条件，以及地基和岸坡的工程地质和水文地质条件等。地基抗震设计的总体要求：对于坝、闸等雍水建筑物的地基和岸坡，应满足在设计烈度地震作用下不发生强度失稳破坏（包括砂土液化、软弱黏土震陷等）和渗透变形的要求，避免产生影响建筑物使用的有害变形。

水工建筑物的地基和岸坡中的断裂、破碎带及层间错动等软弱结构面，特别是缓倾角夹泥层和可能发生泥化的岩层，应根据其产状、埋藏深度、边界条件、渗流情况、物理力学性质以及建筑物的设计烈度，论证其在地震作用下不发生失稳和超过允许的变形，必要时采取抗震措施。水工建筑物地基和岸坡的防渗结构及其连接部位，以及排水反滤结构等，应采取有效措施防止地震时产生危害性裂缝或发生渗透破坏。岩土性质在水平方向变化大的不均匀地基，应采取措施防止地震时产生较大的不均匀沉降、滑移和集中渗漏，并采取提高上部建筑物适应地基不均匀沉降能力的措施。

地基中土层液化的判别，应按地质勘察规范中的有关规定进行。坝基饱和无黏性土和少黏性土的地震液化判别，应考虑土层的天然结构、颗粒组成、松散程度、震前受力状态、边界条件和排水条件以及地震震级和历时等因素，结合现场勘察和室内试验成果，综合分析判定。地基土的液化判别可分为初步判断和标准贯入试验判别两个阶段，初判应排除不会发生液化的土层。对初判可能发生液化的土层，应采用标准贯入试验进行复判。地基中的可液化土层，可根据工程的类型和具体情况，选择采用以下抗震措施：①挖除液化土层并用非液化土置换；②振冲加密、强夯击实等人工加密；③压重和排水；④振冲挤密碎石桩等复合地基或桩体穿过可液化土层进入非液化土层的桩基；⑤混凝土连续墙或其他方法围封可液化地基。

甲类、乙类工程设防类别的水工建筑物地基中的软弱黏土层，应进行专门的抗震试验研究和分析。一般情况下，地基中的土层只要满足以下任一指标，即可判定为软弱黏土层：①液性指数高于0.75；②无侧限抗压强度不足50kPa；③标注贯入锤击数少于5次；④灵敏度大于4。

地基中的软弱黏土层，可根据建筑物的类型和具体情况，选择采用以下抗震措施：挖除或置换地基中的软弱黏土；预压加固；压重和砂井排水、塑料排水板；桩基或振冲碎石桩等复合地基。

8.2.2 地基抗震承载力

数十年来我国发生了十多次大地震，数以万计的建筑物遭到程度不同的破坏，而由于地基失效造成上部建筑物破坏的事例，相对而言还是比较少的。

地基基础震害相对较少的原因主要有两方面：一是在地震作用前有较多的安全储备，地基承载力设计值采用的安全系数通常在2.0以上，基础的尺寸是由构造确定的，强度储备就更大了；二是大多数地基土在地震作用下的强度有所提高。

尽管由于地基失效引起的上部建筑物的破坏，在数量上仅占少数，但造成的破坏程度是十分严重的。震后修复极其困难，甚至是不可能的。因此，对地基基础的抗震设计不能忽视，对于造成地基失效的原因应该进行认真分析，并采取对策加以防治。

在水运工程建筑物地基的抗震验算中，对于液化土层以下的土层，当按行业标准《港口工程地基规范》(JTS 147—1—2010)采用固结快剪强度指标计算地基承载力时，抗力分项系数可降低至正常情况下的75%；当采用查表法时，地基土的抗震承载力设计值可以按式（8-3）予以提高。液化土层以上的土层承载力设计值不应修正。

$$R_E = \eta_S R \tag{8-3}$$

式中：R_E 为地基土抗震承载力设计值；η_S 为地基土抗震承载力设计值提高系数，按表8-4采用；R 为深宽修正后的地基土静承载力设计值，应按现行国家标准采用。

表8-4　　　　　　　　地基土抗震承载力设计值提高系数 η_S

地 基 土 类 型	η_S	地 基 土 类 型	η_S
松砂，非液化状态	1.0	密实的碎石土和基岩，包括夯实的抛石基床	1.5
一般砂土，非液化状态	1.3		

由表中数值看出 η_S 值不小于 1。这是因为较好的土在地震下的强度（以达到一定的破坏变形来衡量）比静载时高，因为地震的快速反复变化作用使土来不及产生足够的变形。

8.3 桩和桩基的抗震设计

8.3.1 常见的桩基震害简况

桩基抗震属于工程中的难题之一。一方面由地基输入桩基的地震作用在有桩时比无桩时更难准确估计，另一方面是桩基破坏资料难以获得，加之种种桩基抗震理论缺乏足够的实践检验，如地震地区桩的承载能力是高于设计值还是低于设计值，众说纷纭。对桩基震害往往只能从上部结构状态间接反映与推测，对地下桩基本身实际有无震害，知之甚少，究其原因，可能是由于桩基埋置于地下，震害不易发现，同时，由于地下检测手段的限制，震后开挖检查资料很少。进入20世纪70年代后，由于技术经济的发展，桩支撑的结构日益增加，地下检测手段的发展，桩基震害资料逐渐增多。特别是1976年中国唐山大地震和1995年日本阪神大地震后，对桩基震害的调查与认识才逐渐丰富。

非液化土中常见的桩基震害简述如下。

1. 剪压或弯曲破坏

钢筋混凝土桩在非液化土中以桩头的剪压或弯曲破坏为常见，见图 8-1。

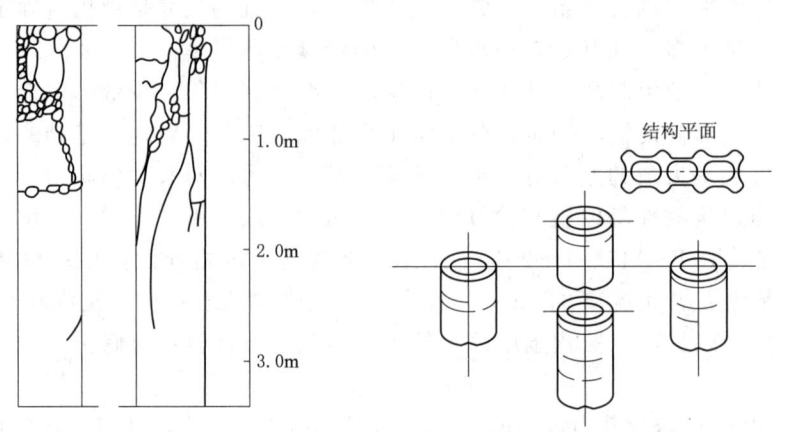

图 8-1 桩头弯曲破坏，压剪破坏

2. 土体变形导致桩基破坏

桩基震害中因地基变形（土体位移）引起的居多，由上部结构惯性力引起的破坏占少数。土体变形包括滑坡、挡墙后填土失稳、液化、软土震陷、地面堆载影响等（图 8-2 和图 8-3）。

8.3 桩和桩基的抗震设计

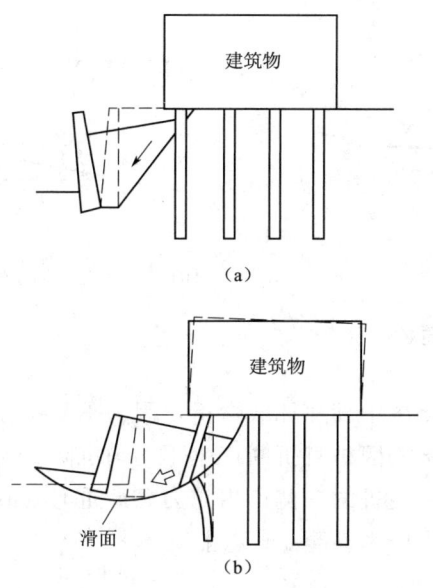

图 8-2 挡墙与护岸后填土在
地震中失稳导致桩破坏

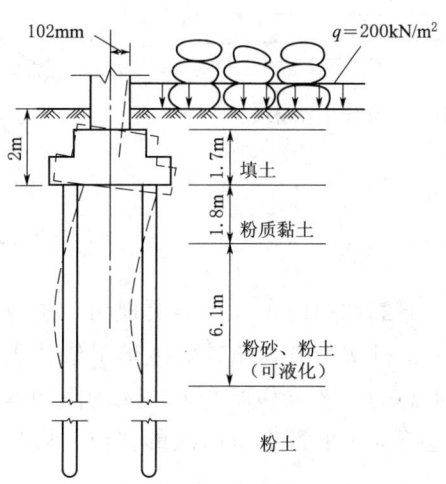

图 8-3 栈桥地面堆载
引起桩基破坏

3. 桩头连接破坏

目前的桩头-承台连接方式（嵌入承台 5~10cm，桩内伸出钢筋，按拉锚要求埋入承台）抗拔与嵌固均不足，致使钢筋拔出、剪断或桩台与承台产生相对位移，以及桩头处承台混凝土破坏。

4. 桩基承台脱空

液化但无侧向扩展土中桩的典型震害是建筑物周围常有喷沙冒水，液化土下沉，建筑物本身无水平位移，导致承台与土脱空（图 8-4）。如果建筑物荷载平面分布上不均匀或其下液化土层性质或厚度不均匀则可能震后产生相当大的不均匀下沉。如果荷载分布均匀而液化土层厚度或性质也比较均匀则建筑一般不会有大的不均匀沉降，桩身则可能在液化土层界面、桩顶等部位有破坏。

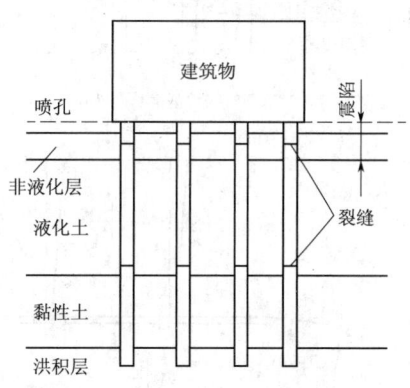

图 8-4 液化但无侧扩时桩的破坏

液化且有侧向扩展土中的桩基震害情况：液化的破坏类型有喷冒、上浮、地基失稳、侧向扩展与流滑等。侧向扩展与流滑是使可液化土在液化后沿着倾斜的液化层面产生土体水平滑动的现象，但侧向扩展是指土面倾斜在 5°以下，而流滑则指土面倾斜在 5°以上的情况（如土坝、天然或人工的斜坡）。液化层在地震作用下发生液化时，其抗剪强度极低，液化层连带其上的非液化覆盖层在地震力的自重分力作用下会沿液化层面向水边方向滑动（图 8-5），滑动距离可达数米，滑体宽度可达 100~200m，使建于滑动带上的构筑物或建筑物产生破坏。

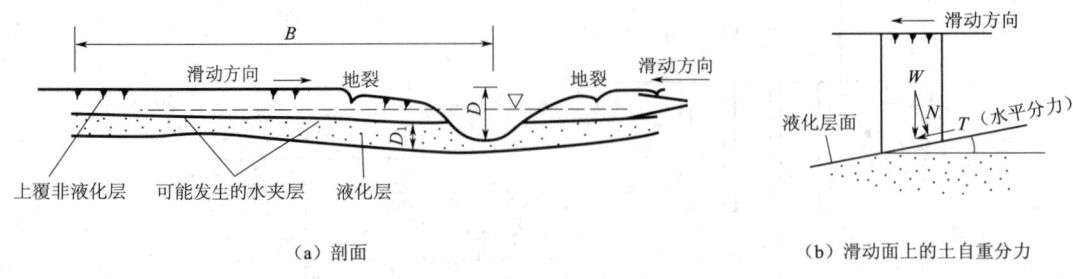

(a) 剖面　　　　　　　　　　　　　　　(b) 滑动面上的土自重分力

图 8-5　液化侧向扩展示意图

桩及上部结构震害的主要表现为：桩身液化层中部剪坏或弯折，因为承受不住滑动土体的压力；桩头部分连结破坏或形成铰，上部结构因桩身折断产生不均匀沉降，对高层建筑则因重心的水平位移而产生较大的附加弯矩，使桩的一侧产生拉力，严重时导致塑性铰产生；建筑物一般都有平面上的移位，常达数十厘米甚至 1m 以上（图 8-6）。

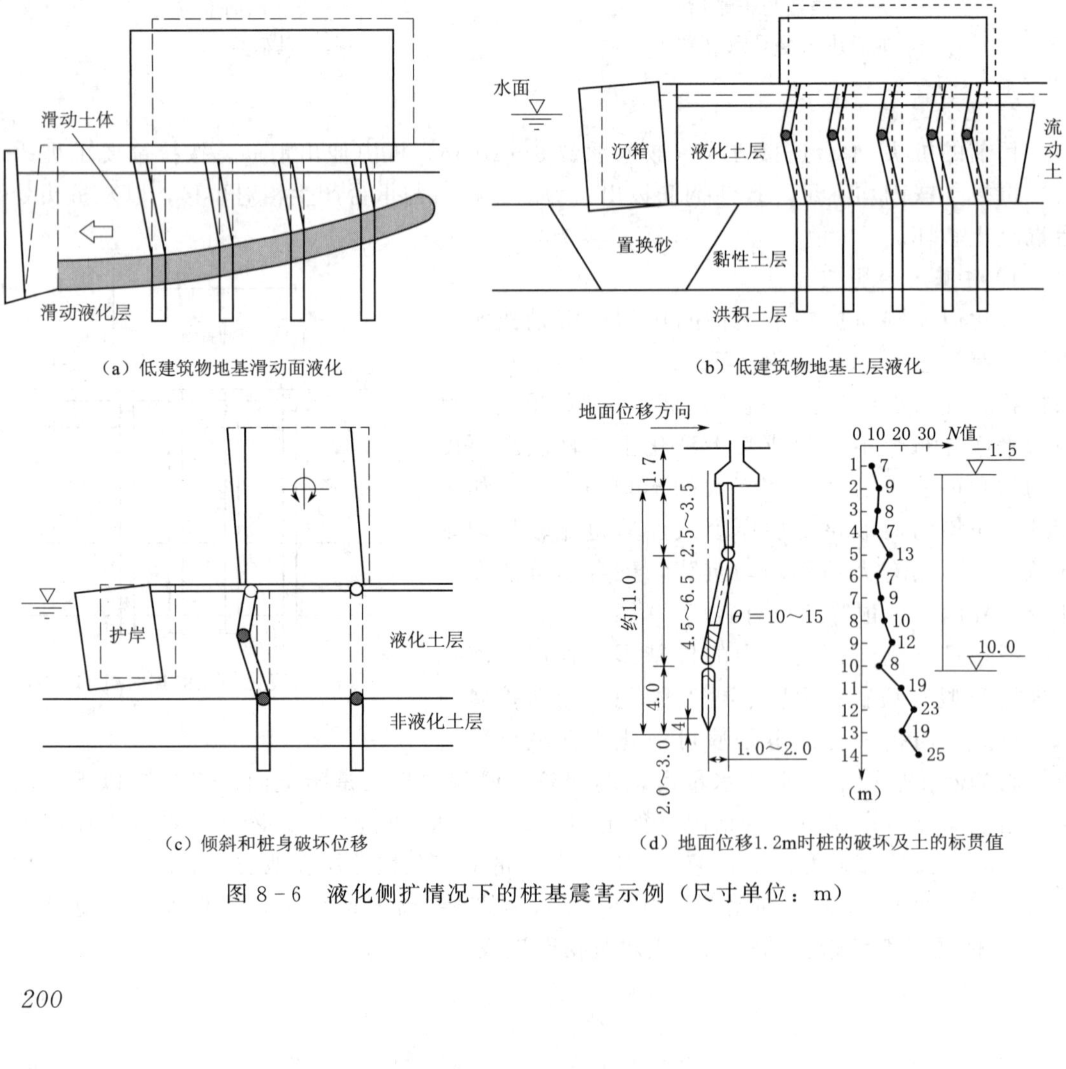

(a) 低建筑物地基滑动面液化　　　　　　(b) 低建筑物地基上层液化

(c) 倾斜和桩身破坏位移　　　　　　　　(d) 地面位移1.2m时桩的破坏及土的标贯值

图 8-6　液化侧扩情况下的桩基震害示例（尺寸单位：m）

8.3.2 非液化地基上桩的抗震设计

1. 桩基的震害设计

试验证明桩-土系统的自振频率范围为 25～50Hz，此值远远超过了绝大多数地震震谱和结构物的自振频率。地震时，地基内传播的地震波的波长也比桩的尺寸大得多，因此可以忽略桩身质量惯性力的影响，然而地震却使土的性质发生变化，故应按地震烈度修正地基指标。

一般来说，计算地震情况下桩侧地基的土抗力，主要考虑由于地基变形而降低地基对桩作用的土抗力值。为了满足设计工作的需要，简化计算，可粗略计算地基的变形，而采用降低地基系数的方法。地震时桩身产生的位移通常较非地震时为大。另外，地震时桩身受到反复荷载的作用，所以降低地基系数是有一定根据的。对于水平力作用下的桩基，铁路系统建议：对较差的地基，地基系数降低 20%～40%；对较好的地基，地基系数降低 10%～20%。

但是另有一种相反的意见，认为地震荷载作用的时间短暂，地震时桩侧土的地基系数可较非地震时采用的值高一些。上海市地基基础设计规范就是从这种观点出发，在确定桩基水平抗震承载力时，把水平承载力较静力值提高 25%。

对地震作用下的桩的轴向承载力，一种意见认为桩产生振动，桩的上部在某一深度范围内的表面摩阻力减为零，桩周及桩尖地基的应力状态由于震动的影响，土的内摩擦角 φ 及黏聚力 c 都有所减低，如苏联建筑法规规定桩的轴向承载力（包括桩的抗压及抗拔承载力），当考虑地震作用时，可按下式确定：

$$P_u = m(m_c RA + u \sum_{h}^{l_b} m_c f_i l_i) \tag{8-4}$$

式中：P_u 为考虑地震作用时桩的极限承载力，kN；m 为桩在土中的工作条件系数：对打入桩，$m=1.0$；对泥浆护壁的钻孔灌注桩，$m=0.7$；对套管灌注桩，水下灌注混凝土时 $m=0.8$，水上灌混凝土时 $m=0.9$；m_c 为计算桩的抗压或抗拔承载力时，考虑地震作用的桩尖下以及第 i 层土的工作条件系数，按表 8-5 确定；R 为单位面积桩端阻力的标准值，kPa；A 为桩底截面积，m²；u 为桩身截面周长，m；f_i 为第 i 层土桩的单位表面积摩阻力的标准值，kPa；l_i 为桩侧第 i 层土的厚度，m；l_b 为桩的入土深度，m；h 为地面下表面摩擦力可略去不计的深度，m。

$$h = 4/\alpha \tag{8-5}$$

其中，α 为桩对土的相对柔度系数，即 $\alpha = (mb_0/EI)^{\frac{1}{5}}$。

表 8-5 地震作用下 R 及 f 值的工作条件系数 m_c

地震烈度	密实及中等密实砂土		黏 土		
	稍湿及中等湿度	饱和☆	硬塑	软塑☆	流塑☆
7	0.95	0.90	0.95	0.85	0.75
8	0.85	0.80	0.90	0.80	0.70
9	0.75	0.70	0.85	0.70	0.60

注 1. 以☆号标明的纵行仅适用于土的侧面阻力。
2. 确定支承在岩石及大块碎石土上的支承桩承载力时，不考虑工作条件系数 m_c。

另一种意见认为地震荷载作用的时间短暂，是不常见的特殊荷载，单桩抗震垂直承载力可较非地震时的垂直承载力提高一些，如上海市地基基础设计规范规定，当桩的承载力由计算确定，持力层的土较密实时，桩周摩阻力可比静力值提高25%，端承力可比静力值提高40%；当持力层的土较软弱时，桩侧摩阻力和桩端阻力均比静力值提高25%；当桩的承载力由试桩确定时，桩的抗震垂直承载力可比静力值提高30%。

《建筑桩基技术规范》（JGJ 94—2008）规定：轴心受压承载力可提高25%，偏心荷载时的边桩承载力可提高50%时。公路工程抗震规范在确定桩基容许承载力时，提高系数，柱桩为1.5；摩擦桩提高系数随土质而定，对密实粗、中砂，老黏土为1.5；对于中密粗、中砂，一般黏性土 200kPa≤σ_0（土的容许承载力）<300kPa 时，提高系数为1.3；对中密细砂、粉土，一般黏性土，100kPa≤σ_0<200kPa 时，提高系数为1.1；对于软土、松散的砂、填土，σ_0<100kPa 的一般黏性土，提高系数为1.0。

总之，地震作用时，桩的水平承载力和垂直承载力均有比非地震时静力值降低或提高的两种相反意见，哪种意见符合实际，有待进一步研究。

设计地震区桩基时，应将桩尖支承在岩石、大块碎石土、密实及中等密的砂土、坚硬和半坚硬及硬塑的黏土上，不得将桩尖支承在疏松饱和砂土、软塑和流塑的黏土上。

2. 桩的抗震构造要求

构造要求在抗震中很重要，设计计算中不能反映的一些因素要靠构造解决。

《构筑物抗震设计规范》（GB 50191—93）中参考国内外有关资料，对桩基的抗震构造要求按建筑物的重要性不同分别对待，并分为A、B、C三个等级，具体要求如下（表8-6）。

表8-6　　　　　　　　　桩基抗震性能类别

地震烈度	构筑物重要性等级			
	甲	乙	丙	丁
7	C	C	C	C
8	B	B	C	C
9	A	A	B	B

（1）C类抗震性能：满足一般桩基础的构造要求。

（2）B类抗震性能：应满足C类的所有要求，并应按本款要求采取构造措施。

必须将桩中钢筋锚入承台，锚固长度应满足受拉要求；桩身箍筋弯钩弯折135°，钩后延伸10d；在软硬土层（相邻两层剪切模量之比超过1.6时）界面上下各1.2m范围内，箍筋宜按桩顶箍筋直径、间距采用。

灌注桩：顶部10倍桩径长度范围内应配置钢筋，当桩的设计直径为300~600mm时，配筋率不应小于0.4%~0.65%（小桩径取高值，大桩径取低值）；桩身上部600mm以内，箍筋直径不应小于6mm，间距不应大于100mm；箍筋宜采用螺旋式或焊接环式。

预制桩：纵向钢筋的最小配筋率不应小于1%，在桩顶与承台连接处的1.6m长度以内，桩身箍筋直径不应小于 6mm，间距不应大于 100mm，需采用拼接桩时，应采用钢板电焊接头。

钢管桩：桩顶部应配置纵筋（配筋率不低于混凝土截面的 1%），钢筋锚固长度应满足受拉要求。

(3) A 类抗震性能：应满足 B 类的所有要求，并应按本款要求采取构造措施。

灌注桩：桩中应按计算配置钢筋；在桩身上部 1.2m 以内箍筋最大间距不大于 80mm，且不应大于 $8d$（d 为纵向钢筋直径）；当桩径≤500mm 时，应采用直径为 8mm 箍筋，其他桩径时应采用直径为 10mm 箍筋。

预制桩：纵向钢筋的最小配筋率不应小于 1.2%，在桩顶与承台连接处的 1.6m 范围以内，桩身箍筋直径不应小于 8mm，间距不应大于 100mm。

钢管桩：钢管桩与承台的连接应按受拉设计，拉力值可按桩竖向容许承载力的 1/10 采用。对于独立桩基承台，宜在相互垂直的两个水平方向上设置承台联系梁，并以桩重力的 1/10 为轴力，按拉压杆设计。

8.3.3 桩身周围有液化土层时桩基的抗震设计

引起砂土液化的因素很多，包括覆盖土层的厚度、地下水位、地震烈度、砂土粒径和密实度等有关。目前对砂土液化常用的鉴别方法有标准贯入度 $N_{63.5}$ 判别法、相对密度 D_r 判别法和静力触探判别法。

《建筑抗震设计规范》（GB 50011—2001）判别砂土时所采用的标贯试验 $N_{63.5}$ 判别法，在地面以下 15m 深度范围内的液化土应符合式 (8-6) 的要求，即 $N_{63.5} < N_{cr}$ 地基土判为液化，否则为不液化。

$$N_{63.5} < N_{cr} \tag{8-6}$$

$$N_{cr} = N_0 [0.9 + 0.1(d_s - d_w)] \sqrt{\frac{3}{\rho_c}} \tag{8-7}$$

式中：$N_{63.5}$ 为饱和土标贯击数实测值（未经杆长修正）；N_{cr} 为液化判别标贯击数临界值；N_0 为液化判别标贯击数基准值，按表 8-7 采用；d_s 为饱和土标准贯入点深度，m；d_w 为地下水位深度，m，宜按建筑使用期内年平均最高水位采用；ρ_c 为黏粒含量百分率，当小于 3 或为砂土时，均应采用 3。

表 8-7　　　　　　　　　　　　N_0 值

近、远震	烈　度		
	7	8	9
近震	6	10	16
远震	8	12	C

1. 液化土层区桩的抗震承载力

液化土层区桩的抗震承载力的确定是一个争议多、难度大的问题，对于桩的竖向抗震承载力，现有如下方法来解决这个难题。

(1) 两阶段验算法。两阶段验算法的基本思路是认为最大地震力与液化对桩承载力的削弱不发生于同一时刻，可按下列两种情况进行抗震强度验算，并取不利的一种进行设计：①土层液化前，考虑地震作用，按上述方法进行桩的垂直承载力和水平承载力验算；②土层液化后，不考虑地震作用，桩的承载力采用静承载力但扣除液化土层的桩周摩阻力和水平土抗力。

(2) 不考虑液化土层区桩侧摩阻力法。本法将液化土层区桩侧摩阻力取零，桩的承载力按静力的考虑。该法应用广泛，《灌注桩设计与施工规程》(JGJ 4—80) 就采用该法。

(3) 土层液化折减系数法。对于桩周有液化土层的低桩承台桩基，当桩台下有不小于 1.0m 厚的非液化土或非软弱土时，土层液化对单桩极限承载力的影响，可将液化土层极限侧阻力标准值乘以土层液化折减系数计算单桩极限承载力标准值。土层液化折减系数 Ψ_L 按表 8-8 确定。

表 8-8　　土层液化折减系数 Ψ_L

$\lambda_N = N_{63.5}/N_{cr}$	自地面算起液化土层的埋深	Ψ_L
$\lambda_N \leqslant 0.6$	$d_1 \leqslant 10$ $d_1 > 10$	1 1/3
$0.6 < \lambda_N \leqslant 0.8$	$d_1 \leqslant 10$ $d_1 > 10$	1/3 2/3
$0.8 < \lambda_N \leqslant 1.0$	$d_1 \leqslant 10$ $d_1 > 10$	2/3 1.0

注　1. $\lambda_N \leqslant 1.0$ 均为液化，$\lambda_N > 1.0$ 不液化。
　　2. $N_{63.5}$ 为饱和砂土标注贯入击数实测值；N_{cr} 为液化判别标准贯入击数临界值。
　　3. 对于挤土桩，当桩距小于 $4d$，且桩的排数不小于 5 排，总桩数不少于 25 根时，Ψ_L 可取 2/3~1.0；当有上覆非液化土或采取了表层处理措施，承台底非液化土层小于 1.0 时，Ψ_L 可按表中降低一个层次取值。

(4) 液化侧扩地段桩基的核算方法。目前已大致弄清楚了在距海边、河边或河道岸边 150~200m 的地带是液化侧向扩展的主要影响区域。超过这一范围，侧扩虽不能说没有，但影响较小，地面的竖向与水平向位移较均匀，也可能没有地裂缝。因此建筑物一般不宜布置在距水线 150~200m，在此范围内的建筑桩基宜校核其抗液化侧扩能力，保证桩身不致在液化层界面附近剪断或弯折。

计算原则如下。

1) 侧扩常常延续到地震之后，因之遭到侧扩的桩先要遭到无侧扩地段的桩所经历的受力过程，因而本节前述的桩身应力计算仍需进行。

2) 除 1) 之外，桩基还受到流动土体的侧压力。由于侧扩主要发生在地震震动停止之后（侧扩延续时间估计约需数分钟至数十分钟，取决于液化土孔压消散时间），故在计算时，流动土体的侧压力目前按静压处理，根据阪神地震后地遭受侧扩影响桩基的反算，建议按下列假定校核桩基：

(a) 非液化上覆土层随下面的液化土一齐流向水侧，其施加于桩上的侧压力按被动土压力计算。

(b) 液化层本身的侧压力按该处土自重压力的 1/3 计。

(c) 桩基的假定计算宽度按边桩外缘间的宽度计。

2. 液化土层区桩的抗震构造要求

一般情况下,应尽量避免采用可液化土层作持力层。在可液化地基中,如采用打入式预制桩,不但可加密砂层,而且能穿过液化土层,支承在稳定的下卧层上。从震害宏观调查结果来看,在可液化土中使用桩基,震后反映良好,因而可认为采用桩基是适合可液化地基的一种基础形式。在地震液化区,桩的端阻力和侧阻力以及水平抗力均很小或接近于零。如在可液化地基中采用打入式预制桩。需满足以下要求:

(1) 桩端伸入可液化土层以下稳定土层的深度(不包括桩尖部分)应按计算确定,一般不小于 $4.0/\alpha$(α 为桩的相对柔度系数),对中等直径桩不小于 7~14 倍桩径(硬土取低值,软土取高值);当可液化土层以下的稳定土层为碎石土、砾、粗、中砂或硬黏土时,不宜小于 0.5m,其他土层不宜小于 2.0m。

(2) 排列桩时,应注意群桩的重心与上部结构合力尽量重合。

(3) 桩台下宜铺设 200~300mm 厚的经过夯实的碎石或砂垫层。

(4) 为弥补计算方法的不足,在液化土层界面附近,宜将桩身配筋加强,从桩顶直到液化界面以下 2~3 倍桩径长度。桩的纵筋与箍筋与桩顶相同。

(5) 在有侧扩情况下,特别要注意满足桩的弯剪设计与构造要求。

实际工程中,很少遇到自地面起较大深度内整个土层均为可液化土层的情况,往往是可液化土层与不液化土层交替互存,甚至地基中可液化夹层的平面范围并不很大。对这种比较复杂的情况,应具体问题具体分析。譬如,图 8-7 中桩基础所穿过的第一层、第三层土在地震时不会发生液化,而第二层却为可液化土层,但是第二层的厚度不大,平面分布范围也不广。桩所能承受水平力的大小主要取决于靠近地面一定深度内桩侧土的好坏,而在相当深度以下土的好坏对桩所能承受水平力的大小没有什么影响,因此该图中不能因为第二层土可能发生液化,就不考虑第一层土水平抗力。根据桩基础的设计经验,一般当桩的入土深度 $l_b > 2.5/\alpha$,桩顶处不液化土层厚度 $l'_b > 2.5/\alpha$,且不小于 $(1/2) \cdot 4.0/\alpha$(m)时,可以考虑不液化土层的水平抗力。为了安全,当考虑地震时适当降低 m 值。当第二层土液化时,第一层土可能下沉或有下沉的趋势,因此计算桩侧摩阻力时,不应考虑第一层土对桩的摩阻力,却考虑第一层土对桩的负摩擦力。

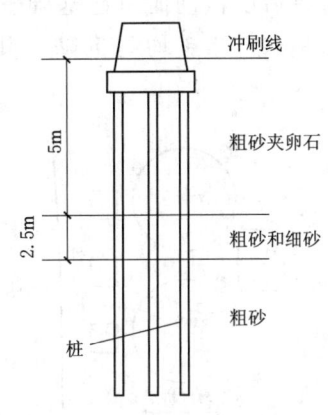

图 8-7 桩基复杂土层中对液化土层的分析实例图

8.3.4 震动引起的软黏土的触变现象及其对工程的影响

在地震地区的软黏土上修建工程,或在非地震地区的黏土上打桩时,常有不少工程失事或因打桩而引起岸坡滑动;或因地震或打桩等振动作用,使地基产生较大沉降而使邻近建筑物偏斜。对这种触变现象,过去由于人们的认识不足,并没有引起工程界的足够重视,所以未去探究产生问题的原因。近几十年来随着失事工程的增加,慢慢积累了经验教训,才使我们对这一问题逐步有了认识,并在工程开始的时候采取了一些预防性的工程措施,来应对这一问题。

第8章 地基基础抗震设计

1. 产生触变现象的条件

一是土性，对软黏土，它的主要指标是液性指数 $I_L \geqslant 0.75$，无侧限抗压强度 $q_u \leqslant 50 \sim 70 \mathrm{kPa}$，标准贯入击数 $N_{63.5} \leqslant 4$，灵敏度 $S_t \leqslant 4$；对于淤泥，它的主要指标是 $I_L \geqslant 1.0$；天然孔隙比 $e_0 \geqslant 1.5$；对于淤泥质土 $I_L \geqslant 1.0$，$e_0 \geqslant 1.0$。这类土的共同特点是抗剪强度低，灵敏度高，压缩性大。

二是受到震动作用，如地震或爆破或打桩震动等等。

一是内因，二是外因。要产生触变现象，二者缺一不可。由于软土受到振动，使桩周土的结构受到扰动，土的孔隙水压力升高，抗剪强度降低，压缩性加大，从而使土坡发生滑动；或工程引起较大不均匀沉降，使邻近建筑物偏斜；或使桩侧摩阻力下降，或产生桩的负摩擦力；水平地基系数，或土反力模量大大降低，在水平力作用下，桩的水平位移加大，使桩头出现大小不等的裂缝等等。打桩或地震过后，又因孔隙水压力随时间逐渐消散，使软黏土的强度逐渐恢复，这种现象称为土的触变现象。

2. 失事举例

（1）南京热电厂二个浓缩池，建在厚度为10m以上的软土地基上，地基土的液性指数 $I_L \geqslant 1.0$，无侧限抗压强度 $q_u < 50 \mathrm{kPa}$，土的灵敏度 $S_t > 4.0$，系天然地基。投产后已使用了3年，虽有沉降，但是均匀的。自1991年华能电厂在靠长江边一侧基础边缘打桩后因振动而引起基础下地基土的触变现象，使靠江边一侧土壤软化，压缩性增大，地基产生不均匀沉降，其中一池二端沉降差达110mm，致使直径为50m，高约5层楼的二个浓缩池偏斜。原地基应力是按均匀分布考虑的，由于基底倾斜导致基底反力分布不均匀，基土软化一侧压力加大，于是产生了浓缩池倾斜不断增长的恶性循环，影响了浓缩池的正常使用。如图8-8所示，浓缩池不能按要求保持平衡状态正常运行，甚至设备损坏。浓缩池倾斜后结构的附加应力严重危害结构的安全，若不采取措施进行纠偏，将使热电厂有停产的危险。为此应厂方的要求，对该工程进行了纠偏处理，才满足了使用要求。

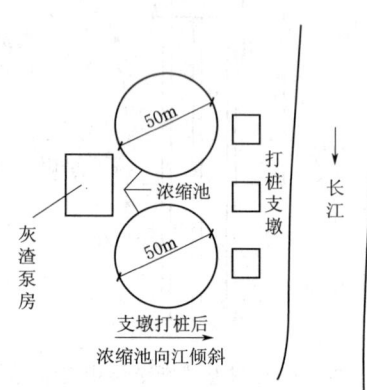

图8-8 南京热电厂浓缩池偏斜示意图

（2）浙江三门县键跳港三号码头滑坡，内因是该码头岸坡土质差，淤泥层厚（10m），下层为淤泥质黏土，含水量高达50%～60%；孔隙比达1.4～1.6；液性指数0.9～1.4；属于含水量高，压缩性大，高灵敏度的流动性淤泥和软塑黏土。外因是码头打桩进度过快，打桩程序不当，又在断桩爆炸取筋所造成的振动影响下，该码头的软土发生了触变现象，在一个月后先后发生了两次滑坡，见图8-9，此时潮位为大汛潮低潮位。

（3）浙江舟山20万吨油码头系缆墩，系高桩墩台，建在地基属高灵敏度的软黏土上，在1991年12月施工时，由于打桩速度快，一天连续打了13根桩，结果桩产生了1.0m

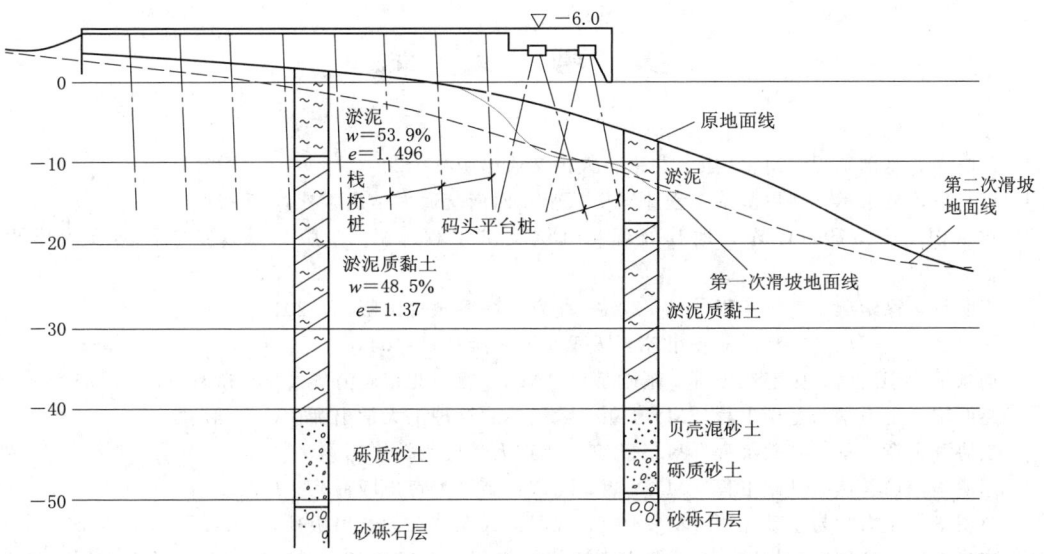

图 8-9 码头滑坡后纵断面图

多的位移,在连续打桩振动影响下,软黏土发生了触变现象而产生大滑坡使一个系缆墩全部倒入海中,损失惨重。

练 习 题

8-1 建筑地段分为几类,选址原则是什么?
8-2 建筑场地类别划分为几类?为什么要进行类别划分?主要考虑哪些因素?
8-3 建筑场地类别与场地土类型是否相同?它们有何区别?
8-4 什么是土层等效剪切波速?其作用是什么?如何计算?
8-5 地震引起的地基失稳主要包括哪些形式?
8-6 简述地基抗震设计的基本原则和方法。
8-7 常见的桩基震害现象有哪些?

参 考 文 献

[1] 王晓谋. 基础工程 [M]. 3 版. 北京：人民交通出版社，2003.
[2] 周京华，夏永承. 房屋基础工程 [M]. 成都：西南交通大学出版社，1990.
[3] 黄生根，张希浩，曹辉. 地基处理与基坑支护工程 [M]. 3 版. 武汉：中国地质大学出版社，2004.
[4] 赵明华，徐学燕. 基础工程 [M]. 2 版. 北京：高等教育出版社，2010.
[5] 杨克己. 实用桩基工程 [M]. 北京：人民交通出版社，2004.
[6] 周景星，李广信，张建红，等. 基础工程 [M]. 3 版. 北京：清华大学出版社，2015.
[7] 赵明华. 土力学与基础工程 [M]. 4 版. 武汉：武汉理工大学出版社，2014.
[8] 王协群，章宝华. 基础工程 [M]. 北京：北京大学出版社，2006.
[9] 赵明华，徐学燕. 基础工程 [M]. 2 版. 北京：高等教育出版社，2010.
[10] 赵明华. 土力学与基础工程 [M]. 4 版. 武汉：武汉理工大学出版社，2014.
[11] 中华人民共和国国家标准. 建筑地基基础设计规范（GB 50007—2011）[S]. 北京：中国建筑工业出版社，2011.
[12] 中华人民共和国行业标准. 建筑桩基技术规范（JGJ 94—2008）[S]. 北京：中国建筑工业出版社，2008.
[13] 孙钊. 大坝基岩灌浆 [M]. 北京：中国水利水电出版社，2004.
[14] 林继镛. 水工建筑物 [M]. 北京：中国水利水电出版社，2009.
[15] 周建平，党林才. 水工设计手册（第 5 卷）混凝土坝 [M]. 2 版. 北京：中国水利水电出版社，2011.
[16] 全国水利水电施工技术信息网组. 水利水电工程施工手册第 1 卷 地基与基础工程 [M]. 北京：中国电力出版社，2004.
[17] 王元战. 港口与海岸水工建筑物 [M]. 北京：人民交通出版社，2013.
[18] 韩理安. 港口水工建筑物 [M]. 北京：人民交通出版社，2008.
[19] 中华人民共和国行业标准. 重力式码头设计与施工规范（JTS 167—2—2009）[S]. 北京：人民交通出版社，2009.
[20] 中华人民共和国行业标准. 港口工程地基规范（JTS 147—1—2010）[S]. 北京：人民交通出版社，2010 年.
[21] 宋焱勋，李荣建，邓亚虹，等. 岩土工程抗震及隔振分析原理与计算 [M]. 北京：中国水利水电出版社，2014.